Malpricht / Rupp

Bauleitung und Ausführung im Baubetrieb

Ihr Plus – digitale Zusatzinhalte!

Auf *plus.hanser-fachbuch.de* gibt es kostenloses Zusatzmaterial zu diesem Buch. Den Zugangscode finden Sie am Ende des Werkes.

Wolfgang Malpricht
Carsten Rupp

Bauleitung und Ausführung im Baubetrieb

Lehr- und Übungsbuch für die Polierausbildung

HANSER

Die Autoren:
Prof. Dipl.-Ing. Wolfgang Malpricht lehrte Baubetrieb und Bauverfahrenstechnik an der Jade Hochschule in Oldenburg.
Dipl.-Ing. (FH) Carsten Rupp ist geschäftsführender Gesellschafter eines mittelständischen Schalungshändlers und hält Vorlesungen zur Schalungstechnik an der Hochschule für Technik und Wirtschaft des Saarlandes in Saarbrücken. Außerdem ist er als Dozent in der Werkpolierausbildung des AGV Bau Saar tätig.

MIX
Papier | Fördert gute Waldnutzung
FSC® C016368
www.fsc.org

Print-ISBN: 978-3-446-48165-7
E-Book-ISBN: 978-3-446-48456-6

Bibliografische Information der Deutschen Nationalbibliothek:
Die Deutsche Nationalbibliothek verzeichnet diese Publikation in der Deutschen Nationalbibliografie; detaillierte bibliografische Daten sind im Internet unter http://dnb.d-nb.de abrufbar.

Vilshofener Straße 10 | 81679 München | info@hanser.de
www.hanser-fachbuch.de
Lektorat: Frank Katzenmayer
Herstellung: Frauke Schafft
Coverkonzept: Marc Müller-Bremer, www.rebranding.de, München
Covergestaltung: Max Kostopoulos
Titelmotiv: © gettyimages.de/gorodenkoff
Satz: Eberl & Koesel Studio, Kempten
Druck: Elanders Waiblingen GmbH, Waiblingen
Printed in Germany

Inhalt

Vorwort

Die Intention für dieses Buch begründet sich auf dem Engagement der Autoren einerseits in der Polierausbildung des Baugewerbes und andererseits in der praktischen baubetrieblichen Ausbildung der Studierenden im Bauingenieurwesen an Hochschulen.

In diesem Sinn unterstützt das Buch insbesondere die Ausbildung der Werkpoliere in den baubetrieblichen Fächern. Als Kompendium enthält es die wesentlichen Grundlagen für die praktische Bauausführung und Bauleitung durch Poliere und Werkpoliere.

In gleicher Weise ergänzt das Buch die mitunter theoretische Ausbildung an den Hochschulen durch vielfältige praktische Inhalte. Es stellt damit auch für die auf der Baustelle tätigen Bauleiter ein praxisbezogenes Lehrbuch dar. Die praktischen Grundlagen werden soweit als nötig theoretisch untermauert.

Die inhaltlichen Schwerpunkte liegen bei der praktischen Arbeitsvorbereitung mit der Planung der Baustelleneinrichtung und des Bauablaufs. Hierzu gehören auch die Grundlagen zu Baugeräten und Baumaschinen. Ein wichtiges Anliegen ist der Mensch im Arbeitsprozess. Die praktische Umsetzung des Arbeits- und Gesundheitsschutzes auf der Baustelle wird im Buch ausführlich dargestellt.

Ein Anliegen war es auch, sowohl Themen des Hochbaus als auch des Tiefbaus zu berücksichtigen. Die Übungsbeispiele und Aufgaben greifen Inhalte aus beiden Bereichen auf, um den unterschiedlichen Anforderungen der Baupraxis gerecht zu werden.

Wesentlicher Bestandteil des Buches sind somit die Übungsbeispiele. Musterlösungen der zahlreichen Übungsaufgaben und ergänzende Unterlagen zum Beispielprojekt eines Zweifamilienhauses sind im Internet unter *plus.hanser-fachbuch.de* zu finden. Den Zugangscode dafür finden Sie auf der letzten Seite des Buches.

Hinweise und Anregungen nehmen wir gerne entgegen.

Oldenburg und Dillingen/Saar, Dezember 2025

Wolfgang Malpricht und *Carsten Rupp*

1 Die Bauproduktion

Studienziele

Das Kapitel soll dem Leser grundlegende Kenntnisse ermöglichen über

- Bauwerke, Bauweisen und Bauverfahren,
- Bauwirtschaft und Baugewerbe.

1.1 Besonderheiten von Bauwerken

Bauwerke werden auch als Bauobjekte oder bauliche Anlagen bezeichnet. Aufgrund der Komplexität und einem hohen Grad an fachübergreifenden Abhängigkeiten sind die Planung und die Erstellung von Bauwerken in ihrer Gesamtheit als Bauprojekt zu bezeichnen.

Am Anfang eines jeden Bauprojektes steht die Absicht des Bauherrn. Er folgt dabei häufig einer Idee oder einer Notwendigkeit und verspricht sich einen Nutzen. Daher werden Bauwerke immer für einen bestimmten Zweck erstellt (Tabelle 1.1).

Tabelle 1.1 Nutzungsmöglichkeiten von Bauwerken

Wohnen	Ein- und Mehrfamilienhäuser, Wohnheime
Arbeiten	Bürogebäude, Werkstätten, Fabriken
Handel, Gastronomie und Fremdenverkehr	Einkaufszentren, Lagerstätten, Gaststätten und Restaurants, Hotels
Gesundheit und Pflege	Krankenhäuser, Gesundheitszentren, Pflegeeinrichtungen
Bildung und öffentliches Interesse	Schulen, Ausbildungszentren, Universitätsgebäude, Regierungsgebäude, Gerichtsgebäude
Kultur, Religion und Freizeit	Theater, Museen, Gedenkstätten, Kirchen, Sportstätten
Infrastruktur	Straßen, Schienen, Brücken, Kraftwerke, Kläranlagen, Kanalisation

Durch eine Vielzahl an produkt- und prozessspezifischen Besonderheiten unterscheidet sich die Bauproduktion maßgeblich von der Herstellung anderer Güter und Produkte.

Im Gegensatz zu serienmäßig gefertigten Produkten, die oft auch in größerer Stückzahl hergestellt werden, handelt es sich bei der Produktion von Bauwerken in der Regel um Unikate. Der Prototyp ist also gleichzeitig auch das Endprodukt. Dadurch entfällt weitestgehend auch die Erprobungsphase, die bei der Serienproduktion vor dem Start der eigentlichen Fertigungsphase steht. Jedoch ist mittlerweile auch ein verstärkter Trend zum seriellen Bauen zu verzeichnen. Möglichkeiten hierfür sind beispielsweise bei Fertig- und Reihenhäusern oder auch im Hallenbau (Abschnitt 1.3) zu finden, wo durch Standardisierungen und Wiederholungseffekte Optimierungsmöglichkeiten für Planung und Herstellung bestehen.

Der für ein Bauwerk vorgesehene Standort ist in der Regel auch der Herstellungsort. Deshalb müssen bei der Bauproduktion Witterung, geografische Gegebenheiten und standortbedingte Einflüsse berücksichtigt werden.

Die Nutzungsdauer von Bauwerken wird normalerweise auf mehrere Jahrzehnte ausgelegt. Durch ihre Standortgebundenheit (Immobilität) prägen sie daher ihre Umgebung über einen langen Zeitraum.

Da Bauwerke immer auch Investitionsgüter sind, kommen zu den qualitativen Anforderungen auch Vorgaben hinsichtlich einzuhaltender Kosten und Termine hinzu. Daher müssen für jedes Bauprojekt individuelle Konzepte entwickelt werden, die durch einen optimal aufeinander abgestimmten Einsatz an Ressourcen zur Erreichung der gesetzten Ziele führen. Dazu sind technische, wirtschaftliche und rechtliche Aspekte zu berücksichtigen. Innerhalb des Bauingenieurwesens werden diese Aufgaben im Baubetriebswesen zusammengeführt, das in der Praxis als Baubetrieb bezeichnet wird. Demnach können mit dem Doppelbegriff *Baubetrieb* zum einen das bauausführende Unternehmen und zum anderen die Organisation der betrieblichen Abläufe eines Bauprojektes gemeint sein.

Bauwerke

- werden für einen bestimmten Zweck errichtet,
- sind fast immer Unikate,
- werden am vorgesehenen Standort hergestellt,
- sind standortgebunden (immobil),
- prägen ihre Umgebung für einen langen Zeitraum,
- gehören zu den Investitionsgütern und sind kostenintensiv,
- unterliegen einer komplexen Planung.

1.2 Der Lebenszyklus von Bauwerken

Bauwerke unterliegen einem Lebenszyklus, der sich in drei Hauptphasen einteilen lässt (Bild 1.1). Dabei handelt es sich um die Errichtungsphase (Bauphase), die Betriebs- und Nutzungsphase und die Verwertungsphase.

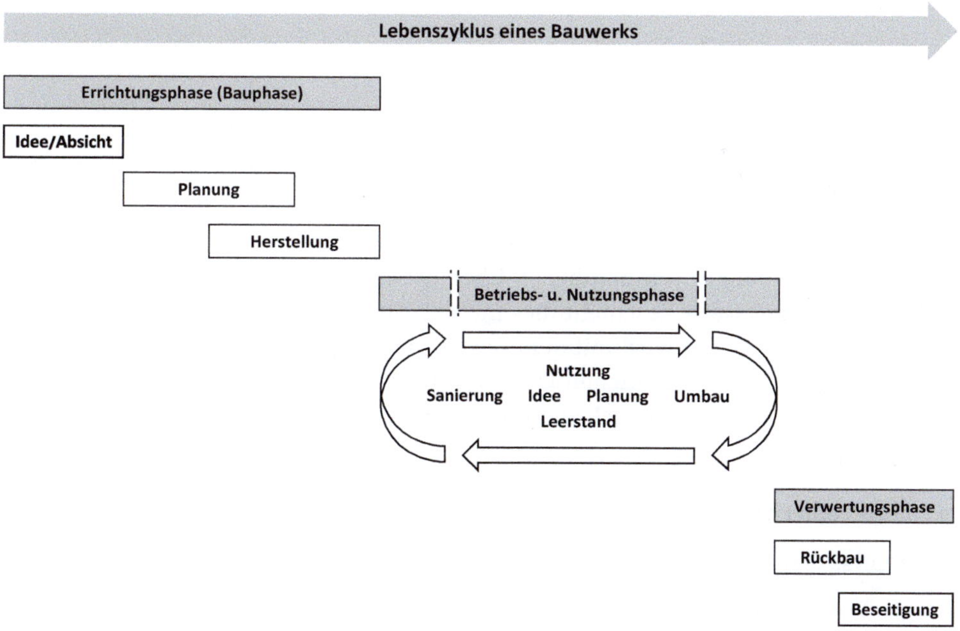

Bild 1.1 Die Hauptphasen im Lebenszyklus eines Bauwerks

Um den Anforderungen und Zielsetzungen innerhalb der einzelnen Lebenszyklusphasen eines Bauwerks gerecht zu werden, ist die Koordination einer Vielzahl von Prozessen und Maßnahmen erforderlich. Eine zentrale Rolle spielt dabei die Digitalisierung – insbesondere durch den Einsatz von Building Information Modeling (BIM). Ziel ist die ganzheitliche Betrachtung des Bauwerks über alle Phasen hinweg durch objektorientiertes Arbeiten aller Beteiligten anhand eines digitalen Bauwerksmodells. So soll ein reibungsloser Datenaustausch zwischen allen Projektpartnern ermöglicht werden.

Unterstützt wird dieser Ansatz durch die GEFMA, die German Facility Management Association (Deutscher Verband für Facility Management e. V.). Als führender Fachverband im deutschsprachigen Raum entwickelt sie praxisnahe Richtlinien und Standards für ein effizientes, nachhaltiges und rechtssicheres Facility Management. Ihre Veröffentlichungen, darunter auch Richtlinien zur Digitalisierung und zum lebenszyklusorientierten Gebäudemanagement, bieten eine wertvolle Grundlage für die strukturierte Umsetzung relevanter Prozesse.

Der Begriff *Facility Management* wird im Deutschen häufig mit Gebäudemanagement übersetzt. Während beide Begriffe ähnliche Aufgabenbereiche beschreiben, umfasst Facility Management in der Regel ein breiteres Spektrum. Neben der technischen und infrastrukturellen Betreuung von Gebäuden schließt es auch kaufmännische, strategische und nutzerorientierte Leistungen ein.

Errichtungsphase (Bauphase)

Nachdem die Absicht des Bauherrn zur Umsetzung seiner Idee, also zur Realisierung des Bauprojektes erfolgt und auch die Durchführbarkeit gesichert ist (Abschnitt 2.1), kann mit der Planung und der Herstellung des Bauwerks begonnen werden.

Ein für die Baupraxis typisches Merkmal ist, dass Planung und Herstellung nicht nacheinander, sondern mit deutlichen Überschneidungen teilweise zeitlich parallel ablaufen. Üblicherweise geschieht dies mit der Absicht, die Gesamtbauzeit zu reduzieren. Dieses Vorgehen wird mit dem Begriff „baubegleitendes Planen" bezeichnet. Trotz der sicherlich vorhandenen Optimierungsmöglichkeiten führt das baubegleitende Planen jedoch häufig auch zu Problemen. Diese können sein:

- kurze Vorlaufzeiten für Planung und Ausführung,
- hohe Fehlerhäufigkeit,
- häufige Planänderungen,
- großes Konfliktpotenzial unter den Baubeteiligten.

Eine fortschreitende Digitalisierung der Prozesse, wie bereits oben beschrieben, kann hierbei sicherlich zur Verbesserung beitragen. Allerdings müssen dafür auch die notwendigen Voraussetzungen vorhanden sein bzw. geschaffen werden. Gerade kleinere Handwerksunternehmen sind hierzu häufig noch nicht in der Lage.

Betriebs- und Nutzungsphase

Die Betriebs- und Nutzungsphase stellt normalerweise den größten Zeitraum im Lebenszyklus eines Bauwerks dar. Nachdem die Übergabe an den Bauherrn erfolgt ist, wird das Bauwerk für den vorgesehenen Zweck genutzt und betrieben.

In der Immobilienwirtschaft werden der Betrieb und die Bewirtschaftung von Gebäuden an das Gebäudemanagement übertragen. Dabei handelt es sich um Dienstleistungsunternehmen, die dem Nutzer eine weitestgehend uneingeschränkte Fokussierung auf seine Kernaufgaben ermöglichen. Das Gebäudemanagement trägt auch zum Werterhalt einer Immobilie bei, da Aufgaben wie Wartung, Inspektion und die Veranlassung notwendiger Reparaturen ebenfalls übernommen werden.

Die Sanierung oder der Umbau von Bauwerken erfordert Maßnahmen, die teilweise bereits in der Errichtungsphase angefallen sind. Auch hierbei fallen Planungs- und Ausführungstätigkeiten an, die im Einklang mit eventuell notwendigen Genehmigungen und gesetzlichen Vorgaben koordiniert werden müssen.

Verwertungsphase

Am Ende des Lebenszyklus eines Bauwerks stehen der Rückbau und die Beseitigung. Die Hauptgründe hierfür sind erhebliche Mängel an der Bausubstanz und damit einhergehende Sicherheitsrisiken sowie die Umnutzung des Grundstückes bzw. des Geländes. Häufig geht dem Entschluss zur Beseitigung eine längere Zeit ohne Nutzung (z. B. Leerstand) voraus.

Beim Rückbau eines Bauwerks sind neben der Sicherheit immer auch Aspekte der Umweltverträglichkeit und der Wiederverwertbarkeit zu berücksichtigen. Hierzu wird ein „kontrollierter Rückbau“ angestrebt, bei dem die verwendeten Baumaterialien nach Stoffen getrennt, entsorgt und zu einem möglichst hohen Anteil wiederverwendet werden.

1.3 Bauweisen im Hochbau

Unter der Bauweise wird die Herstellungsart eines Bauwerkes oder dessen Hauptbestandteile verstanden. Unterschieden wird vorrangig nach der Tragwerksart und dem Baustoff, wobei beide Aspekte aufeinander abgestimmt werden müssen. Ein Bauverfahren hingegen beschreibt die Vorgehensweise wie und mit welchen Hilfsmitteln eine Bauaufgabe ausgeführt werden soll (Abschnitt 1.4).

Bezogen auf die Tragwerksart zählen die Massivbauweise und die Skelettbauweise zu den häufigsten Bauweisen im Hochbau. Die jeweils einsetzbaren Baustoffe sind in Tabelle 1.2 aufgeführt und stellen für sich genommen ebenfalls eine Bauweise dar (z. B. Ortbetonbauweise oder Holzbauweise).

Tabelle 1.2 Mögliche Kombinationen von Tragwerksarten und Baustoffen

Massivbauweise	Skelettbauweise
▪ Mauerwerk ▪ Ortbeton ▪ Betonfertigteile ▪ Betonhalbfertigteile	▪ Ortbeton ▪ Betonfertigteile ▪ Stahl ▪ Holz

Bei der *Massivbauweise* besteht die Tragkonstruktion aus horizontal verlaufenden Decken und vertikal gerichteten Wänden, die den Raumabschluss bilden und gleichzeitig auch das Bauwerk aussteifen (Bild 1.2 links). Die Herstellung findet fast ausschließlich vor Ort statt und erfordert einen hohen handwerklichen Aufwand. Dadurch bietet diese Bauweise aber auch eine hohe Flexibilität bei der Grundrissgestaltung und sonstigen Anforderungen an die Ausführung.

Bei der *Skelettbauweise* besteht die Tragkonstruktion überwiegend aus horizontal verlaufenden Trägern und vertikal gerichteten Stützen (Bild 1.2 rechts). Der Raumabschluss wird nachträglich, beispielsweise durch Mauerwerk, Fertigteile, Fassaden- oder Deckenelemente hergestellt. Die horizontal und vertikal erforderliche Aussteifung erfolgt durch biegesteife Rahmen oder eingespannte Stützen. Aussteifungsverbände werden hauptsächlich im Stahl- oder Holzbau verwendet. Durch den hohen Vorfertigungsgrad finden auf der Baustelle größtenteils Montagearbeiten statt, was zu einem schnellen Baufortschritt führt und Möglichkeiten zur Systematisierung bietet. Häufige Anwendungsgebiete sind der Hallen- und Gewerbebau.

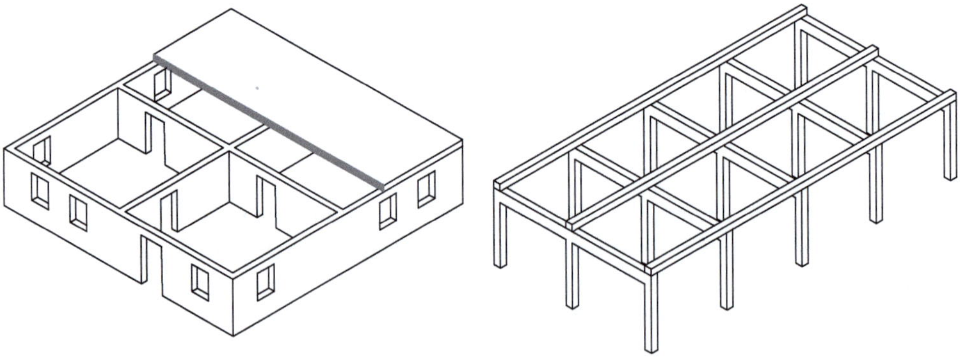

Bild 1.2 Massivbauweise (links) und Skelettbauweise (rechts)

Bild 1.3 zeigt eine Kombination aus Massiv- und Skelettbauweise, wie sie des Öfteren im Geschossbau angewendet wird. Dabei übernehmen massiv ausgebildete Decken und Treppenhauskerne die Aussteifung des ansonsten durch Stützen offen gestalteten Grundrisses. Vorteile dieser Bauweise sind beispielsweise flexible Nutzungsmöglichkeiten sowie relativ einfache Umbaumöglichkeiten.

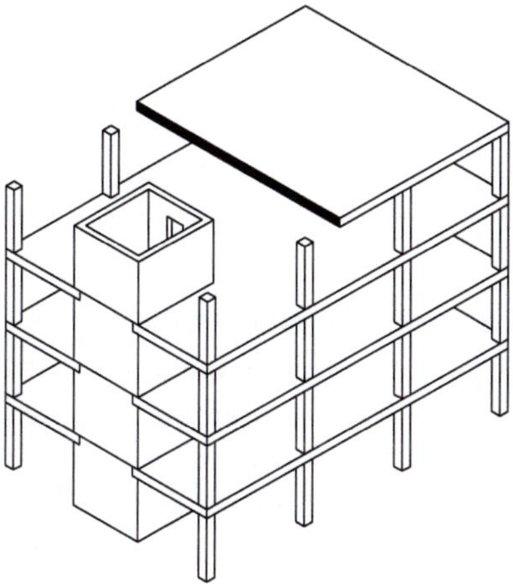

Bild 1.3
Kombination aus Massiv- und Skelettbauweise

Die Gründe für die Festlegung auf eine Bauweise sind vielfältig. Neben Funktion und Art des Bauwerks, architektonischen Anforderungen und statischen Erfordernissen kann es sich dabei auch um bauphysikalische Aspekte handeln. Hinzu kommen die Faktoren Kosten und Bauzeit.

Ein Faktor, der zukünftig verstärkt Einfluss auf die Bauweisen haben wird, ist die Forderung zum nachhaltigen Bauen. Hier stehen insbesondere die traditionellen Baustoffe Beton und Stahl im Fokus, deren Herstellung einen hohen CO_2-Ausstoß verursacht. Die stahlerzeugende Industrie in Deutschland hat die Umstellung zur klimaneutralen Produktion bereits teilweise eingeleitet. Dennoch wird der Prozess bis zur vollständigen Umsetzung noch Jahre andauern. Inwieweit dies bei der Betonherstellung gelingt, wo der Zement hauptsächlich für die Emission von CO_2 verantwortlich ist, bleibt abzuwarten. Aber auch hier werden bereits erhebliche Anstrengungen unternommen, um die Klimabelastung deutlich zu verringern. Dies erscheint auch zwingend notwendig, da insbesondere der Stahlbeton hervorragende Eigenschaften für das Bauen mit sich bringt, was die Suche nach alternativen Bauweisen vor große Herausforderungen stellt.

1.4 Bauverfahren

Das Bauverfahren beschreibt die technische und organisatorische Vorgehensweise zur Herstellung eines Bauwerks oder einzelner Bauteile. Im Gegensatz zur Bauweise, die die konstruktive Grundstruktur eines Gebäudes beschreibt (z. B. Massiv- oder Skelettbauweise) und in der Regel vom Planer oder Auftraggeber festgelegt wird, liegt die Wahl des Bauverfahrens meist im Verantwortungsbereich des ausführenden Unternehmens. Unter Berücksichtigung technischer, wirtschaftlicher und logistischer Rahmenbedingungen muss entschieden werden, welches Verfahren für die jeweilige Bauaufgabe am geeignetsten ist. Demnach hat das gewählte Bauverfahren maßgeblichen Einfluss auf den gesamten Bauablauf, insbesondere auf Bauzeit, Kosten, Qualität und Ressourceneinsatz.

Ein klassisches Beispiel für ein Bauverfahren ist das Herstellen einer Ortbetonwand. Hierbei wird zunächst eine Schalung errichtet, in die der Beton eingebracht wird. Nach dem Aushärten wird die Schalung entfernt, und die fertige Wand bleibt stehen. Auch das Mauern von Wänden mit Mörtel oder das Gießen von Betondecken zählen zu den traditionellen Verfahren. Neben den klassischen Verfahren (Tabelle 1.3) gewinnen moderne und innovative Bauverfahren zunehmend an Bedeutung. So ermöglicht beispielsweise der 3D-Druck im Bauwesen das automatisierte Schichten von Beton, ohne eine Schalung für die Formgebung zu verwenden. Dabei handelt es sich um ein Verfahren, das unter bestimmten Voraussetzungen als Alternative zur Herstellung sowohl von Ortbeton- als auch Mauerwerkswänden genutzt werden kann.

Im Tiefbau sind die Bauverfahren sehr häufig von den Bedingungen vor Ort abhängig. Hierzu zählen die Bodenbeschaffenheit, der Grundwasserstand sowie die Platzverhältnisse. Ein typisches Beispiel ist die Baugrubensicherung, die entweder geböscht oder mithilfe von Spundwänden, Bohrpfahlwänden oder Schlitzwänden erfolgen kann. Beispiele aus dem Kanalbau sind die Rohrverlegung in offenem Graben oder mittels Pressbohrverfahren.

Sehr spezielle Bauverfahren sind im Brückenbau zur Herstellung des Brückenüberbaus zu finden. Hier ist häufig die geologische Beschaffenheit des Baugrunds entscheidend. Beispiele hierfür sind die Unterstützung mittels Traggerüsten, das Taktschiebeverfahren sowie der Freivorbau (Literaturhinweis: *Malpricht, W.; Rupp, C.: Schalungsplanung im Baubetrieb*).

Tabelle 1.3 Klassische Bauverfahren im Hochbau

Bauteil	Bauverfahren	Beschreibung
Ortbetonwand	Beton in Wandschalung	Beton wird vor Ort in eine Schalung gegossen und härtet aus. Danach wird die Schalung entfernt und die Betonwand bleibt stehen.
Halbfertigteilwand	Beton in Halbfertigteil	Beton wird vor Ort in zuvor werkseitig hergestellte Halbfertigteilelemente gegossen und härtet aus.
Mauerwerk	Stein auf Stein	Mauersteine werden vor Ort mit Mörtel verbunden und bleiben stehen.
Mauerwerk in Elementbauweise	Wand aus Mauerwerks-Wandelementen	Werkseitige Vorfertigung von Wandelementen aus Mauerwerk, vor Ort werden die Wandelemente montiert und in Montagefugen miteinander verbunden.
Ortbetondecke	Beton auf unterstützten Schalungsplatten	Beton wird vor Ort auf Schalungsplatten gegossen und härtet aus. Danach werden die Schalungsplatten und die Unterstützung entfernt.
Halbfertigteildecke	Beton auf unterstützten Halbfertigteilen	Beton wird vor Ort auf zuvor werkseitig hergestellte Halbfertigteile gegossen und härtet aus. Danach wird die Unterstützung entfernt.

1.5 Das Baugewerbe

Die nachfolgenden Ausführungen behandeln das Baugewerbe als Wirtschaftszweig in Deutschland. Dazu werden zunächst verschiedene Begriffe erläutert.

Das *Baugewerbe* umfasst alle Unternehmen, die bauliche Leistungen erbringen. Hierzu zählen alle Firmengrößen von kleinen Handwerksbetrieben bis hin zu großen Bauunternehmen. Das Baugewerbe deckt ein breites Spektrum ab, darunter das Bauhauptgewerbe, also Hochbau und Tiefbau, ebenso das Ausbaugewerbe sowie die Bauträger. Vereinfacht kann gesagt werden, dass das Bauhauptgewerbe eine Baustelle vorbereitet und dann den Rohbau inklusive des Daches erstellt. Das Ausbaugewerbe umfasst alle Installations- und Ausbauleistungen, die zur Fertigstellung des Bauwerks notwendig sind. Die Bauträger, die in der Regel auch die Grundstücke erschließen, erbringen üblicherweise keine eigene Bauleistung, sondern beauftragen ihrerseits bauausführende Unternehmen.

Die *Bauindustrie* beschreibt innerhalb des Baugewerbes die Unternehmen, die sich durch ihre Größe, Struktur und Tätigkeitsfeld von denen der Handwerksbetriebe unterscheiden. Solche Unternehmen sind häufig überregional oder auch international tätig und industriell geprägt. Zur Bauindustrie zählen gewöhnlich mittelgroße bis große Bauunternehmen. Zum *Bauhandwerk* werden alle Handwerksbetriebe und kleine bis mittlere Bauunternehmen gerechnet. Der Übergang kann jedoch fließend sein.

Der übergeordnete Begriff *Bauwirtschaft* umfasst sämtliche wirtschaftlichen Aktivitäten rund um das Bauen, einschließlich Planung, Ausführung, Instandhaltung und Rückbau von Bauwerken.

1.5.1 Bedeutung und Einordnung

Als Teil des produzierenden Gewerbes trug das Baugewerbe im Jahr 2024 5,4 % zur gesamtwirtschaftlichen Bruttowertschöpfung bei. Der Anteil an der Gesamtbeschäftigung lag bei 5,7 %. Somit gehört das Baugewerbe zu den wichtigsten Wirtschaftszweigen in Deutschland (Bild 1.4).

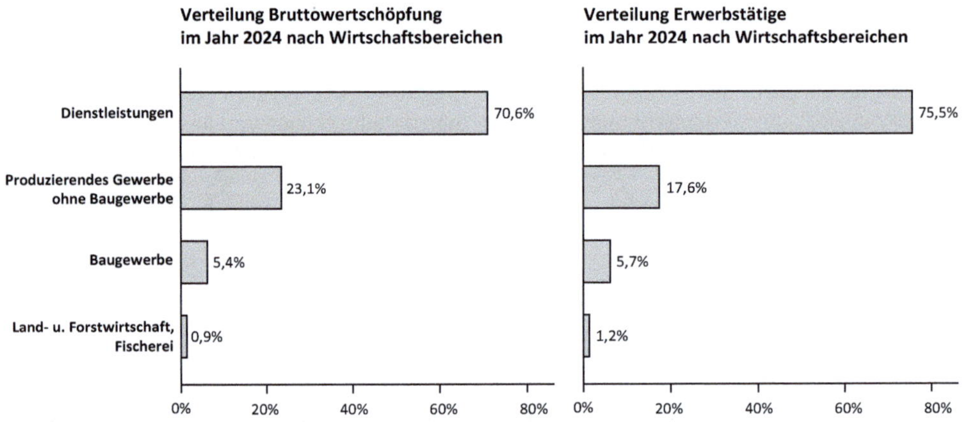

Bild 1.4 Verteilung Bruttowertschöpfung und Erwerbstätige im Jahr 2024 nach Wirtschaftszweigen, Quelle: Statistisches Bundesamt/Hauptverband der Deutschen Bauindustrie e. V.

Die *Bruttowertschöpfung* ist der wirtschaftliche Mehrwert, der in einem Produktionsprozess entsteht. Sie ergibt sich aus dem Gesamtwert der produzierten Güter und Dienstleistungen ohne Mehrwertsteuer (Bruttoproduktionswert) abzüglich der Vorleistungen (Rohstoffe, Handelsware usw.). Die Bruttowertschöpfung zeigt, welchen Beitrag ein Unternehmen, eine Branche oder eine Volkswirtschaft zur gesamten Wirtschaftsleistung beisteuert.

Einordnung wirtschaftlicher Tätigkeiten auf europäischer und nationaler Ebene

NACE (Nomenclature statistique des Activités économiques dans la Communautè Européenne) ist die offizielle Klassifikation der Wirtschaftszweige in der Europäischen Union. Sie dient der systematischen Erfassung, Analyse und Vergleichbarkeit wirtschaftlicher Aktivitäten innerhalb der EU-Mitgliedsstaaten. Die aktuelle Version, NACE Rev. 2.1, wird seit 2025 angewendet.

Die WZ 2025 (Klassifikation der Wirtschaftszweige, Ausgabe 2025) ist die offizielle Systematik zur Einteilung der wirtschaftlichen Tätigkeiten in Deutschland. Sie basiert auf der europäischen NACE Rev. 2.1 und wird vom Statistischen Bundesamt herausgegeben.

In der WZ 2025 wird das Baugewerbe in Abschnitt F aufgeführt und in folgende Abteilungen gegliedert:

- 41 Hochbau,
- 42 Tiefbau,
- 43 Vorbereitende Baustellenarbeiten, Bauinstallation und sonstiges Ausbaugewerbe.

Die einzelnen Tätigkeitsbereiche und Arbeiten werden innerhalb der Abteilungen nochmals in Gruppen und Klassen unterteilt und erläutert.

Informationen zur Klassifikation der *Wirtschaftszweige* sind auf der Internetseite des Statistischen Bundesamts abrufbar: *www.destatis.de*.

In Deutschland wird das Baugewerbe traditionell in Bauhaupt- und Ausbaugewerbe gegliedert. Bezogen auf die WZ 2025 können dem Bauhauptgewerbe folgende Abteilungen bzw. Gruppen zugeordnet werden:

- 41 Hochbau,
- 42 Tiefbau,
- 43.1 Abbrucharbeiten und vorbereitende Baustellenarbeiten,
- 43.4 Spezialisierte Bautätigkeiten im Hochbau,
- 43.5 Spezialisierte Bautätigkeiten im Tiefbau,
- 43.9 Sonstige spezialisierte Bautätigkeiten.

Um für das Bauhauptgewerbe eine detailliertere Kennzahlenbetrachtung durchführen zu können, beispielsweise für Umsatzahlen (Bild 1.5) oder Auftragseingänge, erfolgt eine nochmalige Einteilung in Bausparten, die sich auf die Bauart beziehen. Zu den Bausparten im Bauhauptgewerbe zählen:

- Wohnungsbau,
- Wirtschaftsbau,
- Öffentlicher Bau.

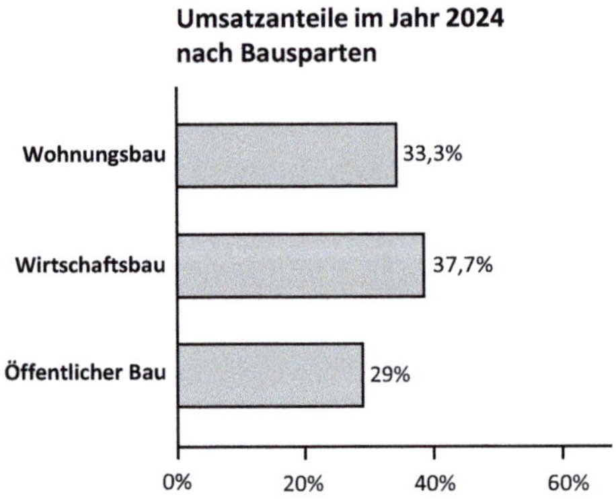

Bild 1.5 Umsatzanteile in Prozent nach Bausparten 2024, Quelle: Statistisches Bundesamt/Hauptverband der Deutschen Bauindustrie e. V.

1.5.2 Unternehmen und Verbände

Das Baugewerbe in Deutschland ist stark geprägt von kleinen und mittelständischen Unternehmen, die zu einem großen Teil inhabergeführt sind. Im Juni 2024 zählte das Bauhauptgewerbe 81 950 Unternehmen. Der Anteil der Betriebe mit weniger als 20 Mitarbeitern lag bei 88,3 %. Sie beschäftigten 40,5 % der Erwerbstätigen und hatten einen Umsatzanteil von 29,3 %. Im Gegensatz dazu erwirtschafteten die Unternehmen mit 200 und mehr Mitarbeitern 20,9 % des Umsatzes und beschäftigten 14,3 % der Erwerbstätigen. Allerdings lag ihr Anteil an der Gesamtzahl der Betriebe lediglich bei 0,4 % (Tabelle 1.4).

Tabelle 1.4 Betriebsstruktur im Bauhauptgewerbe 2024

Betriebsgröße [Beschäftigte]	Anteil in Prozent an		
	Betrieben	Beschäftigten	Umsatz
> 200	0,4	14,3	20,9
50–199	3,0	23,0	28,0
20–49	8,4	22,2	21,8
1–19	88,3	40,5	29,3

Quelle: Statistisches Bundesamt/Hauptverband der Deutschen Bauindustrie e. V.

Die beiden Spitzenverbände des Baugewerbes sind der *Hauptverband der Deutschen Bauindustrie* sowie der *Zentralverband des Deutschen Baugewerbes*. Beide Verbände vertreten die Interessen ihrer Mitgliedsunternehmen, beispielsweise gegenüber Politik, Verwaltung und Öffentlichkeit. Sie sind in Ausschüssen und Gremien vertreten und unterstützen bei der Erstellung von Normen und technischen Themen. Als Arbeitgeberverbände sind sie Tarifpartner der Industriegewerkschaft Bauen-Agrar-Umwelt (IG BAU), die die Interessen der Arbeitnehmer vertritt.

Dem Hauptverband der Deutschen Bauindustrie gehören hauptsächlich größere Betriebe des Bauhauptgewerbes an, die der Bauindustrie zugeordnet werden können. Der Zentralverband des Deutschen Baugewerbes vertritt überwiegend kleinere Unternehmen aus dem Bauhauptgewerbe sowie Betriebe des Ausbaugewerbes. Den beiden Spitzenverbänden sind regionale Mitgliedsverbände (Landesverbände) angeschlossen. Sie sind häufig auch Träger der überbetrieblichen Ausbildung im Verbandsgebiet und bieten Möglichkeiten zur beruflichen Weiterbildung.

1.5.3 Konjunkturelle Entwicklung und Beschäftigung

Das Baugewerbe unterliegt traditionell konjunkturellen Schwankungen, die zudem innerhalb der verschiedenen Bausparten unterschiedlich stark ausfallen können. Im Folgenden werden exemplarisch ausgewählte Daten zur Veranschaulichung herangezogen.

Informationen zur Baukonjunktur sind auf der Internetseite des Hauptverbands der Deutschen Bauindustrie e. V. abrufbar: *www.bauindustrie.de*.

Zum Ende der zehn Jahre andauernden Baurezession im Jahr 2005 wurde in Deutschland preisbereinigt etwa 25 % weniger in Bauten investiert als zum Höhepunkt Mitte der 1990er-Jahre. In dem Zeitraum von 2010 bis 2020 verzeichneten die Bauinvestitionen wiederum einen kontinuierlichen Aufwärtstrend. Hauptgründe waren das mit dem Ende der Finanzkrise einsetzende dauerhaft niedrige Zinsniveau sowie ein zuwanderungsbedingt höherer Bedarf an Wohnraum. Dadurch war das Baugewerbe in den Corona-Jahren 2020 und 2021 eine wichtige Stütze für die Gesamtwirtschaft.

Gestoppt wurde der Aufwärtstrend durch den Ukraine-Krieg, Materialmangel, stark steigende Preise sowie das Ende der Niedrigzinsphase. Besonders starke Rückgänge musste der Wohnungsbau hinnehmen. Dort ging 2023 die Zahl der genehmigten Wohnungen in neuen Wohngebäuden um 30 % gegenüber dem Vorjahr zurück. Dabei handelt es sich sowohl absolut als auch prozentual um den stärksten Rückgang seit 1991.

Bild 1.6 zeigt die Umsatzentwicklung im Bauhauptgewerbe von 1995 bis 2024. Die nochmalige Steigerung im Jahr 2023 auf einen Wert von mehr als 160 Milliarden Euro, als die Wohnungsbaukrise das Baugewerbe bereits erreicht hatte, ist u. a. auf die zu diesem Zeitpunkt bereits sehr stark angestiegenen Preise und das Abarbeiten des noch hohen Auftragsbestands zurückzuführen.

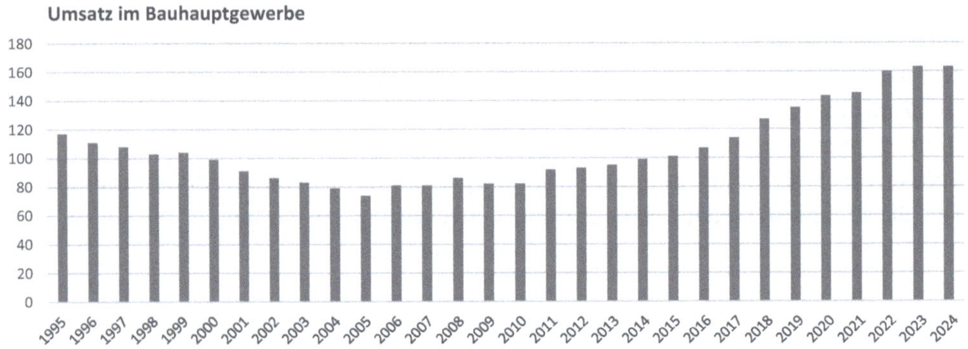

Bild 1.6 Umsatz im Bauhauptgewerbe in Mrd. Euro, Quelle: Statistisches Bundesamt/ Hauptverband der Deutschen Bauindustrie e. V.

Die Beschäftigung im Bauhauptgewerbe erhöhte sich seit dem Tiefpunkt im Jahr 2009 bis in das Jahr 2023 um 223 000 Personen auf insgesamt 928 000 Beschäftigte. Dieser Wert liegt fast 35 % unter dem von 1995, als die Beschäftigung bei mehr als 1,4 Millionen Personen lag und fortan im Zuge der Rezession reduziert wurde (Bild 1.7).

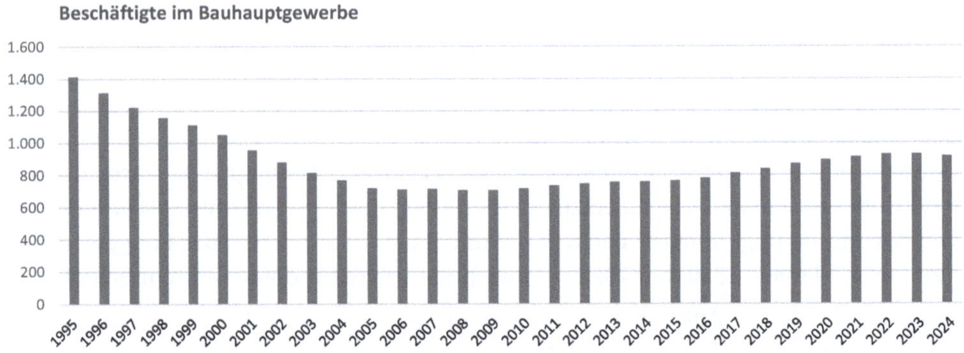

Bild 1.7 Beschäftigte im Bauhauptgewerbe in 1000, Quelle: Statistisches Bundesamt/Hauptverband der Deutschen Bauindustrie e. V.

Nach einer Phase der Stagnation im Jahr 2023 und einem Rückgang der Beschäftigtenzahl auf 916 000 im Jahr 2024 bleibt abzuwarten, wie sich die Beschäftigungslage angesichts der aktuellen konjunkturellen Schwäche weiterentwickelt. Der anhaltend schwache Wohnungsbau sowie die damit einhergehende Gefahr zunehmender Unternehmensinsolvenzen könnten kurzfristig zu einem weiteren Rückgang der Beschäftigung führen.

Dennoch bestehen mittelfristig positive Perspektiven: Der weiterhin erhebliche Wohnraummangel und der dringende Bedarf an Investitionen in die Infrastruktur lassen erwarten, dass die Nachfrage im Baugewerbe in den kommenden Jahren wieder anziehen wird. Eine zentrale Herausforderung bleibt jedoch der zunehmende Fachkräftemangel. Um dieser Entwicklung entgegenzuwirken, ist es für die Branche von entscheidender Bedeutung, verstärkt in Aus- und Weiterbildung zu investieren.

1.6 Übungsaufgaben

Übungsaufgabe 1.1
Nutzungsmöglichkeiten von Bauwerken

Verschiedene Bauwerksarten dienen unterschiedlichen Nutzungszwecken. Für welche Zwecke bestellen Bauherren gewöhnlich welche Bauwerksarten?

Übungsaufgabe 1.2
Lebenszyklus von Bauwerken

Benennen Sie die drei Hauptphasen im Lebenszyklus von Bauwerken.

Übungsaufgabe 1.3
Bauweisen

Unterscheiden Sie die Massivbauweise von der Skelettbauweise. Wo findet man eine Kombination aus beiden Bauweisen?

Übungsaufgabe 1.4
Bauverfahren im Hochbau – Herstellung von Betonwänden

Worin unterscheiden sich die Bauverfahren bei der Herstellung von Ortbetonwänden und Halbfertigteilwänden?

Übungsaufgabe 1.5

Bauverfahren im Hochbau – Herstellung von Mauerwerkswänden

Beschreiben Sie den Unterschied zwischen klassischem Mauerwerksbau und der Elementbauweise.

Übungsaufgabe 1.6

Bauverfahren im Hochbau – Herstellung von Betondecken

Decken können als Ortbetondecke oder als Halbfertigteildecke hergestellt werden. Erläutern Sie beide Bauverfahren.

Übungsaufgabe 1.7

Bauindustrie, Bauhandwerk – Begriffe

Unterscheiden Sie die Begriffe „Bauindustrie“ und „Bauhandwerk“.

Übungsaufgabe 1.8

Baugewerbe, Bauwirtschaft – Begriffe

Beschreiben Sie die Begriffe „Baugewerbe“ und „Bauwirtschaft“.

Übungsaufgabe 1.9

Spitzenverbände des Baugewerbes

Benennen Sie die beiden Spitzenverbände des Baugewerbes.

2 Die am Bau Beteiligten

Studienziele

Das Kapitel soll dem Leser grundlegende Kenntnisse ermöglichen über

- die Aufgaben der am Bau beteiligten Planer und ausführenden Unternehmen,
- mögliche Konstellationen der Planer, Bauunternehmen und Lieferanten.

2.1 Unmittelbar Beteiligte

Die unmittelbar am Bau beteiligten Personen und Organisationen lassen sich dem Auftraggeber, der Planung und der Bauausführung zuordnen (Tabelle 2.1). Sie decken eine Vielzahl unterschiedlicher Aufgabengebiete ab und stehen in der Regel bis zur Fertigstellung des Bauprojektes in einer direkten Beziehung zueinander.

Tabelle 2.1 Unmittelbar am Bau Beteiligte

Auftraggeber	Planer	Ausführende
▪ Bauherr	▪ Architekt ▪ Tragwerksplaner ▪ Fachplaner	▪ Unternehmer ▪ Nachunternehmer ▪ Lieferanten

Ebenfalls am Bau beteiligt sind verschiedene Behörden und Anstalten des öffentlichen Rechts, die in zahlreiche Prozesse mit eingebunden werden müssen. Hierzu zählen beispielsweise Bauaufsichtsbehörden, Vermessungsämter und Berufsgenossenschaften.

2.1.1 Auftraggeber

Der Auftraggeber eines Bauvorhabens ist der *Bauherr*. Er trägt in der Regel das finanzielle Risiko und ist als Rechtspartner der öffentlichen Behörden verantwortlich für erforderliche Genehmigungen und die Einhaltung gesetzlicher Vorgaben und Vorschriften. Demnach muss er im Vorfeld eines Bauprojektes sorgfältige Überlegungen zur Durchführbarkeit anstellen. Hierzu gehören:

- Suche nach einem geeigneten Standort,
- Klärung bebauungsrechtlicher Fragen,
- Ermittlung eines Kostenrahmens,
- Klärung der Finanzierung.

Bauherren können sowohl natürliche als auch juristische Personen sein. Weiterhin wird unterschieden in private und öffentliche Auftraggeber. Demnach gibt es auch unterschiedliche Beweggründe zur Errichtung eines Bauwerks. Entscheidend ist dabei der beabsichtigte Nutzungszweck (Abschnitt 1.1).

Die Vorstellungen des Bauherrn fließen maßgeblich in die Planung mit ein und sind auch bei der Bauausführung stets zu berücksichtigen. Zudem gibt der Bauherr in der Regel auch den Endtermin für die Fertigstellung und vertragsgerechte Übergabe des Bauwerks vor. Häufig übernehmen Projektsteuerer die Koordination eines Bauvorhabens und treten als Bauherrenvertreter gegenüber den übrigen Baubeteiligten auf.

Aufgaben des Auftraggebers

- Vorgabe von Zielen hinsichtlich Nutzung, Aussehen und Qualität,
- zeitliche Vorgaben für Zwischen- und Endtermine,
- Einholen von Genehmigungen,
- Abschluss von Verträgen mit Planern und Unternehmern,
- Überwachung und Koordination.

2.1.2 Planer

Die Bauplanung besteht aus verschiedenen Phasen. Dazu gehören die Grundlagenermittlung, die Vorplanung, die Entwurfsplanung, die Genehmigungsplanung und die Ausführungsplanung.

Planungsphasen

Die verschiedenen Leistungsphasen für die Planung eines Bauprojektes sind in der *Honorarordnung für Ingenieure und Architekten (HOAI)* definiert.

Literaturhinweis: *Malpricht, W.; Rupp, C.: Baukosten und Planung im Ingenieurbüro*

Auf der Grundlage der Vorgaben des Auftraggebers, werden *Architekten* und *Tragwerksplaner* (Statiker) mit der Planung beauftragt. Gegebenenfalls werden *Fachplaner*, beispielsweise für die technische Gebäudeausrüstung und den Brandschutz, mit einbezogen. Die Beauftragung kann direkt durch den Bauherrn erfolgen, es gibt aber auch andere Konstellationen, wie in Abschnitt 2.2 beschrieben.

Aufgaben der Planung

- Anfertigung der Entwürfe in Abstimmung mit dem Auftraggeber,
- Erstellung und Lieferung der für die Baugenehmigung benötigten Pläne, Berechnungen und Unterlagen,
- Erstellung von Leistungsverzeichnis und Bauzeitenplan,
- Detail- und Ausführungsplanung.

2.1.3 Ausführende

Die eigentliche Bauleistung erfolgt durch *Fachbetriebe* auf der Grundlage geschlossener Verträge. Dies kann ein Werkvertrag nach dem *Bürgerlichen Gesetzbuch (BGB)* oder ein Bauvertrag nach der *DIN 1961 VOB Vergabe- und Vertragsordnung für Bauleistungen, Teil B (VOB/B)* sein.

Grundlage für Ausschreibung und Vergabe öffentlicher Auftraggeber ist die *DIN 1960 VOB Vergabe- und Vertragsordnung für Bauleistungen, Teil A (VOB/A).*

Der Auftraggeber kann die Arbeiten entweder gewerkeweise an die jeweiligen Firmen vergeben oder er beauftragt beispielsweise einen Generalunternehmer, um nur ein Vertragsverhältnis eingehen zu müssen (Abschnitt 2.2). *Lieferanten* von Baustoffen, Baumaschinen und Baugeräten werden in der Regel direkt durch die bauausführenden Unternehmen beauftragt.

Aufgaben der Bauausführung

- vertragsgemäße Ausführung der Bautätigkeit,
- Einhaltung der Regeln der Technik,
- ordnungsgemäße Baustelleneinrichtung,
- Einhaltung gesetzlicher Vorschriften und Verordnungen.

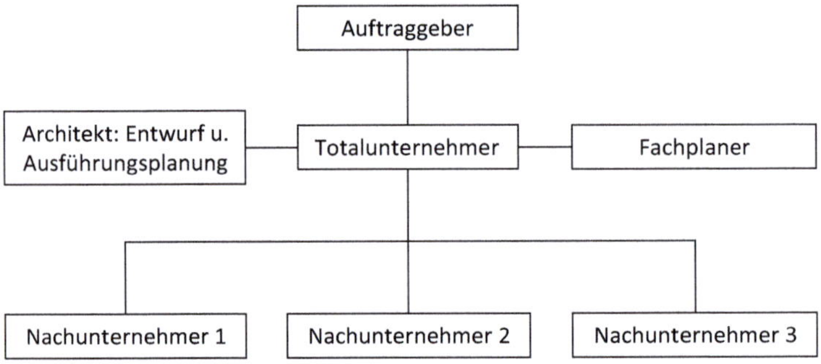

Bild 2.4 Vertragsverhältnisse beim Einsatz eines Totalunternehmer

Funktionale Leistungsbeschreibung mit Leistungsprogramm

Als Grundlage für Bauverträge mit Generalübernehmern und Totalunternehmern bedarf es für die Ausschreibung der Leistung einer *funktionalen Leistungsbeschreibung mit Leistungsprogramm*. Dabei verzichtet der Bauherr weitgehend auf eine eigene Planung. Er gibt lediglich Anforderungen vor, die die bauliche Anlage erfüllen muss. Der Zweck der fertigen Leistung und alle technischen, wirtschaftlichen, gestalterischen und funktionsbedingten Anforderungen müssen darin beschrieben sein.

Für den Bieter stellt die funktionale Leistungsbeschreibung mit Leistungsprogramm eine hinreichende Beschreibung der Bauaufgabe dar, aus der er ein Angebot über die Kosten für die Herstellung des Bauwerks einschließlich der Planungsleistungen erstellen muss.

Der Vertragsabschluss mit einem Generalübernehmer geschieht auf der Grundlage eines vorliegenden Entwurfs. Gegenstand der funktionalen Leistungsbeschreibung sind dementsprechend detaillierte Anforderungen an die Ausführungsplanung und Bauausführung. Dabei werden dem Generalübernehmer und den von ihm beauftragten Planern jedoch gewisse Freiheiten eingeräumt, die Planung und Ausführung eines Bauvorhabens auszugestalten.

Wird ein Vertrag mit einem Totalunternehmer abgeschlossen, ist zusätzlich auch die Entwurfsplanung Gegenstand des Vertrags zwischen Bauherr und Auftragnehmer. In solchen Fällen ergeben sich weitere Freiheitsgrade für den Totalunternehmer, da auch die Entwurfsplanung von ihm gestaltet werden kann. Die funktionale Leistungsbeschreibung mit Leistungsprogramm muss jedoch weitere Anforderungen an die Entwurfsplanung enthalten.

Gewährleistungsansprüche

Beim Einsatz von Generalunternehmern, Generalübernehmern oder Totalunternehmern liegen Bauausführung, Koordinierung und gegebenenfalls auch Planungsleistungen in deren Verantwortung. Sie sind direkte Vertragspartner des Bauherrn und können Gewährleistungsansprüche gegenüber den von ihnen beauftragten Nachunternehmern geltend machen. Ansprüche zwischen Bauherrn und Nachunternehmern bestehen nicht.

Übungsbeispiel 2.1

Gewährleistung beim Einsatz von Generalunternehmern

Bauherr A beauftragt Generalunternehmer B mit der schlüsselfertigen Errichtung eines Mehrfamilienhauses. B führt den Rohbau selbst aus und beauftragt für die übrigen Gewerke entsprechende Nachunternehmer. Bei der Bauabnahme werden Undichtigkeiten an den Fenstern festgestellt, die auf die Tätigkeit von Nachunternehmer C zurückzuführen sind, der für Lieferung und Montage der Fenster beauftragt wurde.

Die Frage nach der Gewährleistung der Beteiligten untereinander stellt sich so dar, dass Bauherr A seine Ansprüche gegenüber Generalunternehmer B geltend machen kann und der Nachunternehmer C gegenüber dem Generalunternehmer B gewährleistungspflichtig ist.

2.3 Das Bauunternehmen

Bauunternehmen sind Wirtschaftsunternehmen, deren Geschäftszweck in der Ausführung von Bautätigkeiten liegt. Dabei werden in erster Linie die Teilgebiete Hoch- und Tiefbau unterschieden. Eine weitere Spezialisierung kann beispielsweise in Bereiche wie Ingenieurbau, Industriebau oder Straßenbau erfolgen. Ob und inwieweit ein Bauunternehmen Leistungen verschiedener Teilgebiete anbietet, hängt oft von der jeweiligen Unternehmensgröße ab, die sehr unterschiedlich sein kann. Sie reicht von kleinen Handwerksbetrieben, die nur regional tätig sind, über mittelständisch strukturierte Unternehmen bis hin zu Großkonzernen mit mehreren tausend Mitarbeitern. Dementsprechend sind auch verschiedene Rechtsformen wie z. B. die Gesellschaft bürgerlichen Rechts (GbR), die Gesellschaft mit beschränkter Haftung (GmbH), die Kommanditgesellschaft (KG), die Offene Handelsgesellschaft (OHG) oder die Aktiengesellschaft (AG) vertreten.

Bei der Wahl der Rechtsform für ein Unternehmen sind verschiedene Faktoren zu berücksichtigen, wie beispielsweise die Größe des Unternehmens, die Art der Tätigkeit und die Haftung.

In kleinen Unternehmen ist es häufig so, dass verschiedene Aufgabenbereiche von einer Person ausgeübt werden, wie z. B. Kalkulation und Arbeitsvorbereitung oder Rechnungswesen und Lohnbuchhaltung. Gleiches kann auch für die Bauausführung gelten, indem der Bauleiter auch die Poliertätigkeiten übernimmt bzw. umgekehrt. Bei größeren Bauunternehmen sind die Aufgabengebiete in der Regel klar in einzelne Bereiche und Abteilungen getrennt, die unabhängig voneinander geführt werden (Bild 2.5).

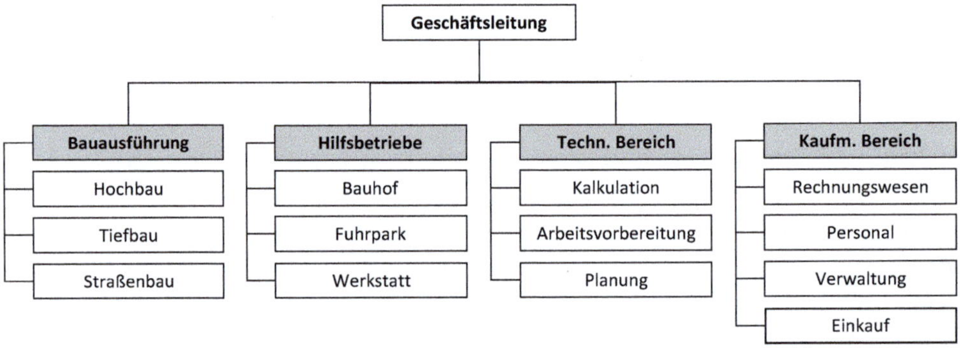

Bild 2.5 Beispielhafter Aufbau eines mittelständischen Bauunternehmens

Die Bauleitung

Die Bauleitung ist für die Organisation der Baustelle und die Leitung der Bauausführung zuständig. Hierbei sind *Bauleiter* und *Poliere* die hauptverantwortlichen Akteure im täglichen Baustellengeschehen. Sie setzen Vorgaben aus der Kalkulation und der Arbeitsvorbereitung um, sind erste Ansprechpartner für die übrigen Baubeteiligten und müssen auch auf unvorhergesehene Ereignisse reagieren und entsprechend handeln. Bauleiter und Poliere arbeiten eng zusammen und stehen im ständigen Austausch. Ihre jeweiligen Aufgabengebiete sind vielfältig und können sich teilweise auch überschneiden.

In der Ausführung tätige Bauleiter sind üblicherweise Bauingenieure. Vereinzelt werden aber auch Mitarbeiter aufgrund langjähriger Berufserfahrung als Bauleiter eingesetzt, ohne dass sie ein Studium absolviert haben. Sie verfügen häufig über eine Zusatzausbildung, beispielsweise als Bautechniker. Berufsanfänger werden als Jungbauleiter bezeichnet. Sie eignen sich ihre Fähigkeiten an, indem sie über einen gewissen Zeitraum mit erfahrenen Kollegen zusammenarbeiten. Je nach Unternehmensgröße durchlaufen sie auch ein internes Schulungsprogramm.

Aufgaben des Bauleiters

- Koordination einzelner Gewerke und Nachunternehmer,
- Planung und Durchführung von Baubesprechungen,
- Überwachung technischer, wirtschaftlicher und terminlicher Vorgaben,
- Anfertigung von Gefährdungsbeurteilungen,
- Erstellen von Aufmaß und Abschlagsrechnungen,
- Nachtragsmanagement.

In der Leitungshierarchie einer Baustelle ist der Polier unter dem Bauleiter angeordnet. Er organisiert und überwacht verschiedene Prozesse einer Baustelle und ist das Verbindungsglied zwischen der Bauleitung und den bauausführenden Mitarbeitern. Im Tief- und Straßenbau wird der Polier auch als *Schachtmeister* bezeichnet.

Unterschieden wird zwischen staatlich geprüften Polieren und *Werkpolieren*. Die Prüfung zum Aufstiegsabschluss „Staatlich geprüfter Polier" ist staatlich geregelt und somit bundeseinheitlich gültig. Sie wird durch einen Ausschuss der zuständigen Stellen, in diesem Fall einer Industrie- und Handelskammer (IHK) oder einer Handwerkskammer abgenommen. Die Prüfungsinhalte sowie die Durchführung der Prüfung zum Vorarbeiter und zum Werkpolier sind tarifvertraglich durch die Sozialpartner Hauptverband der Deutschen Bauindustrie e. V., Zentralverband des Deutschen Baugewerbes (ZDB) und der Industriegewerkschaft Bauen-Agrar-Umwelt (IG BAU) geregelt und somit bundeseinheitlich gültig. Die Abnahme der Prüfung erfolgt durch Ausschüsse, die von den Tarifvertragsparteien zugelassen sind. In der Regel sind die überbetrieblichen Ausbildungszentren der Bauwirtschaft Träger der Maßnahmen und geschäftsführende Stellen der Prüfungsausschüsse. Voraussetzung für die Zulassung zur jeweiligen Prüfung ist eine abgeschlossene Ausbildung in einem Beruf des Baugewerbes sowie mehrjährige Berufserfahrung. Zusätzlich ist ein Vorbereitungslehrgang im Rahmen der Aufstiegsfortbildung zu absolvieren.

Die Stoffvermittlung der Polierausbildung erfolgt gemäß einem Lernzielkatalog, der Themenbereiche wie Bautechnik, Baubetrieb, Mitarbeiterführung und Personalmanagement umfasst. Hinsichtlich der Qualifikation sind staatlich geprüfte Poliere höher angesiedelt als Werkpoliere. Sie sind in der Regel Angestellte und für umfassendere Führungsaufgaben ausgebildet.

Aufgaben des Poliers

- Planen, Einrichten, Aufrechterhalten und Auflösen der Baustelle,
- Planung, Organisation, Überwachung und Dokumentation der Bauausführung,
- Führung von Mitarbeitern und Verteilen anstehender Arbeiten,
- Überwachung von Qualität und termingerechter Ausführung,
- Sicherstellen der Einhaltung von Arbeitsschutz, Arbeitssicherheit sowie Umwelt- und Gesundheitsschutz,
- termingerechte Bestellung von Baustoffen, Baumaschinen und Baugeräten usw.

Die tatsächliche Ausführung der Arbeiten auf der Baustelle erfolgt durch die Mannschaft. Sie besteht aus *Vorarbeitern*, Kolonnen, *Kranfahrer*, *Maschinisten* usw. Die *Kolonnen* sind in der Regel spezialisiert. Es gibt beispielsweise Maurer- oder Betonbaukolonnen. Angeleitet werden sie von Vorarbeitern, die wiederum vom zuständigen Polier entsprechende Arbeitsaufträge erhalten.

Spezialisierte Kolonnen können auch Fremdarbeitskolonnen sein. Sie führen als Nachunternehmer kein komplettes Gewerk, sondern nur Teilbereiche aus und müssen ebenfalls durch den Polier angewiesen und beaufsichtigt werden. Ein typisches Beispiel hierfür sind Eisenflechter.

Für die Gesamtleitung einer Baustelle ist der *Oberbauleiter* zuständig. Er verantwortet üblicherweise mehrere Baustellen (Bild 2.6) gleichzeitig oder ein Großprojekt. Die jeweiligen Bauleiter sind ihm untergeordnet und gehören in der Regel zu seinem festen Team. Je nach Projekt- und Unternehmensgröße ist das Aufgabengebiet eines Oberbauleiters unterschiedlich. Dazu zählen z. B. auch die Akquise neuer Projekte, Vertragsverhandlungen mit Auftraggebern und Nachunternehmern, Beauftragung von Lieferanten, Personalplanung usw. Bei Arbeitsgemeinschaften (Abschnitt 2.4.1) wird die Position des Oberbauleiters häufig als Projektleiter bezeichnet.

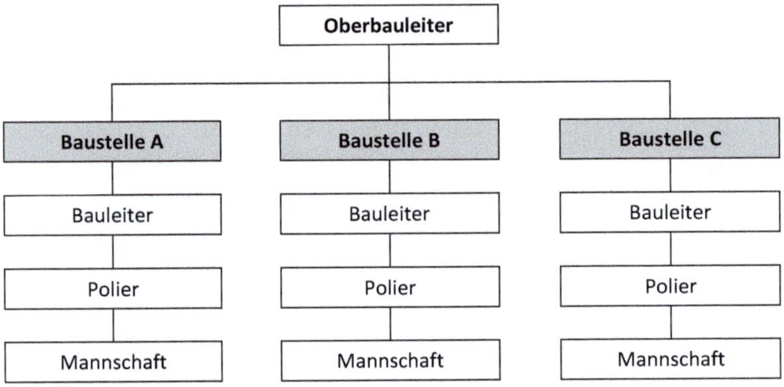

Bild 2.6 Führungsstruktur innerhalb der Bauleitung

Zusätzliche Unterstützung erhält die Bauleitung von *kaufmännischen Mitarbeitern*, die sich beispielsweise um die Rechnungsprüfung, Erfolgsmeldung, Dokumentenablage usw. kümmern. Bei größeren Bauvorhaben befinden sich diese Mitarbeiter dauerhaft auf der Baustelle. Ansonsten arbeiten sie vom Büro aus und sind nur temporär auf der Baustelle.

2.4 Die Arbeitsgemeinschaft (ARGE)

Im Baugewerbe ist eine Arbeitsgemeinschaft (ARGE) der zeitlich befristete Zusammenschluss von zwei oder mehreren Unternehmen mit dem Ziel, einen Bauauftrag gemeinsam auszuführen. Die Auflösung der ARGE erfolgt, wenn der Zweck erfüllt wurde, d. h. wenn beispielsweise das Bauwerk erstellt und die Gewährleistungspflichten eingehalten sind.

Im Vorfeld einer ARGE schließen sich die Unternehmen zunächst zu einer *Bietergemeinschaft* zusammen, um dem Auftraggeber ein gemeinschaftliches Angebot zu erstellen. Nach Abschluss des Vergabeverfahrens löst sich die Bietergemeinschaft wieder auf und bei Auftragserteilung wird die ARGE gegründet. Bietergemeinschaft und ARGE sind demnach zwei voneinander getrennte Gesellschaften. Für den Auftragsfall wird im Bietergemeinschaftsvertrag sichergestellt, dass der spätere Übergang in die ARGE reibungslos und rechtswirksam erfolgt.

Üblicherweise wählen Bieter- und Arbeitsgemeinschaften die Rechtsform der *Gesellschaft bürgerlichen Rechts (GbR)*, bei der die Partner (Gesellschafter) jeweils gesamtschuldnerisch und persönlich haften.

Im ARGE-Vertrag werden Name, Sitz und Zweck der Arbeitsgemeinschaft vereinbart. Ebenso werden dort die Gesellschafteranteile der einzelnen Partner, die Höhe der jeweiligen Beiträge an Geld- und Sachwerten sowie die Beteiligung am Geschäftsergebnis festgelegt. Weiterhin wird im ARGE-Vertrag die Besetzung der Organe bestimmt (Abschnitt 2.4.2).

ARGE-Musterverträge werden vom Hauptverband der Deutschen Bauindustrie e. V. herausgegeben.

Im Wesentlichen gibt es zwei Organisationsformen der ARGE.

Die Beistell-ARGE

Bei der Beistell-ARGE erfolgt die Bauausführung gemeinschaftlich durch die beteiligten Unternehmen. Personal, Baustoffe, Maschinen und Geräte usw. werden durch die Partner gemäß den vorab festzulegenden Beteiligungsverhältnissen beigestellt oder am Markt beschafft. Die Mitarbeiter der jeweiligen Unternehmen werden entweder für ihre Arbeit in der ARGE freigestellt oder abgeordnet. Im Falle einer Freistellung tritt die ARGE in die Funktion des Arbeitgebers ein. Bei einer Abordnung bleibt das beteiligte Unternehmen Arbeitgeber der Mitarbeiter.

- Beauftragung von Sicherheits- und Umweltbeauftragten,
- Vertragsabschlüsse mit Nachunternehmern und Lieferanten in Abstimmung mit der kaufmännischen Geschäftsführung,
- Erstellung von Angeboten, Nachträgen und Rechnungen.

Es ist vorteilhaft, als Postanschrift der ARGE den Sitz der Technischen Geschäftsführung zu wählen.

Kaufmännische Geschäftsführung

Mit der Kaufmännischen Geschäftsführung wird üblicherweise ebenfalls ein ARGE-Partner betraut. Sie ist für kaufmännische Belange zuständig, wie:

- Überwachung von kaufmännischen Vorgängen auf der Baustelle,
- An- und Abmeldungen bei Behörden (Krankenkassen, Berufsgenossenschaften usw.),
- Eröffnung und Löschung der Bankkonten sowie Beschaffung von Geldern,
- Bearbeitung von Steuerangelegenheiten,
- Durchführung der Buchführung sowie Erstellung von Ergebnisübersichten und Schlussbilanz,
- Lohn- und Gehaltsabrechnung.

Bauleitung

Die Bauleitung der ARGE ist Weisungsempfänger der beiden Geschäftsführungen und für die Bauausführung auf der Baustelle zuständig. Zusammensetzung und Aufgaben entsprechen den Ausführungen in Abschnitt 2.3.

Die verschiedenen Positionen innerhalb der Bauleitung können von mehreren ARGE-Partnern besetzt werden.

2.5 Lieferanten

Lieferanten stellen die Versorgung der Bauunternehmen mit den zur Durchführung eines Bauauftrages benötigten Materialien, Maschinen, Geräten und sonstigen Produkten sicher. Der Vertrieb erfolgt entweder durch die Hersteller direkt oder über Handelsunternehmen wie z. B. Baustoffhändler oder Baumaschinenhändler. Lieferant kann demnach der Hersteller oder der Händler sein.

Es gibt Vertragshändler, die nur Produkte eines bestimmten Herstellers anbieten, sowie freie Händler, die herstellerunabhängig am Markt auftreten. Das Vertriebsgebiet von Händlern ist häufig regional begrenzt.

Baustoffe und andere Materialien, die nicht wiedergewinnbar sind bzw. dauerhaft im oder am Bauwerk verbleiben, sind reine Verkaufsprodukte. Für viele andere Produkte hat in der Vergangenheit die Miete immer mehr an Bedeutung gewonnen. So werden beispielsweise Baumaschinen oder Schalungen häufig projektspezifisch angemietet.

Lieferanten werden zunehmend auch zum Dienstleister, indem sie über die eigentliche Produktberatung hinaus weitere Serviceleistungen anbieten. Hierzu zählen beispielsweise Produkteinsatzplanung, Personaleinweisung und -schulung, Wartung und Reparatur. Üblicherweise übernehmen Lieferanten keine ausführenden Tätigkeiten auf der Baustelle und sind somit auch nicht als Nachunternehmer anzusehen.

Für den sach- und fachgerechten Einsatz der verwendeten Produkte ist grundsätzlich der Anwender verantwortlich. Ebenso für die Einhaltung erforderlicher Vorschriften, Richtlinien, Einbauanleitungen usw. Darüber hinaus ist die Haftung für Schäden an Personen oder Sachen, die durch ein fehlerhaftes Produkt verursacht wurden, im *Produkthaftungsgesetz (ProdHaftG)* geregelt.

Produkthaftungsgesetz (ProdHaftG), Gesetz über die Haftung für fehlerhafte Produkte

Um für ein Bauvorhaben die termingerechte Lieferung der benötigten Materialien und Produkte zu gewährleisten, sollte die Bestellung mit ausreichendem Vorlauf erfolgen. Je nach Projektgröße empfiehlt sich hierfür der Abschluss entsprechender Liefervereinbarungen. Auftraggeber des Lieferanten ist in der Regel das mit der Ausführung beauftragte Unternehmen.

In den folgenden Abschnitten werden exemplarisch drei für den Bauprozess wichtige Produktgruppen sowie deren Besonderheiten bei der Beschaffung vorgestellt.

2.5.1 Baustoffe

Baustoffe sind Materialien, die zur Erstellung von Bauwerken benötigt werden und dauerhaft im Bauwerk verbleiben. Sie werden den Bauprodukten zugeordnet, deren einheitliche Vermarktung und Inverkehrbringung in der *EU-Bauproduktenverordnung (EU-BauPVO)* geregelt wird. Inhalt der Verordnung sind u. a. Belange des Gesundheitswesens, der Dauerhaftigkeit und Energieeinsparung, des Umweltschutzes sowie wirtschaftliche Gesichtspunkte.

Bauproduktenverordnung (EU-BauPVO), Verordnung (EU) zur Festlegung harmonisierter Vorschriften für die Vermarktung von Bauprodukten

Bauproduktengesetz (BauPG), Gesetz zur Durchführung der Verordnung (EU) Nr. 305/2011 zur Festlegung harmonisierter Bedingungen für die Vermarktung von Bauprodukten und zur Umsetzung und Durchführung anderer Rechtsakte der Europäischen Union in Bezug auf Bauprodukte

Die Eignung eines Baustoffes für die beabsichtigte Verwendung ist bereits beim Einkauf zu berücksichtigen und muss bei der Lieferung auf die Baustelle nochmals kontrolliert und gegebenenfalls dokumentiert werden. Darüber hinaus ist eine grundsätzliche Anwendbarkeit gemäß Landesbauordnung zu prüfen.

Zu den am häufigsten auf einer Baustelle benötigten Baustoffen zählen

- Transportbeton,
- Betonstahl,
- Mauersteine,
- Baustahl,
- Abdichtungsmaterialien,
- Dämmstoffe.

Die Vertriebswege für Baustoffe sind unterschiedlich. Ein Lieferant für Abdichtungsmaterialien oder Dämmstoffe muss nicht zwingend im näheren Umfeld zur Baustelle ansässig sein. Bei Transportbeton wiederum ist dies unabdingbar. Daher besteht ein flächendeckendes Netz an Transportbetonwerken, um die Baustellen mittels Fahrmischern beliefern zu können. Auf Baustellen, die über einen längeren Zeitraum große Mengen an Beton benötigen, wird eine mobile Betonmischanlage aufgebaut.

2.5.2 Baumaschinen

Baumaschinen sind Investitionsgüter, bei deren Anschaffung in der Regel hohe Kosten entstehen. Die Tatsache, dass mittlerweile fast jede Maschine auch angemietet werden kann, ist daher von bedeutendem Vorteil. So lassen sich Engpässe bei der Verfügbarkeit eigener Geräte überbrücken oder ein Kauf kann aufgrund unsicherer Auftragslage in die Zukunft verschoben werden. Letztendlich hängt die Entscheidung, ob eine Baumaschine gekauft oder gemietet wird, auch von der jeweiligen Strategie des Bauunternehmens ab.

In der Praxis hat sich bewährt, die einzelnen Maschinen bestimmten Baubereichen (Tabelle 2.2) oder den jeweiligen Anwendungsbereichen (Tabelle 2.3) zuzuordnen. Ähnlich gehen die Lieferanten bei der Strukturierung ihrer Produktportfolios vor.

Tabelle 2.2 Baumaschinen getrennt nach Baubereichen

Hochbau	Tiefbau
▪ Turmdrehkrane ▪ Teleskoplader ▪ Arbeitsbühnen ▪ Betonpumpen	▪ Radlader ▪ Hydraulikbagger ▪ Walzenzüge ▪ Vibrationsplatten

Tabelle 2.3 Baumaschinen getrennt nach Anwendungsbereichen

Hebegeräte	Bodenverdichtungsgeräte
▪ Turmdrehkrane ▪ Teleskoplader	▪ Walzenzüge ▪ Vibrationsplatten

Der sehr hohe Technikstandard heutiger Maschinen bringt für den Anwender eine Vielzahl an Erleichterungen mit sich. Allerdings sind dadurch auch große Kenntnisse im Falle von Reparaturen notwendig. Der Ausfall einer Baumaschine, beispielsweise durch einen technischen Defekt, kann den Ablauf einer Baustelle empfindlich beeinträchtigen. Dies erfordert entweder eine schnelle Reparatur vor Ort oder sogar den Austausch. Daher sollte bei der Auswahl der Lieferanten immer auch die Serviceleistung und die Notfallbereitschaft berücksichtigt werden.

In Kapitel 8 werden Funktion und Einsatz verschiedener Baumaschinen und Baugeräte näher behandelt.

2.5.3 Schalungen

Ähnlich wie bei den Baumaschinen, hängt die Entscheidung über Kauf oder Miete eines Schalungssystems von verschiedenen Faktoren ab. Dennoch hat in der Vergangenheit die Miete sehr stark zugenommen. Die Bauunternehmen mieten Schalungssysteme projektbezogen an und geben somit Logistikleistungen wie Lagerhaltung, Bereitstellung, Instandhaltung und Disposition an die Vermieter ab.

Beispiele für Systemschalungen

- Fundament- und Wandschalungen,
- Stützenschalungen,
- Deckenschalungen,
- Traggerüsttürme.

Darüber hinaus gibt es Schalungssysteme für spezielle Anforderungen wie Rundschalungen, Kletterschalungen, Tunnel- und Brückenschalungen.

Die Möglichkeit, Schalungssysteme für fast jeden Einsatzbereich anmieten zu können, hat dazu geführt, dass viele Tätigkeiten an die Schalungslieferanten übertragen werden. Dies betrifft neben den bereits oben erwähnten Logistikleistungen insbesondere auch die Ingenieurleistungen wie beispielsweise das Erstellen von Schalungseinsatzplänen und Materiallisten, um den Schalungsbedarf zu ermitteln.

Schalungsspezifische Ingenieurleistungen

- Schalungseinsatzplanung,
- Materiallisten,
- statische Berechnungen,
- Sichtbetonplanung,
- Baustelleneinweisung und Beratung.

Dennoch ist es von großer Wichtigkeit, dass den externen Schalungstechnikern qualifizierte und kompetente Ansprechpartner der Baufirmen zur Verfügung stehen, um Schalung und Bauablauf optimal aufeinander abzustimmen.

In Abschnitt 8.16 werden Schalungssysteme für gängige Einsatzbereiche vorgestellt und beschrieben.

2.6 Übungsaufgaben

Übungsaufgabe 2.1

Unternehmer-Einsatzformen

Welche Leistungen haben „Generalunternehmer“, „Generalübernehmer und „Totalunternehmer“ jeweils unter Vertrag?

Übungsaufgabe 2.2

Unternehmer-Einsatzformen – Vertragsverhältnisse und Gewährleistungsansprüche

a) Welche Vertragsverhältnisse bestehen beim Einsatz eines Generalunternehmers zwischen Bauherr, Generalunternehmer, Nachunternehmer, Architekt und Statiker?

b) Welche Vertragspartner haben Gewährleistungsansprüche für Bauleistungen gegenüber anderen?

c) Wie wird ein Generalunternehmer bezeichnet, der auch die Planungsleistungen übernimmt?

Übungsaufgabe 2.3

Unternehmer-Einsatzformen – Gewährleistungspflichten

a) Von welcher Unternehmer-Einsatzform sprechen wir bei einer Firma, die im Auftrag und auf Rechnung eines Bauherrn, auf dessen Grundstück, nach Plänen eines Architekten und eines Statikers ein Gebäude erstellt, selbst jedoch keine Bauleistungen erbringt?

b) Wie verteilt sich die Gewährleistungspflicht auf die am Bauwerk beteiligten Unternehmen?

Übungsaufgabe 2.4

Unternehmer-Einsatzformen – Vertragsverhältnisse und Gewährleistungspflicht

a) Beschreiben Sie die Vertragsverhältnisse zwischen Alleinunternehmer (Rohbauarbeiten), dessen Nachunternehmer (Erdarbeiten), einem anderen Alleinunternehmer (Ausbaugewerk), Statiker, Architekt und Bauherr

b) Wer trägt die Gewährleistungspflicht gegenüber dem Bauherrn?

Übungsaufgabe 2.5

Unternehmer-Einsatzformen – Vertragsverhältnisse und Gewährleistungspflicht

a) Von welcher Unternehmer-Einsatzform sprechen wir bei einer Firma, die im Auftrag und auf Rechnung eines Bauherrn auf dessen Grundstück ein Gebäude selbst erstellt, dabei einige Gewerke an Nachunternehmer sowie die Planungsleistungen einschließlich Entwurf an Architekten und Ingenieure weitervergibt?

b) In welcher Form muss in einem solchen Fall die Ausschreibung erfolgen?

c) Wie verteilt sich die Gewährleistungspflicht auf die am Bauwerk beteiligten Unternehmen?

Übungsaufgabe 2.6

Arbeitsgemeinschaft – Konsortium

Worin unterscheidet sich das Konsortium von der Arbeitsgemeinschaft als Kooperationsformen von Unternehmen?

Übungsaufgabe 2.7

Arbeitsgemeinschaften – Geschäftsführungsorgane

Nennen Sie die Geschäftsführungsorgane einer Arbeitsgemeinschaft und deren Aufgabenbereiche.

Übungsaufgabe 2.8

Arbeitsgemeinschaften

a) Was ist eine ARGE?

b) Nennen Sie mögliche Gründe, die zur Bildung einer ARGE führen können.

c) Wie werden die Aufgaben der gemeinsamen Geschäftsführung der ARGE-Partner auf die verschiedenen Organe verteilt?

d) Welche Rechtsform hat die ARGE in der Regel?

3 Grunddaten der Bauproduktion

Studienziele

Das Kapitel soll dem Leser grundlegende Kenntnisse ermöglichen über

- die Formulierung einer Leistungsbeschreibung,
- die Bedeutung von Mengen, Zeiten und Kosten als Grunddaten der Bauproduktion.

3.1 Leistungsbeschreibung

Zur Erbringung einer Bauleistung ist eine umfassende, eindeutige und für alle Anbieter im gleichen Sinne verständliche Leistungsbeschreibung erforderlich. Darin müssen alle zu erbringenden Leistungen vollständig und erschöpfend beschrieben werden, sodass eine sichere Angebotskalkulation unter Berücksichtigung aller beeinflussenden Umstände möglich ist. Falls notwendig, sind entsprechende Zeichnungen oder Planunterlagen als Anlage beizufügen. Üblicherweise wird der Leistungsbeschreibung eine allgemeine Beschreibung des Bauvorhabens vorangestellt.

Bauleistungen sind Arbeiten jeder Art, durch die in einer bestimmten Frist eine bauliche Anlage hergestellt, instandgehalten, geändert oder beseitigt wird. (vgl. § 1 *VOB/A*)

Im Hinblick auf die zu erbringende Qualität sowie den erforderlichen Einsatz an Ressourcen, werden Bauleistungen in *Leistungseinheiten* bzw. *Mengeneinheiten* angegeben (z. B. 63 m^2 herzustellendes Mauerwerk).

Die Leistungsbeschreibung stellt die Grundlage für das spätere Vertragsverhältnis zwischen Auftraggeber und Auftragnehmer dar und kann maßgeblich zur Vermeidung von Missverständnissen und Konflikten beitragen.

Übungsbeispiel 3.1

Kurztext-LV-Positionen

- **Leistungsbeschreibung für die Schalung der Außenwände aus Stahlbeton**

  Wandlänge: 35,37 m

  Wandhöhe: 2,25 m

  Wandstärke: 30 cm, teilweise 45 cm

  Beton: C20/25

  Betonansichtsfläche: in Sichtbetonklasse SB2 gemäß *DBV-Merkblatt Sichtbeton* auszuführen. Es ist eine Rahmenschalung mit phenolharzbeschichteter Holzschalungshaut zu verwenden. Dabei ist auf geordnete Schalungsstöße und Ankerlagen zu achten. Ankerlöcher sind mit Faserbeton-Verschlusskonen zu schließen.

  Leistungsumfang: Ein- und ausschalen, Bewehren und Betonieren in separaten Positionen

  Anlagen: Schal- und Bewehrungsplan

  Leistungseinheit: 159,2 m^2 Wandschalungsfläche

- **Leistungsbeschreibung für den Grabenaushub im Zuge einer Kanalbaustelle**

  Grabenlänge: 28,5 m (Oberboden ist bereits abgetragen)

  Grabenbreite: 1,10 m

  Grabentiefe: 1,50 m

  2 Schächte: Grabenaushub L = 2,00 m, B = 2,00 m

  Bodengruppe: 1 GU (Kies-Schluff-Gemisch – gemischtkörnige Bodenarten)

  Sonstiges: Es ist mit keinen Behinderungen zu rechnen (z. B. querende Leitungen)

  Leistungsumfang: Inkl. Verbau und Baustellensicherung

  Anlagen: Lageplan

  Leistungseinheit: 59 m^3 Bodenaushub

Private Auftraggeber sind in der Gestaltung ihrer Leistungsbeschreibungen weitestgehend ungebunden. Für die Vergabe- und Vertragsunterlagen öffentlicher Auftraggeber hingegen sind die Vorgaben der *DIN 1960 VOB/A* einzuhalten.

In der *DIN 1960 VOB/A* werden zwei Arten von Leistungsbeschreibungen unterschieden:

- Leistungsbeschreibung mit Leistungsverzeichnis,
- funktionale Leistungsbeschreibung mit Leistungsprogramm (Abschnitt 2.2.4).

Literaturhinweis: *Malpricht, W.; Rupp, C.: Baukosten und Planung im Ingenieurbüro*

3.2 Mengen

Im Bauprozess spielen Mengen bzw. Mengenangaben eine zentrale Rolle. Sie sind eine wichtige Voraussetzung, beispielsweise für Kostenermittlung, Angebotskalkulation, Arbeitsvorbereitung, Materialbestellung und Abrechnung. Mengenangaben sind erforderlich für Leistung, Material und Betriebsmittel.

Hinsichtlich ihrer Funktion werden folgende Mengen unterschieden:

- **Fertigungsmengen**

  Hierbei handelt es sich um Ausführungsmengen, die zur betriebsinternen Kalkulation und Arbeitsvorbereitung ermittelt werden. Sie sind aus Sicht des Auftragnehmers zur Erfüllung der Bauaufgabe erforderlich und können von den Abrechnungsmengen abweichen.

- **Abrechnungsmengen**

  Dabei handelt es sich um die Mengen, die zwischen Auftraggeber und Auftragnehmer als abrechnungsrelevant vereinbart werden. Sie stellen den Vordersatz für die nach Einheitspreisen abzurechnenden Leistungen dar.

- **Bedarfsmengen**

  Zur Beschaffung erforderlicher Materialien müssen Bedarfsmengen ermittelt werden. Diese orientieren sich in der Regel an den zuvor festgelegten Ausführungsmengen, können aber marktbedingt oder aufgrund logistischer Erfordernisse (z. B. Einhaltung von Mindestabnahmemengen oder Verpackungseinheiten) auch davon abweichen.

Übungsbeispiel 3.2

Ausführungs- und Abrechnungsmengen

Die Leistungsbeschreibung für den Grabenaushub in Übungsbeispiel 3.1 sieht eine Grabenbreite von 1,10 m vor. Aus Gründen der Ausführbarkeit entscheidet sich der Auftragnehmer für eine Grabenbreite von 1,20 m. Somit beträgt die tatsächliche

Menge an Bodenaushub 63 m^3 (Ausführungsmenge). Abrechnungsrelevant ist jedoch die in der Leistungsbeschreibung angegebene Menge von 59 m^3 (Abrechnungsmenge).

Um Mengen bestimmen und überprüfen zu können, ist eine eindeutige Darstellung erforderlich. In Tabelle 3.1 sind gängige Größen und Einheiten spezifischer Leistungen, Materialien und Betriebsmittel aufgeführt.

Tabelle 3.1 Gängige Größen und Einheiten

Größe	Einheit	Beispiele für Leistungen, Materialien, Betriebsmittel
Fläche	m^2	Wand herstellen, Dämmung, Schalung
Volumen	m^3	Grabenaushub, Beton, Raumgerüst
Länge	m	Kanal verlegen, Fugenblech, Verbau
Anzahl	Stück	Schacht setzen, Einbauteil, Bagger
Gewicht	kg, t	Bewehrung verlegen, Betonstahl

Methoden der Mengenermittlung

Die herkömmliche Art und Weise der Mengenermittlung erfolgt rechnerisch anhand aussagefähiger und bemaßter Planunterlagen. Dazu müssen zunächst die relevanten Pläne ausfindig gemacht werden. Der Zeitaufwand dafür sollte nicht unterschätzt werden, da je nach Projektgröße eine Vielzahl an Plänen anfallen kann. Hilfreich ist hierbei das Führen eines *Planeingangsverzeichnisses* (Kapitel 9).

Eine deutliche Erleichterung bieten spezielle Softwarelösungen, die eine automatisierte Mengenermittlung ermöglichen. Allerdings werden diese Programme vorrangig in der Planung, oft in Verbindung mit CAD-Systemen eingesetzt. Für die Bauausführung sind die klassischen Kenntnisse und Vorgehensweisen zur Mengenermittlung momentan noch unabdingbar. Durch die fortschreitende Digitalisierung ist aber sicherlich auch für diesen Bereich in den nächsten Jahren mit entsprechenden Lösungen zu rechnen, die dann vermehrt eingesetzt werden.

Zur Ermittlung von Abrechnungsmengen wird in der Regel ein *Aufmaß* erstellt, auf dem die ausgeführten Leistungen aufgeführt sind. Sofern die Ausführung den Ausführungszeichnungen entspricht, können die darauf angegebenen Maße für das Aufmaß verwendet werden. Ansonsten ist eine Aufnahme vor Ort durchzuführen. Gemäß § 14 Abs. 2 *VOB/B* sollte das Aufmaß möglichst von Auftragnehmer und Auftraggeber gemeinsam ermittelt werden. In der Praxis wird das Aufmaß jedoch meist durch den Auftragnehmer erstellt und dem Auftraggeber zur Genehmigung vorgelegt.

Für eine überschlägige Mengenermittlung, beispielsweise für eine Kostenschätzung, können Kennwerte verwendet werden. Dabei handelt es sich um Mengen, die im Verhältnis zu einer spezifischen Bezugsgröße stehen. Kennzahlen sind in entsprechender Fachliteratur oder speziellen Tabellenwerken zu finden. Sie können aber auch anhand eigener Erfahrungswerte, beispielsweise durch eine Nachkalkulation, ermittelt werden.

Die Anforderungen an die Genauigkeit der Mengenermittlung (Anzahl der Nachkommastellen) richten sich danach, wofür die Mengen benötigt werden oder nach den vertraglichen Vorgaben. Hierbei können Unterschiede zwischen *BGB*- und *VOB*-Verträgen auftreten.

Übungsbeispiel 3.3

Mengenschätzung mit Kennzahlen

Zur Kostenschätzung des Rohbaus für ein Bürogebäude mit einem Bruttorauminhalt von 21 115 m³ BRI (Bruttorauminhalt) sollen überschlägig die Mengen für Beton, Schalung und Betonstahl ermittelt werden. Anhand einer Kennzahlenrechnung ergeben sich folgende Werte:

	Kennwert	Bezugsgröße	Menge
Beton	0,13 m³/m³ BRI	21 115 m³ BRI	**2745 m³**
Schalung	5,0 m²/m³ Beton	2745 m³ Beton	**13 725 m²**
Betonstahl	0,1 t/m³ Beton	2745 m³ Beton	**275 t**

Bruttorauminhalt (BRI)

Der Bruttorauminhalt (BRI) gibt das Volumen eines Gebäudes an. Er wird, gemäß den Regelungen der *DIN 277 Grundflächen und Rauminhalte* aus der *Bruttogrundfläche (BGF)* und der dazugehörigen Höhe ermittelt.

3.3 Zeitaufwand

Der Hauptanteil der Herstellkosten eines Bauwerks ist zeitabhängig. Dabei stellen die für die Fertigung anfallenden Lohnkosten den mit Abstand größten Teil dar. Verbunden mit der Forderung nach immer kürzeren Bauzeiten führt dies dazu, dass der Optimierung von Bauabläufen zunehmend eine größere Bedeutung zukommt.

Daher ist die systematische Erfassung und Auswertung von Zeiten notwendig, um den Verlauf einer Baumaßnahme durch Soll/Ist-Vergleiche ständig beurteilen und steuern zu können. Die dadurch gewonnenen Erkenntnisse können anhand einer

Nachkalkulation ausgewertet und als Erfahrungswerte zur Kalkulation neuer Projekte herangezogen werden.

3.3.1 Zeitermittlung

Stundenaufwand (Aufwandsstunden)

Die *Aufwandsstunden*, auch Stundenaufwand genannt, geben an, wie viele Zeitstunden eine Einheit von Arbeitskräften (z. B. Kolonne) gemeinsam verbraucht hat, um eine Leistungseinheit herzustellen (Formel 3.1).

$$\text{Anzahl Arbeitskräfte AK } [1] \cdot \text{Zeitstunden } [h] = \text{Aufwandsstunden } [h] \qquad (3.1)$$

Aufwandsstunden = Stundenaufwand

Eine der wichtigsten Kenngrößen als Ausdruck der Leistung durch menschliche Arbeit stellt der *Aufwandswert* dar. Er gibt die Aufwandsstunden je Leistungseinheit an (Formel 3.2).

$$\frac{\text{Aufwandsstunden } [h]}{\text{Leistungseinheit } [LE]} = \text{Aufwandswert } \left[\frac{h}{LE}\right] \qquad (3.2)$$

Übungsbeispiel 3.4

Aufwandswert

Eine Kolonne benötigt zur Herstellung von 54 m² Mauerwerk 48 Aufwandsstunden. Daraus ergibt sich folgender *Aufwandswert*:

$$\frac{48\ h}{54\ m^2} = 0{,}89\ \frac{h}{m^2}$$

Aufwandswert

Aufwandswerte werden durch verschiedene Faktoren beeinflusst, wie z. B.

- Kolonnenstärke,
- Qualifikation des Personals,
- Schwierigkeitsgrad der Bauaufgabe,
- Krankapazität,
- Witterung.

Bei der Arbeit mit Aufwandswerten muss sehr genau darauf geachtet werden, dass die verwendeten Werte möglichst realitätsnah sind. Nur so können belastbare Ergebnisse erzielt werden. Hierfür können Aufwandswerte ähnlicher Projekte genutzt werden, die anhand einer Nachkalkulation ermittelt wurden. Hilfreich sind auch die *Arbeitszeit-Richtwerte-Tabellen*, wie sie vom Institut für Zeitwirtschaft und Betriebsberatung Bau und den Tarifvertragsparteien der deutschen Bauwirtschaft herausgegeben werden. Darin werden Aufwandswerte für die verschiedensten Tätigkeitsbereiche der einzelnen Bausparten angegeben, die in Arbeitsstudien anhand von Zeitmessungen ermittelt wurden (Tabelle 3.2).

Tabelle 3.2 Aufwandswerte für Wand-Systemschalungen mit Stahlrahmen bei beidseitiger Ankerung, mehrmalig mit Kran eingesetzt

Einsatz	als Einzelelemente			als Kombinationen		
	Gerade Wände	Wände im Grundriss	Aufzug- und Treppenhausschächte	Gerade Wände	Wände im Grundriss	Aufzug und Treppenhausschächte
Einschalen	0,21 – 0,25	0,22 – 0,27	0,22 – 0,30	0,20 – 0,24	0,21 – 0,26	0,25 – 0,28
Ausschalen	0,09 – 0,12	0,10 – 0,13	0,11 – 0,14	0,06 – 0,09	0,07 – 0,10	0,09 – 0,10
Reinigen	0,02	0,02	0,02	0,02	0,02	0,02
	0,32 – 0,39	**0,34 – 0,42**	**0,38 – 0,46**	**0,28 – 0,35**	**0,30 – 0,38**	**0,36 – 0,40**

Aufwandswerte in h/m² Schalungsfläche, zwei oder drei Spannstellen je Stoßbereich
Quelle: Tarifvertragsparteien der deutschen Bauwirtschaft (Hrsg.): Arbeitszeit-Richtwerte Tabelle Hochbau mit Handbuch Arbeitsorganisation Bau – Schalarbeiten, Rahmenschalung Wände, Stützenschalung

Übungsbeispiel 3.5

Stundenaufwand

Zur Kalkulation der Stahlbetonwände aus Übungsbeispiel 3.1 sollen die zu erwartenden Aufwandsstunden für die Schalarbeiten mithilfe von Tabelle 3.2 ermittelt werden. Die Schalung soll zweimal eingesetzt werden, daher wird der mittlere Wert für Wände im Grundriss angenommen (0,38 h/m²). Daraus ergibt sich folgender Stundenaufwand:

$$(36{,}0\ \text{m} \cdot 2{,}25\ \text{m} \cdot 2) \cdot 0{,}38\ \frac{\text{h}}{\text{m}^2} = 61{,}56\ \text{h}$$

3.3.1.1 Vorgangsdauer

Die Vorgangsdauer gibt den Zeitabschnitt an, der erforderlich ist, um eine bestimmte Leistung zu erbringen. Sie ist abhängig von den Aufwandsstunden sowie der eingesetzten Anzahl an Arbeitskräften. Im Bauprozess wird die Vorgangsdauer üblicherweise in Tagen, Wochen, Monaten oder Jahren angegeben.

Tagewerke (auch Personentage oder Manntage) geben die Anzahl an Arbeitstagen an, die eine einzelne Arbeitskraft zur Ausführung der jeweiligen Leistung benötigen würde (Formel 3.3).

$$\frac{\text{Summe Aufwandsstunden [h]}}{\text{Tägliche Arbeitszeit } \left[\frac{\text{h}}{\text{TW}}\right]} = \text{Tagewerke [TW]} \tag{3.3}$$

TW = Tagewerke, Personentage, Manntage

Anhand einer gewählten Anzahl an Arbeitskräften wird die *Vorgangsdauer* berechnet (Formel 3.4).

$$\frac{\text{Tagewerke [TW]}}{\text{Anzahl Arbeitskräfte [AK]}} = \text{Vorgangsdauer [AT]} \tag{3.4}$$

AT = Arbeitstage

Übungsbeispiel 3.6
Vorgangsdauer beim Personaleinsatz

Für die Schalarbeiten in Übungsbeispiel 3.5 soll die Vorgangsdauer ermittelt werden.

Aus der Summe der Aufwandsstunden und einer täglichen Arbeitszeit von 8,0 Stunden ergibt sich folgende Anzahl an Tagewerken:

$$\frac{61{,}56 \text{ h}}{8{,}0 \ \frac{\text{h}}{\text{TW}}} = 7{,}70 \text{ TW}$$

TW = Tagewerke, Personentage, Manntage

Für die Ausführung der Schalarbeiten sind drei Arbeitskräfte vorgesehen. Daraus ergibt sich folgende Vorgangsdauer:

$$\frac{7{,}70 \text{ TW}}{3 \text{ AK}} = 2{,}57 \text{ AT} \approx 2{,}5 \text{ Arbeitstage}$$

AK = Arbeitskräfte

3.3.1.2 Leistungswerte

Die Kenngröße, um die durch eine Maschine erbrachte Leistung auszudrücken, ist der *Leistungswert*. Er gibt die Leistungseinheiten je Zeitstunde an, in der die Maschine unter Betriebsbedingungen gearbeitet hat (Formel 3.5).

$$\frac{\text{Leistungseinheit [LE]}}{\text{Zeitstunden [h]}} = \text{Leistungswert} \left[\frac{\text{LE}}{\text{h}}\right] \tag{3.5}$$

Leistungseinheit LE = Mengeneinheit

Leistungswerte können den Herstellerangaben von Maschinen und Geräten entnommen werden. Dabei ist jedoch zu berücksichtigen, dass diese in der Regel den Idealfall abbilden. Auch bei der Ermittlung eigener Leistungswerte muss immer berücksichtigt werden, dass die Einflüsse und Umstände je Einsatzfall sehr unterschiedlich sein können. Daher muss bei der Ermittlung von Vorgangsdauern anhand von Leistungswerten immer mit entsprechenden Ungenauigkeiten gerechnet werden.

Übungsbeispiel 3.7

Vorgangsdauer beim Maschineneinsatz

Für den Grabenaushub aus den Übungsbeispielen 3.1 und 3.2 ist ein 8-t-Bagger vorgesehen. Der Bagger wird mit einem Leistungswert von 6,5 m^3/h angesetzt. Daraus kann die Vorgangsdauer wie folgt ermittelt werden:

$$\frac{63\ \text{m}^3}{6{,}5\ \frac{\text{m}^3}{\text{h}}} = 9{,}69\ \text{h} \approx 10\ \text{h}$$

3.3.2 Vorhaltedauer

Neben den Lohnkosten sind auch die Kosten für den Einsatz von Betriebsmitteln auf einer Baustelle zeitabhängig. Maßgeblich ist hierbei die Vorhaltedauer. Sie gibt den Verfügungszeitraum der Baustelle über ein Betriebsmittel an und bildet die Grundlage zur Ermittlung der Vorhaltekosten, die sich in der Regel durch einen Verrechnungssatz oder Mietzins je Vorhaltedauer ergeben.

3.4 Kosten

Die Gesamtkosten eines Bauprojektes werden als *Selbstkosten* bezeichnet. Sie setzen sich aus den *Herstellkosten* und den *Allgemeinen Geschäftskosten* zusammen (Bild 3.1).

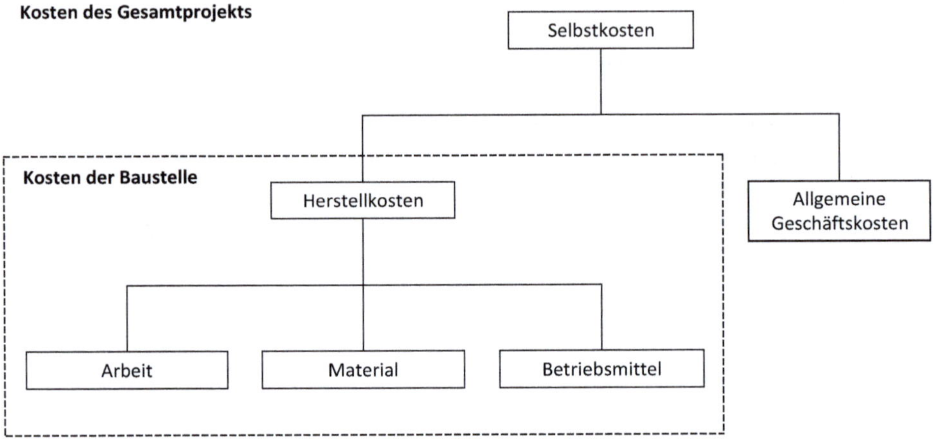

Bild 3.1 Zusammensetzung der Gesamtkosten eines Bauprojekts

3.4.1 Herstellkosten

Zu den Herstellkosten zählen alle Kosten, die der unmittelbaren Bautätigkeit zugeordnet werden können. Dabei handelt es sich um die Kosten für Arbeit, Material und Betriebsmittel.

3.4.1.1 Kosten für Arbeit

Zu den Kosten für die Arbeit gehören die Lohnkosten für das eigene Baustellenpersonal einer Baustelle sowie die Kosten für Fremdpersonal bzw. Nachunternehmer.

Die Kalkulation der Nachunternehmerkosten beruht in der Regel auf einem Festpreis, der für die durchzuführenden Arbeiten vereinbart wurde. Die zu erwartenden Lohnkosten für das eigene Personal eines Unternehmens müssen hingegen möglichst exakt ermittelt werden. Hierfür wird ein Mittellohn gebildet, der dann für die zuvor kalkulierten Aufwandsstunden angesetzt wird (Formel 3.6). Tatsächlich wird aber jeder Mitarbeiter gemäß seinem individuellen Lohn, inklusive vereinbarter Zuschläge, bezahlt. Der Mittellohn eines Unternehmens wird üblicherweise für alle Baustellen verwendet, die unter annähernd gleichen Bedingungen betrachtet werden können.

$$\text{Stundenaufwand [h]} \cdot \text{Mittellohn} \left[\frac{€}{h}\right] = \text{Kalkulierte Lohnkosten [€]} \tag{3.6}$$

Mittellohn

Der Mittellohn gibt die durchschnittlichen Lohnkosten pro Arbeitsstunde aller gewerblichen Mitarbeiter einer Baustelle an, ohne Zuschläge.

Übungsbeispiel 3.8

Lohnkosten

Anhand des in Übungsbeispiels 3.5 ermittelten Stundenaufwands für die Schalarbeiten zur Herstellung der Stahlbetonwände sollen nun die Lohnkosten kalkuliert werden. Hierfür wird ein Mittellohn von 45,0 € pro Stunde angesetzt. Daraus ergeben sich folgende Lohnkosten für die Schalarbeiten, ohne Zuschläge:

$$61{,}56\ \text{h} \cdot 45{,}00\ \frac{€}{\text{h}} = 2770{,}20\ €$$

3.4.1.2 Kosten für Material

Die Materialkosten (z. B. für Schotter, Beton, Betonstahl) ergeben sich durch die Marktpreise abzüglich gegebenenfalls vereinbarter Rabatte. Hinzu kommen die Kosten für Transport und Verpackung. Bei der Kalkulation wird entweder mit Erfahrungswerten gerechnet oder die Preise werden am Markt angefragt. Die zu erwartenden Kosten ergeben sich dann anhand der angenommenen Preise und den zuvor ermittelten Mengen.

Übungsbeispiel 3.9

Materialkosten

Für die in Übungsbeispiel 3.3 ermittelten Mengen sollen die Materialkosten überschlägig ermittelt werden. Diese setzen sich wie folgt zusammen:

	Menge	Einheitspreis	Gesamtpreis
Beton	2745 m^3	140,00 €/m^3	**384 300,00 €**
Schalung	13 725 m^2	25,00 €/m^2	**343 125,00 €**
Betonstahl	275 t	950,00 €/t	**261 250,00 €**
Die Transportkosten sind in den Einheitspreisen enthalten.			

Einheitspreis

Der Einheitspreis gibt den Preis pro Mengen- oder Leistungseinheit an.

3.4.1.3 Kosten für Betriebsmittel

Die Kalkulation der Kosten für Betriebsmittel erfolgt anhand interner Verrechnungssätze, Erfahrungswerten oder durch konkrete Anfragen bei den Lieferanten. Die Vorhaltekosten sind abhängig von den zuvor ermittelten Vorhaltezeiten.

Übungsbeispiel 3.10

Vorhaltekosten Bagger

Für den in Übungsbeispiel 3.7 eingesetzten 8-t-Bagger sollen die Vorhaltekosten ermittelt werden. Der Mietpreis für den Bagger beträgt 230,0 € pro Tag. Inklusive An- und Abtransport wird mit einer Gesamtvorhaltezeit von zwei Tagen gerechnet. Die Vorhaltekosten ergeben sich wie folgt:

$$2\ \text{Tage} \cdot 230\ \frac{€}{\text{Tag}} = 460\ €$$

Um die Gesamtkosten zu ermitteln, müssen noch die Transportkosten sowie der Kraftstoffverbrauch mit einkalkuliert werden.

3.4.2 Allgemeine Geschäftskosten

Zu den Allgemeinen Geschäftskosten zählen alle Kosten eines Unternehmens, die nicht aufgrund einer unmittelbaren Bautätigkeit auf der Baustelle entstehen. Sie werden den einzelnen Bauprojekten anteilig zugeordnet. Hierzu gehören beispielsweise:

- Gehaltskosten für Verwaltung, Buchhaltung und Kalkulation,
- Raumkosten für Büro und Bauhof (Abschreibungen, Mieten, Energie),
- Kosten für Büroeinrichtung und EDV,
- Fuhrparkkosten,
- Kosten für Versicherungen,
- Kosten für Steuern und Abgaben,
- Beratungskosten (Steuern, Recht),
- Verbandsbeiträge.

Da ein Unternehmen nicht nur die anfallenden Kosten decken, sondern auch einen Gewinn erwirtschaften muss, wird hierfür sowie zur Absicherung des unternehmerischen Risikos ein Zuschlag (Wagnis und Gewinn) kalkuliert.

Die Angebotssumme für ein Bauprojekt setzt sich aus den Selbstkosten zuzüglich eines Zuschlags für Wagnis und Gewinn zusammen.

3.5 Übungsaufgaben

Übungsaufgabe 3.1

Leistungseinheiten (Mengeneinheiten)

In welchen Einheiten werden die Mengen im Leistungsverzeichnis angegeben von

- Ortbeton für Wände,
- Mauerwerk für Wände,
- Schalung von Decken,
- Verlegen von Rohrleitungen,
- Versetzen von Schächten,
- Verlegen von Betonstahl.

Übungsaufgabe 3.2

Aufwandswert

Für 57 m^2 Verblendmauerwerk benötigen die Maurer insgesamt 94 Arbeitsstunden. Wie groß ist der Aufwandswert?

Übungsaufgabe 3.3

Stundenaufwand – Kolonnenstärke – Bauzeit

Für die Herstellung der Wände in einem Geschoss eines Mehrfamilienwohnhauses wurden 60 Tagewerke berechnet. Die Maurerkolonne besteht aus acht Arbeitern. Wie viele Arbeitstage dauert die Herstellung der Wände?

4 Beispielprojekt „Stadtvilla"

Studienziele

Das Kapitel stellt dem Leser das *Beispielprojekt Stadtvilla* vor.

Viele Lehrinhalte und Übungsbeispiele der folgenden Kapitel werden anhand des hier vorgestellten *Beispielprojekts Stadtvilla* ganzheitlich veranschaulicht und vertieft.

Die Übungsbeispiele beziehen sich dabei hauptsächlich auf die Rohbauarbeiten. Zu den Tiefbauarbeiten werden Übungsaufgaben gestellt, deren Lösungen unter *plus.hanser-fachbuch.de* zu finden sind.

4.1 Projektbeschreibung

In einem innerstädtischen Neubaugebiet soll ein Wohngebäude mit zwei Eigentumswohnungen erstellt werden. Das Projekt trägt den Namen *„Stadtvilla"*. Das Gebäude besteht aus einem Kellergeschoss zur gemeinschaftlichen Nutzung sowie jeweils einer Wohnung im Erd- und Obergeschoss.

Das von der Straße zurückversetzte Gebäude wird später über einen noch herzustellenden, 25 m langen Pflastersteinweg erreicht. Momentan handelt es sich hierbei noch um einen Feldweg, der an einem unbebauten Grundstück vorbeiführt. Die Erschließung der Kanalisation erfolgt von der Straße aus entlang dem Feldweg.

Der Lageplan ist in Bild 4.1 dargestellt.

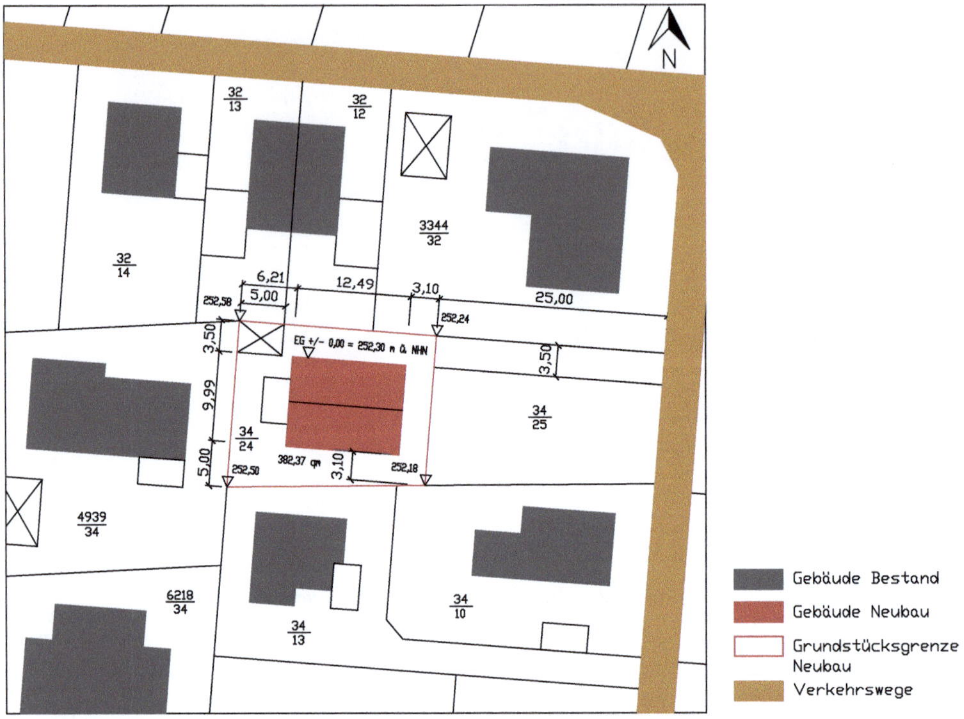

Bild 4.1 Lageplan *Beispielprojekt Stadtvilla*

4.2 Leistungsverzeichnis Rohbau

Zur Erstellung des Rohbaus (ohne Dach) wird ein Vertrag zwischen dem Bauherrn und der Bauunternehmung geschlossen. Vertragsbestandteil ist das nachfolgende Leistungsverzeichnis. Die vertraglich vereinbarte Bauzeit beträgt 65 Arbeitstage.

1. Baustelleneinrichtung

1.1 pauschal Baustelleneinrichtung einrichten und räumen

Baustelleneinrichtung für sämtliche in der Leistungsbeschreibung aufgeführten Leistungen einrichten und räumen.

2. Erdarbeiten

2.1 180,0 m³ Aushub Baugrube

Boden für Baugrube ab Geländeoberkante profilgerecht lösen und laden, einschließlich Abfuhr und Entsorgung. Gesamtbreite über 10 bis 15 m, Gesamtlänge über 10 bis 15 m, Aushubtiefe bis 3 m. Homogenbereich 1, mit einer Bodengruppe, Bodengruppe 1 GU *DIN 18196* (Kies-Schluff-Gemisch), Tiefe oberer Horizont des Homogenbereichs von 0 m, Tiefe unterer Horizont des Homogenbereichs bis 3 m, Baumaßnahme der

Geotechnischen Kategorie 1 *DIN 4020*, Konsistenz *DIN EN ISO 14688-1* fest. Mengenermittlung nach Aufmaß an der Entnahmestelle.

2.2 183,0 m³ Aushub Baugrube

Boden für Baugrube ab Geländeoberkante profilgerecht lösen und seitlich lagern, sonst wie Pos 2.1.

2.3 183,0 m³ Verfüllung Arbeitsraum

Arbeitsraum profilgerecht verfüllen, Einbauhöhe bis 3 m, Boden seitlich gelagert, mit einer Bodengruppe, Bodengruppe 1 GU *DIN 18196* (Kies-Schluff-Gemisch)

3. Beton- und Stahlbetonarbeiten *(Leistungsbereich, Gewerk)*

Vorbemerkung (*Zusammenfassender Leistungstext*)

Die Bauteile der nachfolgenden Ortbeton-Positionen werden als Stahlbeton gemäß *DIN EN 206, DIN 1045-2* hergestellt. Es gelten die angegebenen Expositionsklassen für Bewehrungskorrosion, ausgelöst durch Karbonatisierung, Ausführung gemäß Zeichnung.

Für die Schalung der nachfolgenden Schalungs-Positionen ist, soweit keine anderen Angaben gemacht sind, Schalungshaut für Betonflächen ohne Anforderung zu verwenden.

Die Positionen 3.1 bis 3.9 sind *Ausführungspositionen* oder *Normalpositionen.*

3.1 (*Pos.-Nr.*) **6,3 m³** (*Menge und Mengeneinheit*) **Ortbeton Sauberkeitsschicht, Stahlbeton C8/10, D = 5 cm** (*Kurztext*)

Ortbeton der Sauberkeitsschicht, Normalbeton C8/10 *DIN EN 206, DIN 1045-2*, obere Betonfläche waagerecht, natürliche Gesteinskörnung, Expositionsklasse XC2, Dicke 5 cm (*Langtext*).

3.2 0,6 m³ Ortbeton Einzelfundamente, Stahlbeton C25/30, L/B/H = 60/60/80 cm

Ortbeton der Einzelfundamente, als Stahlbeton, Normalbeton C25/30, *DIN EN 206, DIN 1045-2*, Untergrund waagerecht, obere Betonfläche waagerecht, natürliche Gesteinskörnung, Expositionsklasse XC3, Länge/Breite/Höhe 60/60/80 cm.

3.3 3,8 m² Schalung Einzelfundamente

Schalung der Einzelfundamente, H = 80 cm, Schalungshaut für Betonflächen ohne Anforderungen.

3.4 34,1 m³ Ortbeton Bodenplatte, Stahlbeton C25/30, D = 18 cm

Ortbeton der Bodenplatte, als Stahlbeton, Normalbeton C25/30, *DIN EN 206, DIN 1045-2*, Untergrund waagerecht, obere Betonfläche waagerecht, natürliche Gesteinskörnung, Expositionsklasse XC3, Dicke 18 cm.

3.5 10,3 m² Schalung Bodenplatte

Abschalung der Bodenplatte, einhäuptig, H = 18 cm, Schalungshaut für Betonflächen ohne Anforderungen.

3.6 4,0 m³ Ortbeton Außenwände, Stahlbeton C20/25, D = 45 cm

Ortbeton der Außenwände, als Stahlbeton, Normalbeton C20/25, *DIN EN 206, DIN 1045-2*, natürliche Gesteinskörnung, Expositionsklasse XC1, Dicke 45 cm.

3.7 21,2 m³ Ortbeton Außenwände, Stahlbeton C20/25, D = 30 cm

Ortbeton der Außenwände, als Stahlbeton, Normalbeton C20/25, *DIN EN 206, DIN 1045-2*, natürliche Gesteinskörnung, Expositionsklasse XC1, Dicke 30 cm.

3.8 159,2 m² Schalung Außenwände, Schalungsplatte, H = 2 bis 3 m

Schalung der Außenwände, Dicken 30 bis 45 cm. Die Betonansichtsflächen sind in Sichtbetonklasse SB2 gemäß *DBV-Merkblatt Sichtbeton* auszuführen. Es ist eine Rahmenschalung mit phenolharzbeschichteter Holzschalungshaut zu verwenden. Dabei ist auf geordnete Schalungsstöße und Ankerlagen zu achten. Ankerlöcher sind mit Faserbeton-Verschlusskonen zu schließen. Bauteilhöhe über 2 bis 3 m.

3.9 0,2 m³ Ortbeton Rundstützen, Stahlbeton C20/25, D = 20 cm

Ortbeton der Rundstützen, als Stahlbeton, Normalbeton C20/25, *DIN EN 206, DIN 1045-2*, natürliche Gesteinskörnung, Expositionsklasse XC1, Durchmesser 20 cm.

3.10 3,3 m² Schalung Rundstützen, glatte Betonansicht, H = 2 bis 3 m

Schalung der Rundstützen, Durchmesser 20 cm. glatte Betonansichtsflächen in Sichtbetonklasse SB2 gemäß *DBV-Merkblatt Sichtbeton*, Bauteilhöhe über 2 bis 3 m.

3.11 308,8 m² Halbfertigteile Decken, Stahlbeton C20/25, D = 5 cm

Halbfertigteile der Deckenplatten, obere Betonfläche waagerecht, als Stahlbeton, Normalbeton C20/25, *DIN EN 206, DIN 1045-2*, natürliche Gesteinskörnung, Expositionsklasse XC1, Dicke 5 cm.

3.12 40,1 m³ Aufbeton Decken, Stahlbeton C20/25, D = 13 cm

Ortbeton als Aufbeton der Deckenplatten, obere Betonfläche waagerecht, als Stahlbeton, Normalbeton C20/25, *DIN EN 206, DIN 1045-2*, natürliche Gesteinskörnung, Expositionsklasse XC1, Dicke 13 cm.

3.13 308,8 m² Unterrüstung der Halbfertigteil-Decken, D = 18 cm

Unterrüstung der Halbfertigteil-Deckenplatten, Deckenstützen und Schalungsträger, Höhe der Betonunterseite über 2 bis 3 m, Aufstellebene der Unterstützung waagerecht.

3.14 2,7 m³ Ortbeton Balkondecke, Stahlbeton C20/25, D = 18 cm

Ortbeton der Deckenplatte, obere Betonfläche waagerecht, als Stahlbeton, Normalbeton C20/25, *DIN EN 206, DIN 1045-2*, natürliche Gesteinskörnung, Expositionsklasse XC1, Dicke 18 cm.

3.15 15,0 m² Schalung der Balkondecke, D = 18 cm

Schalung Balkondecke, Deckenstützen und Schalungsträger, Höhe der Betonunterseite über 2 bis 3 m, Aufstellebene der Unterstützung waagerecht.

3.16.1 5,1 t Betonstabstahl BSt500A, alle Durchmesser

Bewehrung aus Betonstabstahl B500A *DIN 488-1, DIN 488-2,* alle Durchmesser, alle Längen, für Bodenplatten, Wände und Decken aus Ortbeton.

3.16.2 15,0 t Betonstahlmatte BSt500A, Lagermatten

Bewehrung aus Betonstahlmatten B500A *DIN 488-1, DIN 488-4,* als Lagermatten für Bodenplatten, Wände und Decken aus Ortbeton.

4. Mauerarbeiten

4.1 229,6 m² Mauerwerk Außenwand, D = 24 cm, KS L, SFK20, RDK1,6, MGIIa

Mauerwerk *DIN EN 1996-1-1* der Außenwand, als Hintermauerung für Vormauerschale einseitig als Sichtmauerwerk, Drahtanker werden gesondert vergütet, Stoßfuge vermörtelt. Kalksandstein *DIN EN 771-2* in Verbindung mit *DIN 20000-402,* KS L, Festigkeitsklasse 20, Rohdichteklasse 1,6, Mauerwerksdicke 24 cm, Mauermörtel MG II a *DIN 18580* oder *DIN 20000-412* in Verbindung mit *DIN EN 998-2,* 5 DF (240/300/113), Arbeitshöhe bis 2,5 m. Ausführung im Erd- und Obergeschoss, einschließlich Fugenglattstrich beim Herstellen des Mauerwerks.

4.2 54,4 m² Mauerwerk Innenwand, D = 24 cm, KS L, SFK20, RDK1,6, MGIIa

Mauerwerk *DIN EN 1996-1-1* der Innenwand, Stoßfuge vermörtelt. Kalksandstein *DIN EN 771-2* in Verbindung mit *DIN 20000-402,* KS L, Festigkeitsklasse 20, Rohdichteklasse 1,6, Mauerwerksdicke 24 cm, Mauermörtel MG II a *DIN 18580* oder *DIN 20000-412* in Verbindung mit *DIN EN 998-2,* 5 DF (240/300/113), Arbeitshöhe bis 2,5 m. Ausführung im Keller-, Erd- und Obergeschoss, einschließlich Fugenglattstrich beim Herstellen des Mauerwerks.

4.3 187,3 m² Mauerwerk Innenwand, D = 11,5 cm, KS L, SFK20, RDK1,6, MGIIa

Mauerwerk *DIN EN 1996-1-1* der Innenwand, Stoßfuge vermörtelt. Kalksandstein *DIN EN 771-2* in Verbindung mit *DIN 20000-402,* KS L, Festigkeitsklasse 20, Rohdichteklasse 1,6, Mauerwerksdicke 11,5 cm, Mauermörtel MG II a *DIN 18580* oder *DIN 20000-412* in Verbindung mit *DIN EN 998-2,* 2 DF (240/115/113), Arbeitshöhe bis 2,5 m. Ausführung im Keller-, Erd- und Obergeschoss, einschließlich Fugenglattstrich beim Herstellen des Mauerwerks.

4.4 252,9 m² Verblendung Außenwand, KMz, SFK28, RDK 2, 3DF, MGIIa, H bis 6,0 m

Verblendmauerwerk *DIN EN 1996-1-1* an vorhandenen Drahtankern, mit Kerndämmung ohne Luftschicht. Kerndämmung wird gesondert vergütet. Schalenabstand 100 mm, vor Außenwänden, Klinker *DIN EN 771-1* in Verbindung mit *DIN 20000-401* oder nach Zulassung, KHLzB, Festigkeitsklasse 36., Rohdichteklasse 1,3, 2 DF (240/115/113), Mauerwerksdicke 11,5 cm, Mauermörtel MG II a. Arbeitshöhe bis 6,0 m, Ausführung im Läuferverband. Fugenglattstrich wird gesondert vergütet.

Grundposition

4.5 252,9 m² Fugenglattstrich Verblendmauerwerk

Fugenglattstrich beim Herstellen des Verblendmauerwerks.

Zulageposition

4.6 252,9 m² Drahtanker für 2-schaliges Mauerwerk

Drahtanker *DIN EN 1996-2* aus nichtrostendem Stahl, für zweischaliges Mauerwerk, beim Aufmauern in Hintermauerung einlegen, Höhe über Gelände bis 6 m, Schalenabstand 100 mm.

4.7 252,9 m² Kerndämmung PS-Hartschaum einlagig 0,035W/(mK) D = 10 cm

Kerndämmung für 2-schaliges Mauerwerk, aus Polystyrol, EPS *DIN EN 13163*, einlagig, als Platte, Bemessungswert der Wärmeleitfähigkeit max. 0.035 W/(mK), Nennwert der Wärmeleitfähigkeit max. 0,034 W/(mK), Baustoffklasse *DIN 4102-1* B1 (schwerentflammbar), Dicke 100 mm, Anwendungsgebiet *DIN 4108-10* WZ, auf vorh. Drahtanker.

4.3 Planunterlagen Rohbau

Für den Rohbau liegen folgende Planunterlagen vor:

- Aushubplan (Bild 4.2),
- Gründung Kellergeschoss (Bild 4.3),
- Gründung Erdgeschoss (Bild 4.4),
- Grundriss Kellergeschoss (Bild 4.5),
- Grundriss Erdgeschoss (Bild 4.6),
- Grundriss Obergeschoss (Bild 4.7),
- Schnitt A-A (Bild 4.8),
- Schnitt B-B (Bild 4.9).

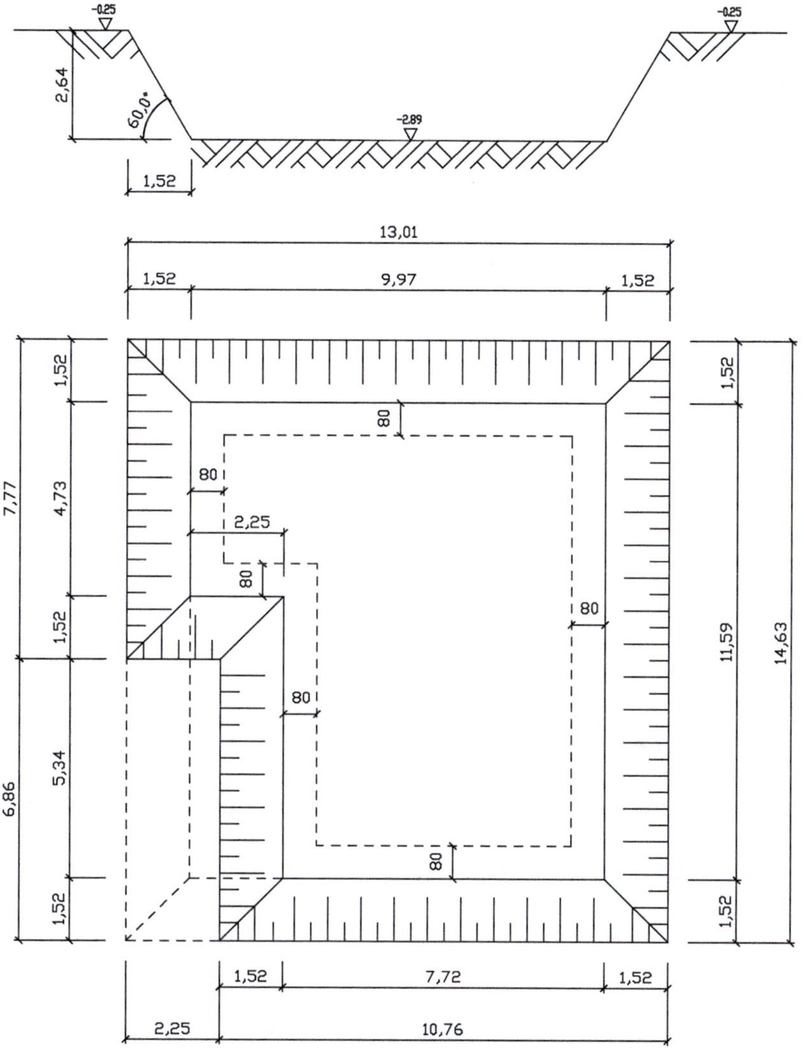

Bild 4.2 Aushubplan *Beispielprojekt Stadtvilla*

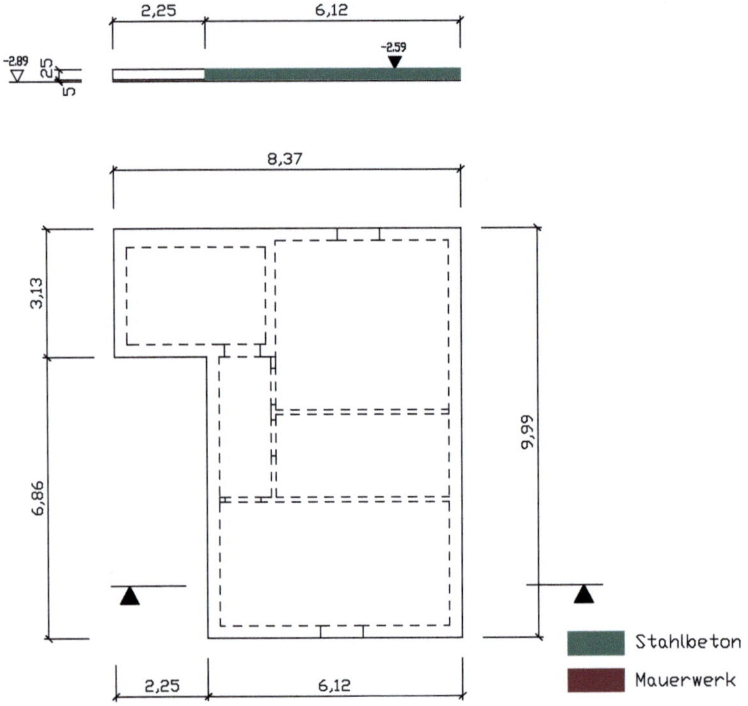

Bild 4.3 Gründung Kellergeschoss *Beispielprojekt Stadtvilla*

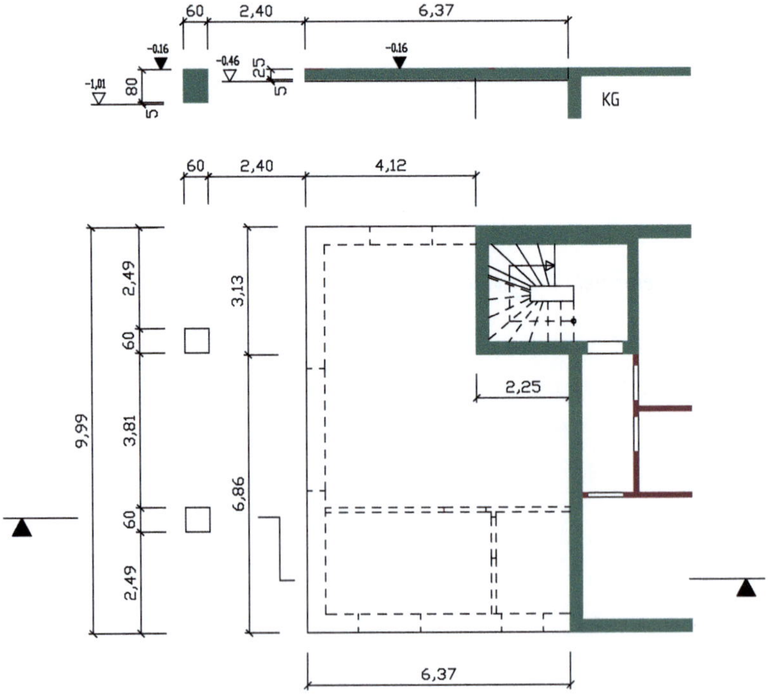

Bild 4.4 Gründung Erdgeschoss *Beispielprojekt Stadtvilla*

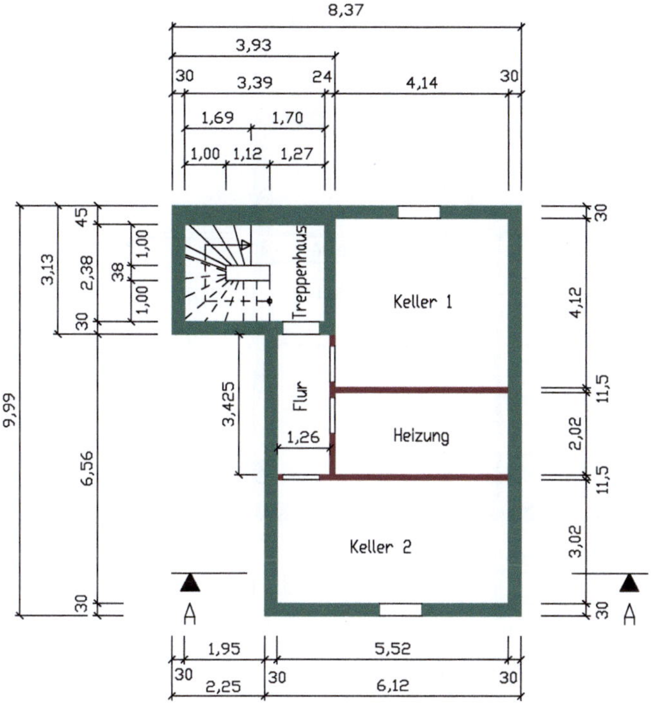

Bild 4.5 Grundriss Kellergeschoss *Beispielprojekt Stadtvilla*

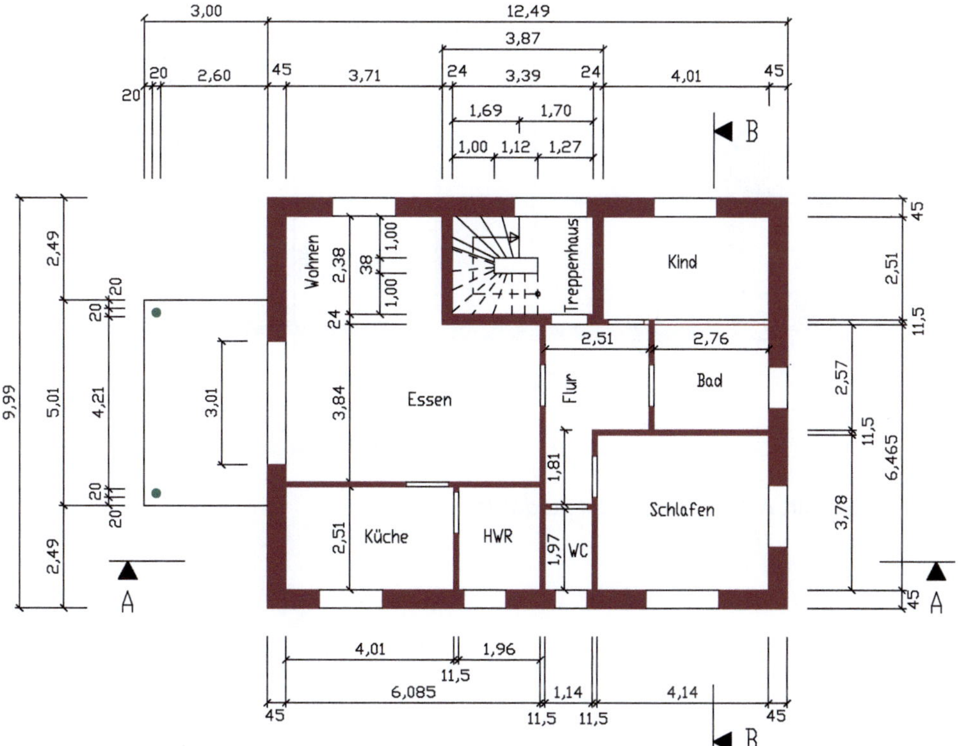

Bild 4.6 Grundriss Erdgeschoss *Beispielprojekt Stadtvilla*

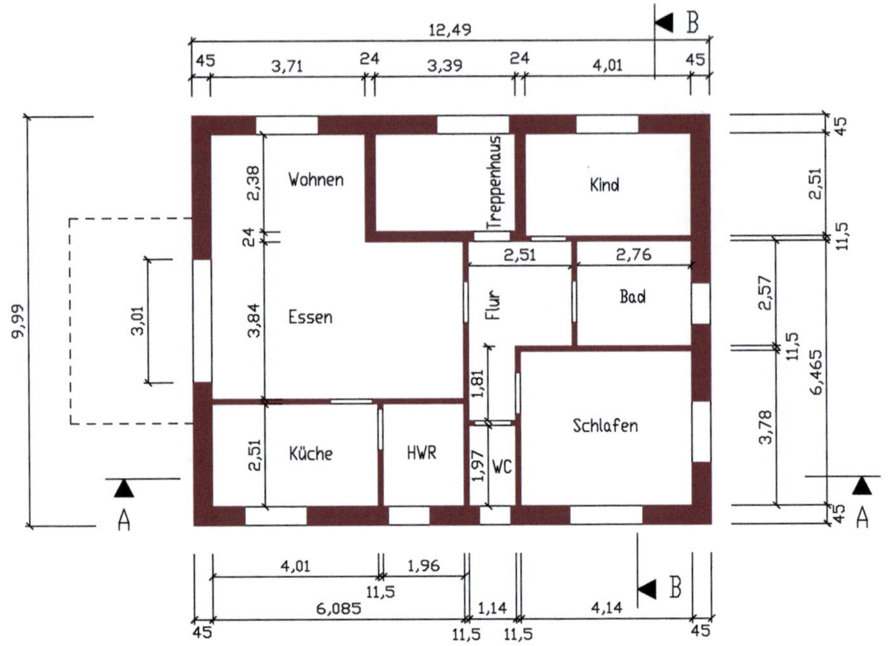

Bild 4.7 Grundriss Obergeschoss *Beispielprojekt Stadtvilla*

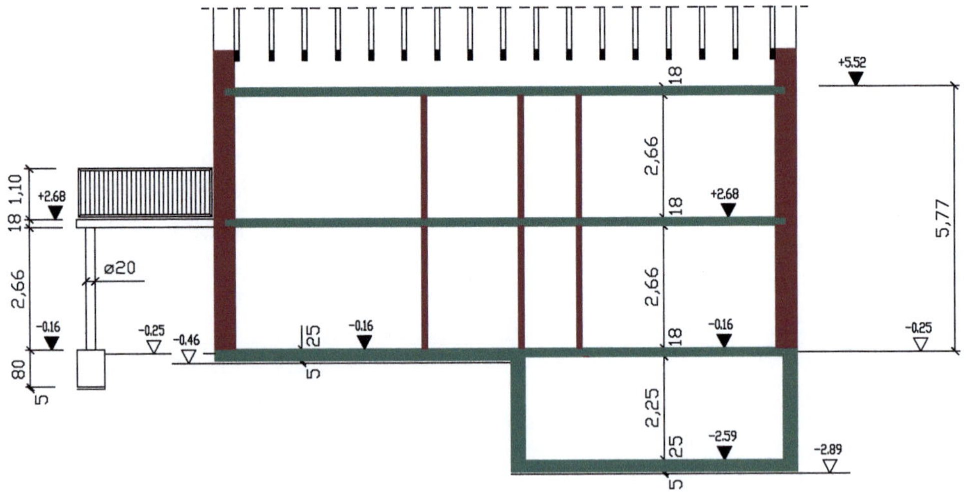

Bild 4.8 Schnitt A-A *Beispielprojekt Stadtvilla*

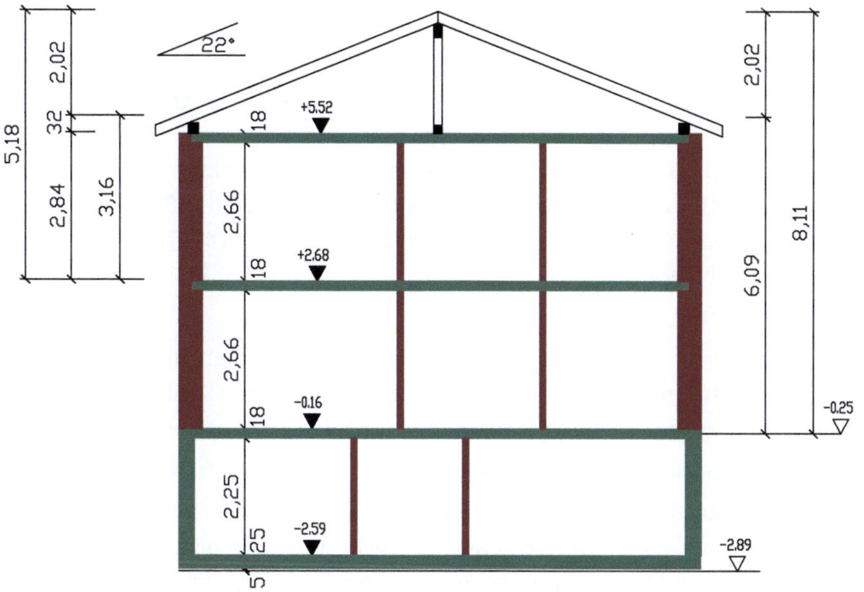

Bild 4.9 Schnitt B-B *Beispielprojekt Stadtvilla*

4.4 Leistungsverzeichnis Tiefbau

Zur Erstellung des Kanalanschlusses und der Zufahrt wird ein Vertrag zwischen dem Bauherrn und der Bauunternehmung geschlossen. Vertragsbestandteil ist das nachfolgende Leistungsverzeichnis. Darin enthalten sind die Tiefbaugewerke Erdarbeiten gemäß *DIN 18300*, Entwässerungskanalarbeiten nach *DIN 18306* und Verkehrswegebauarbeiten – Pflasterdecken, Plattenbeläge, Einfassungen nach *DIN 18318*. Die vertraglich vereinbarte Bauzeit beträgt fünf Arbeitstage.

1. Baustelleneinrichtung

1.1 pauschal Baustelleneinrichtung einrichten und räumen

Baustelleneinrichtung für sämtliche in der Leistungsbeschreibung aufgeführten Leistungen einrichten und räumen.

2. Erdarbeiten

2.1 44,0 m³ Oberbodenabtrag

Oberboden profilgerecht abtragen und seitlich lagern, Bodengruppe 3a nach *DIN 18915* (schwach bindig, sandig), eine Bodengruppe, Bodengruppe SU nach *DIN 18196* (gemischt-körniger Boden), Abtragdicke 50 cm, Mengenermittlung nach Aufmaß an der Entnahmestelle.

2.2 59,0 m³ Aushub Rohrgraben

Boden des Rohrgrabens profilgerecht lösen und ausheben, Aushub seitlich lagern, einschließlich Verbau, Aushubtiefe bis 1,50 m, Sohlenbreite des Grabens 1,10 m bis 2,00 m. Homogenbereich 1, mit einer Bodengruppe, Bodengruppe 1 GU *DIN 18196* (Kies-Schluff-Gemisch). Tiefe oberer Horizont des Homogenbereichs von 0 m, Tiefe unterer Horizont des Homogenbereichs bis 1,5 m, Baumaßnahme der Geotechnischen Kategorie 1 DIN 4020, Konsistenz *DIN EN ISO 14688-1* fest. Mengenermittlung nach Aufmaß an der Entnahmestelle.

2.3 50,0 m³ Verfüllung Rohrgraben

Boden des Rohrgrabens, seitlich gelagert, profilgerecht verfüllen und verdichten, Einbauhöhe bis 1,50 m, Schichtdicke über 20 bis 25 cm, Breite der Sohle über 1,10 bis 2,00 m, mit einer Bodengruppe, Bodengruppe 1 GU *DIN 18196* (Kies-Schluff-Gemisch).

2.4 170,0 m² Frostschutzschicht d = 18 cm

Frostschutzschicht, Belastungsklasse Bk10 nach RStO 12, Verdichtungsgrad mind. DPr 1, aus Baustoffgemisch für Frostschutzschicht, natürliche Gesteinskörnung TL Gestein, Körnung 0/45, Schichtdicke 18 cm, einbauen und verdichten, einschließlich Liefern und Abladen auf der Baustelle

2.5 170,0 m² Tragschicht d = 20 cm

Kiestragschicht, Belastungsklasse Bk10 nach RStO 12, Verdichtungsgrad mind. DPr 1, aus Baustoffgemisch für Kiestragschicht, natürliche Gesteinskörnung TL Gestein, Körnung 0/32, Schichtdicke 20 cm, einbauen und verdichten, einschließlich Liefern und Abladen auf der Baustelle

3. Entwässerungskanalarbeiten

3.1 2 Stück Schächte DN 1000 h = 2,00 m

Schacht DN 1000 für runden Kontrollschacht in Leitungen aus Rohren, aus Betonfertigteilen *DIN 4034* liefern, abladen und versetzen. Schacht bestehend aus Schachtunterteil mit offener Rinne DN 200, Höhe 50 cm bis 95 cm; Schachtring DN 1000, Höhe 50 cm; Schachthals konisch DN 1000/625; Auflagerring DN 625, Höhe 6 cm bis 12 cm; Schachtabdeckung Klasse D nach *DIN 1229*, rund, LW 625, Betonguss, mit Rahmen.

Pos. 3.1 enthält eine vereinfachende Darstellung: Für Schachtunterteil, Schachtringe, Schachthals, Auflagerring und Schachtabdeckung werden gewöhnlich separate Positionen ausgeschrieben.

3.2 5,0 m³ Rohrauflager 15 cm

Bettungsschicht als Rohrauflager aus Sand 0/4 mm. Sand für die Entwässerungsleitungen liefern, abladen, verteilen und im Graben einbauen. Dicke 15 cm.

3.3 30,0 m Rohre aus Steinzeug

Entwässerungsleitung *DIN EN 1610* aus Steinzeugrohren, Rohre *DIN EN 295*, Regelausführung (N), Rohrverbindung mit Steckmuffe L, Auflager in nichtbindigem Boden; Auflagerwinkel 90°, Formstücke werden beim Aufmaß übermessen und als Zulage zusätzlich verrechnet, Regelbaulänge 2 m, verlegen, DN 200.

3.4 2,0 Stück Formstücke als Zulage

Steinzeugbogen als Zulage zu den Rohrleitungen, Regelausführung (N), 15° bis 45° verlegen, DN 200.

3.5 1,0 psch. Hausanschluss

Hausanschluss der Entwässerungsleitung aus Steinzeugrohren DN 200 herstellen.

4. Verkehrswegebauarbeiten – Pflasterdecken, Plattenbeläge, Einfassungen

4.1 170,0 m^2 Beton-Verbundsteinpflaster d = 8 cm auf Splitt d = 4 cm

Pflasterdecke aus Betonverbundsteinen L/B 200/100 mm, d = 8 cm, Kante abgeschrägt, *DIN EN 1338*, ungebundene Bauweise, verlegen einschließlich Abladen auf der Baustelle und Herstellen des Planums, auf Pflasterbett aus Brechsand-Splitt-Gemisch d = 4 cm aus natürlicher gebrochener Gesteinskörnung 0/5; Fugen einkehren und einschlämmen mit natürlichem ungebrochenem Sand, Körnung 0/2.

Richtlinien für die Standardisierung des Oberbaus von Verkehrsflächen (RStO 12/24), Ausgabe 2012/Fassung 2024, Forschungsgesellschaft für Straßen- und Verkehrswesen (FGSV)

4.5 Planunterlagen Tiefbau

Für den Tiefbau liegen folgende Planunterlagen vor:

- Grundriss Kanalanschluss (Bild 4.10),
- Schnitte Kanalanschluss (Bild 4.11).

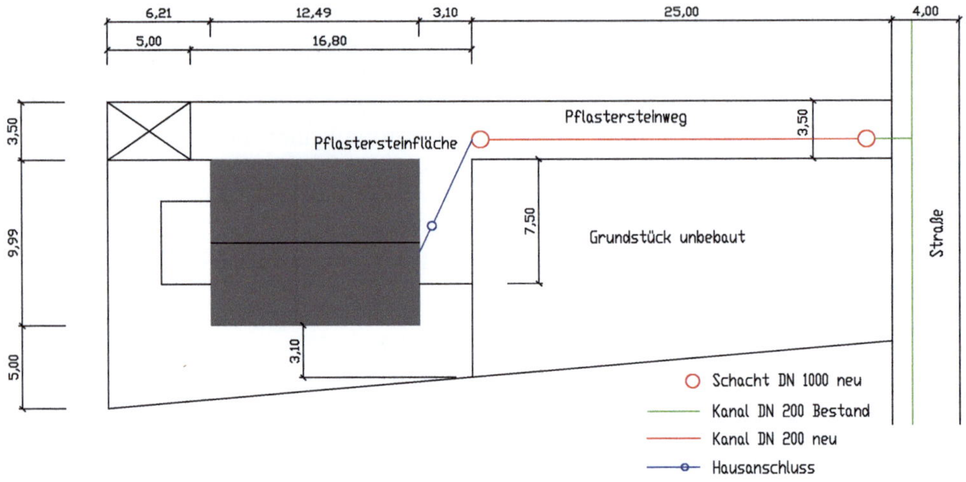

Bild 4.10 Grundriss Kanalanschluss *Beispielprojekt Stadtvilla*

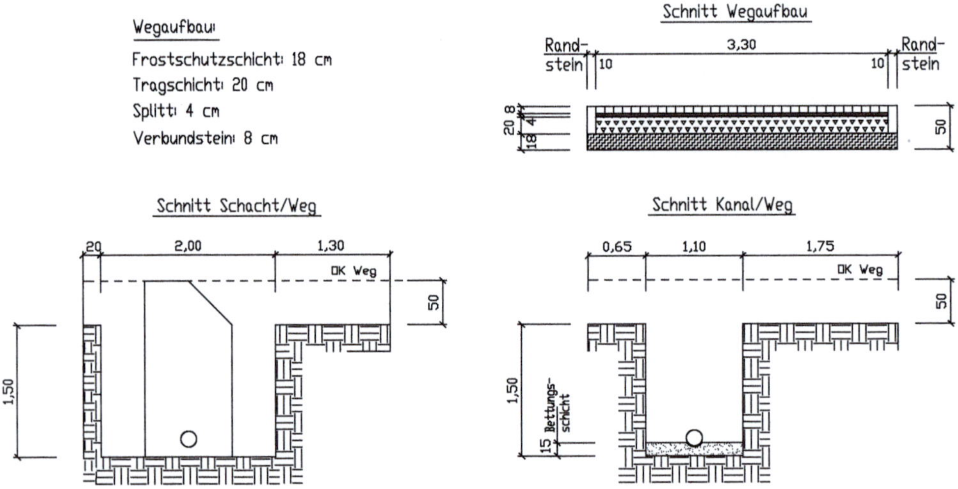

Bild 4.11 Schnitte Kanalanschluss *Beispielprojekt Stadtvilla*

5 Arbeitsvorbereitung

Studienziele

Das Kapitel soll dem Leser grundlegende Kenntnisse ermöglichen über

- Voraussetzungen, Aufgaben und Methoden der Arbeitsvorbereitung.

Das Kapitel soll dem Leser Fähigkeiten vermitteln,

- eine Plausibilitätsprüfung der Mengen durchzuführen,
- ein Produktionskonzept zu entwickeln.

5.1 Ziele und Aufgaben der Arbeitsvorbereitung

Aufgrund der in Kapitel 1 beschriebenen Besonderheiten der Bauproduktion nimmt die Arbeitsvorbereitung eine zentrale Rolle bei der Realisierung einer Bauaufgabe ein. Sie liegt im Verantwortungsbereich der ausführenden Bauunternehmung.

Kernaufgabe sind die Festlegung des Bauverfahrens sowie die Planung des optimalen Bauablaufs. Dabei müssen auch nicht vorhersehbare Ereignisse berücksichtigt werden, wie beispielsweise Wettereinflüsse, technische Defekte oder personelle Engpässe. Zu den wesentlichen Teilbereichen der Arbeitsvorbereitung gehören die Bauablaufplanung (Kapitel 6) sowie die Planung der Baustelleneinrichtung (Kapitel 7).

Der für eine präzise Arbeitsvorbereitung notwendige Aufwand kann je nach Bauvorhaben unterschiedlich groß sein. Dennoch werden damit immer die gleichen Ziele verfolgt:

- Einhaltung der vorgegebenen Termine,
- Erreichen einer maximalen Wirtschaftlichkeit,

- Einhaltung der geforderten Qualität,
- Gewährleistung einer maximalen Sicherheit für alle am Bau Beteiligten.

> Ein nicht oder nur unzureichend geplanter *Bauablauf* stellt ein erhebliches Risiko für den Erfolg einer Baumaßnahme dar und kann zu Verlusten an Kapital (steigende Kosten) und Zeit (Überschreitung von Terminen) sowie Einbußen an Qualität und Sicherheit führen.

Aufgrund dessen, dass schon in der Kalkulationsphase eines Bauvorhabens Arbeitsabläufe und verfahrenstechnische Aspekte berücksichtigt werden müssen, beginnen bereits hier die Aufgaben der Arbeitsvorbereitung. Da zu diesem Zeitpunkt häufig nur die groben Rahmenbedingungen bekannt sind und noch keine detaillierten Ausführungspläne zur Verfügung stehen, kann eine gut abgestimmte Zusammenarbeit zwischen Kalkulation und Arbeitsvorbereitung von Vorteil sein.

Zu den Aufgaben der Arbeitsvorbereitung während der Kalkulationsphase gehören:

- Erstellung technischer Verfahrensvergleiche,
- Erarbeitung von Sondervorschlägen,
- Prüfung der notwendigen Voraussetzungen des Unternehmens,
- Mitwirkung bei Auftrags- und Vertragsverhandlungen,
- Beratung der Geschäftsleitung.

Nach Auftragserteilung und mit Kenntnis aller Randbedingungen beginnt die detaillierte Arbeitsvorbereitung, die folgende Planungsaufgaben umfasst:

- Durchführung der Arbeitskalkulation als Soll-Vorgabe für die Bauausführung,
- Auswahl des wirtschaftlichsten Bauverfahrens,
- Bauablaufplanung inkl. Kapazitätsplanung für Personal, Betriebsmittel und Materialien,
- Planung der Baustelleneinrichtung,
- Mitarbeit bei der Vergabe von Nachunternehmer-Leistungen,
- Einsatzplanung und ggf. Ausschreibung von Schalungen und Gerüsten im Stahlbetonbau.

Sämtliche Ergebnisse und Vorgaben der Arbeitsvorbereitung müssen klar und verständlich dargestellt werden. Dies erfolgt anhand von Plänen, Tabellen und Diagrammen, die den zuständigen Mitarbeitern des Unternehmens zur Verfügung gestellt werden.

Während der Bauausführung ist die Einhaltung der vorgegebenen Planung zu kontrollieren und zu steuern. Weiter ist laufend zu überprüfen, ob der geplante und der tatsächliche Verlauf der Baumaßnahme die gesetzten Ziele bezüglich Bauterminen, Wirtschaftlichkeit und Qualität erreicht. Diese Aufgabe ist Gegenstand der internen Projektsteuerung, die häufig von der Arbeitsvorbereitung unter Mitwirkung der örtlichen Bauleitung durchgeführt wird.

5.2 Voraussetzungen und Methoden der Arbeitsvorbereitung

Zu Beginn der Arbeitsvorbereitung ist eine umfassende Untersuchung des zu erstellenden Bauwerks sowie der Rahmenbedingungen erforderlich. Nur so können sämtliche Voraussetzungen zur Durchführung der Bautätigkeiten ermittelt werden und in die Planung mit einfließen. Hierzu wird eine Vielzahl an Informationen und Unterlagen benötigt.

Zu den für die Durchführung der Arbeitsvorbereitung benötigten Unterlagen gehören:

- Lagepläne, Entwurfspläne des Architekten, Schal- und Bewehrungspläne, Stahllisten,
- statische Berechnungen, Detailausführungen (z. B. über Fugenausbildung),
- Leistungsverzeichnis, Vertragsunterlagen, Auftragskalkulation.

5.2.1 Analyse der Bauwerkskonstruktion

Zur Planung des Bauablaufs sowie zur Wahl geeigneter Bauverfahren ist eine Analyse der Bauwerkskonstruktion notwendig. Dazu sind die Gesamtkonstruktion und die Konstruktion relevanter Bauteile anhand verschiedener Kriterien zu untersuchen. Zu diesen Kriterien zählen z. B. die Bauwerksabmessungen, die Bauweise (hinsichtlich Tragkonstruktion und Baustoffe), die Art der Gründung, wesentliche Bauabschnitte, vorhandene Abhängigkeiten (technisch und organisatorisch), besondere Ausführungsdetails usw.

Zur Planung des Bauablaufs müssen technische und organisatorische Abhängigkeiten erkannt und berücksichtigt werden.

- *Technische Abhängigkeiten* ergeben sich aus statischen bzw. konstruktiven Vorgaben.
- *Organisatorische Abhängigkeiten* ergeben sich aus logistischen Notwendigkeiten oder aus praktikablen Gründen.

Übungsbeispiel 5.1
Analyse der Bauwerkskonstruktion

Zum Einstieg in die Arbeitsvorbereitung für das *Beispielprojekt Stadtvilla* wird nachfolgend eine Analyse der Bauwerkskonstruktion durchgeführt.

- Das Bauwerk besteht aus einem Untergeschoss, einem Erdgeschoss sowie einem Obergeschoss. Das Untergeschoss hat eine Länge von 9,99 m und eine maximale Breite von 8,37 m. Die Abmessung der Folgegeschosse beträgt 12,49 × 9,99 m. Auf der Westseite des Gebäudes befinden sich eine Terrasse (Erdgeschoss) sowie ein Balkon (Obergeschoss), die zusätzlich 3,0 m auskragen.
- Das Dach wird als Satteldach mit einer Neigung von 22° ausgebildet. Insgesamt hat das Bauwerk eine Höhe von 10,75 m. Ab Geländeoberkante beträgt die Höhe 8,11 m.
- Die Bauweise ist massiv. Im Untergeschoss bestehen die Außenwände sowie die Treppenhauswände aus Stahlbeton. Alle übrigen Wände, auch die der Folgegeschosse, werden in Mauerwerk ausgeführt. Bei den Außenwänden von Erd- und Obergeschoss handelt es sich um kerngedämmtes, zweischaliges Mauerwerk. Die Geschossdecken sowie die Balkonplatte bestehen aus Stahlbeton und werden als Halbfertigteildecken hergestellt. Die Rundstützen des Balkons werden in Stahlbeton ausgeführt.
- Die Gründung des Untergeschosses sowie des nicht unterkellerten Bereichs des Erdgeschosses erfolgt jeweils auf einer Bodenplatte. Die beiden Stützen der Balkonkonstruktion werden auf Einzelfundamenten gegründet.
- Die Baugrube soll unverbaut (geböscht) ausgeführt werden.
- Die wesentlichen Bauabschnitte werden durch die jeweiligen Geschosse vorgegeben.
- Um mit dem Erdgeschoss beginnen zu können, muss nach Fertigstellung zunächst die Baugrube verfüllt werden. Da das Verfüllen jedoch erst nach Herstellung der Kellerdecke erfolgen kann, um deren Aussteifungsfunktion nutzen zu können, besteht hier eine *technische Abhängigkeit.*

5.2.2 Plausibilitätsprüfung der Mengen

Um die im Leistungsverzeichnis ausgeschriebenen Mengen überprüfen zu können, müssen die jeweiligen Teilmengen der zu erbringenden Leistungen ermittelt werden. Eine exakte Ermittlung pro Bauabschnitt erfolgt bei der Bauablaufplanung (Kapitel 6). Zur Vorbereitung hierfür und auch zur Prüfung der Plausibilität wird im Vorfeld eine überschlägige Ermittlung der Mengen durchgeführt. Die Grundlage hierfür liefert die Analyse der Bauwerkskonstruktion.

Übungsbeispiel 5.2
Plausibilitätsprüfung

Im Leistungsverzeichnis für das *Beispielprojekt Stadtvilla* sind insgesamt 229,62 m² Mauerwerk Außenwände ausgeschrieben (LV-Position 4.1). Die Außenwände werden im Erd- und im Obergeschoss in Mauerwerk ausgeführt. Da beide Geschosse baugleich sind, kann die Menge näherungsweise anhand der Außenabmessungen ermittelt und damit die LV-Position auf Plausibilität überprüft werden:

$$(12{,}49\ \text{m} + 9{,}99\ \text{m}) \cdot 2 \cdot 2{,}66\ \text{m} = 119{,}59\ \text{m}^2$$

Die tatsächlichen Wandlängen in der Mengenermittlung sind (12,04 m + 9,54 m) · 2.

$$119{,}59\ \text{m}^2 \cdot 2 = 239{,}18\ \text{m}^2$$

Obwohl die ermittelte Menge ca. 10 m² höher ist als die Menge im LV, erscheint die ausgeschriebene Menge plausibel.

5.2.3 Begutachtung des Baugrundstücks

Der Lageplan des Baugrundstücks gehört zu den relevanten Planunterlagen eines Bauvorhabens. Darauf sind auch die angrenzenden Grundstücke mit allen Flurangaben aus dem Liegenschaftskataster, Eigentumsverhältnisse, bestehende und geplante bauliche Anlagen sowie Abmessungen und Höhenangaben dargestellt.

Um die Umgebung einer Baustelle vollständig und richtig beurteilen zu können, ist der Lageplan alleine oft nicht ausreichend. Hierzu ist eine Vor-Ort-Begehung erforderlich, bei der beispielsweise folgende Fragen zu klären sind:

- Wie gestaltet sich das Umfeld der Baustelle?
- Wo sind Anschlüsse für Wasser, Abwasser, Strom und Internet möglich?
- Wo können Baubüros und Unterkünfte aufgestellt werden?
- Welche Lagerflächen stehen zur Verfügung?
- Welche Zufahrtsmöglichkeiten bestehen?
- Gibt es Einschränkungen für den Kraneinsatz (z. B. Strommasten und -leitungen, Gebäude, Bäume)?

Die Begutachtung des Baugrundstücks und die daraus gewonnenen Erkenntnisse können sich direkt oder indirekt auf den Bauablauf auswirken. Darüber hinaus stellen sie eine sehr wichtige Grundlage für die Planung der Baustelleneinrichtung (Kapitel 7) dar.

Übungsbeispiel 5.3
Begutachtung des Baugrundstücks

Bild 5.1 zeigt einen Lageplanausschnitt des *Beispielprojekts Stadtvilla*. Darauf ist ersichtlich, dass die Baustelle nur über den dargestellten Weg erreicht werden kann, da ansonsten eine Rundumbebauung besteht. Zu klären wäre, ob das unbebaute Grundstück (Nr. 34/25) für die Baustelleneinrichtung bzw. als Lagerfläche genutzt werden kann. Der Bereich scheint auch als Kranstandort geeignet zu sein. Dennoch muss die tatsächliche Beschaffenheit in einer Vor-Ort-Begehung überprüft werden.

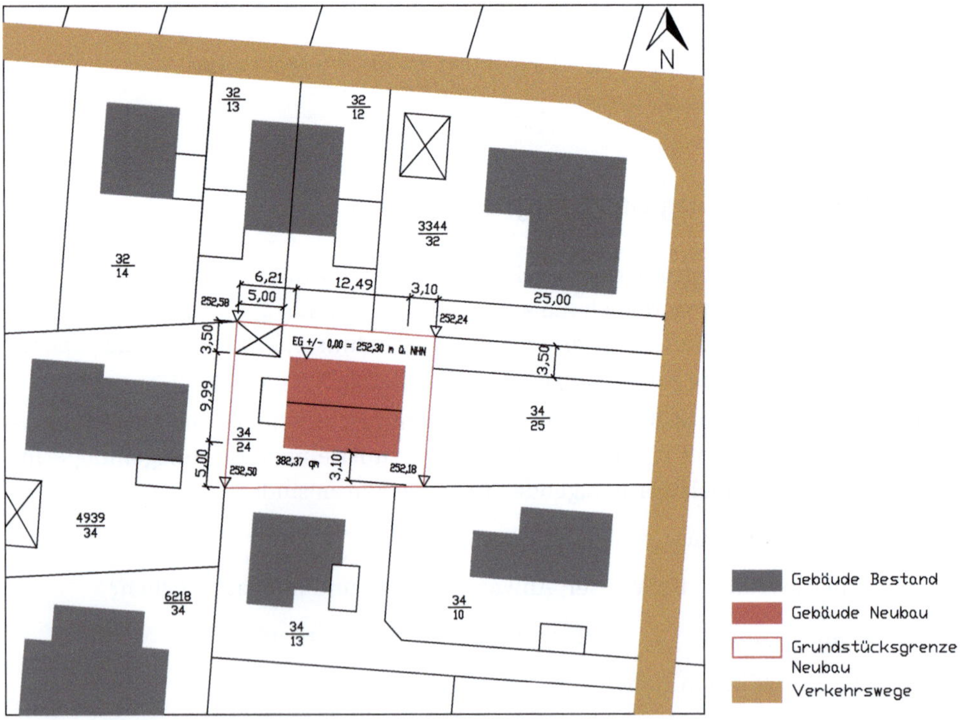

Bild 5.1 Ausschnitt des Lageplans *Beispielprojekt Stadtvilla*

5.2.4 Analyse vertraglicher Vorgaben

Die Analyse der vertraglichen Vorgaben ist für die Beurteilung, ob ein Bauvorhaben grundsätzlich durchgeführt werden kann, von großer Bedeutung. Es muss sichergestellt werden, dass die handwerklichen, personellen und finanziellen Möglichkeiten des Bauunternehmens für die zu erbringenden Leistungen ausreichend sind. Dazu muss die Analyse der vertraglichen Vorgaben zwingend vor der Angebotsabgabe durchgeführt werden.

Nach erfolgter Beauftragung sind die Vertragsbestandteile bindend und müssen daher bei der Arbeitsvorbereitung berücksichtigt werden. Dazu gehören:

- Vorgaben für Zwischen- und Endtermine,
- Anerkennung von Schlechtwettertagen,
- Qualitätsanforderungen (z. B. Sichtbeton, Wasserundurchlässigkeit, Maßtoleranzen),
- Abrechnungs- und Zahlungsbedingungen,
- Bedingungen für Abnahmen, Gewährleistung und Vertragsstrafen.

Übungsbeispiel 5.4
Schalungsmusterplan

Die Untergeschosswände des *Beispielprojekts Stadtvilla* sollen in Stahlbeton hergestellt werden.

Folgende Gestaltungsmerkmale gehen aus dem Leistungsverzeichnis hervor (Abschnitt 4.2, Pos. 3.8):

- Die Betonansichtsflächen sind in Sichtbetonklasse SB2 gemäß *DBV-Merkblatt Sichtbeton* auszuführen.
- Es ist eine Rahmenschalung mit phenolharzbeschichteter Holzschalungshaut zu verwenden.
- Dabei ist auf geordnete Schalungsstöße und Ankerlagen zu achten.
- Ankerlöcher sind mit Faserbeton-Verschlusskonen zu schließen.

Um bei Sichtbetonflächen die Anordnung von Schalungselementen, Elementfugen und Schalungsanker mit dem Auftraggeber abzustimmen, ist die Erstellung eines Schalungsmusterplans zu empfehlen.

Bild 5.2 zeigt den Schalungsmusterplan einer Kellerwand des Beispielprojekts. Darin sind im Grundriss die Schalungselemente und die Ankerlagen dargestellt. Die Ansicht zeigt die Wand im ausgeschalten Zustand mit Elementfugen und Ankerlöchern.

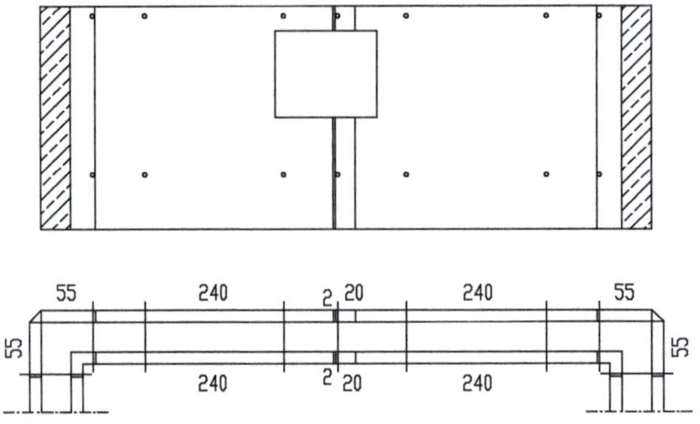

Bild 5.2
Schalungsmusterplan einer Kellerwand des *Beispielprojekts Stadtvilla*

Das *DBV-Merkblatt Sichtbeton* unterscheidet vier Sichtbetonklassen (SB1–SB4), die mit verschiedenen technischen Anforderungen an die Ausführung verknüpft sind. Die Sichtbetonklasse 4 stellt die höchsten Anforderungen.

Literaturhinweis: *Malpricht, W.; Rupp, C.: Schalungsplanung im Baubetrieb*

5.2.5 Überprüfung der Kalkulationsgrundlagen

Mit Beginn der Arbeitsvorbereitung ist eine Überprüfung der Angebotskalkulation erforderlich. Neue Erkenntnisse sind gegebenenfalls zu berücksichtigen und fließen in die weitere Planung mit ein. Ebenso muss das ursprünglich vorgesehene Bauverfahren überprüft werden. Auch hier kann eine genauere Betrachtung aller Umstände nochmal zu Änderungen führen.

5.3 Das Produktionskonzept

Nachdem die Voraussetzungen für den Beginn der Arbeitsvorbereitung geschaffen wurden, kann mit der Erstellung des Produktionskonzepts begonnen werden. Darin wird das organisatorische Konzept einer Baustelle beschrieben, indem wesentliche Arbeitsschritte definiert und Reihenfolgen festgelegt werden. Zur Veranschaulichung der einzelnen Schritte empfiehlt sich eine einfache zeichnerische Darstellung.

Im Hochbau orientieren sich die Arbeitsschritte häufig anhand von Gebäudeteilen und Geschossen. Im Tiefbau können es beispielsweise Streckenabschnitte sein. Wichtig ist dabei immer auch die Berücksichtigung von Abhängigkeiten, die idealerweise bereits bei der Analyse der Bauwerkskonstruktion definiert wurden. Mit dem Produktionskonzept geht üblicherweise auch die Festlegung des Bauverfahrens einher (Abschnitt 1.4)

Auf eine detailliertere Untergliederung der Arbeitsschritte in weitere Tätigkeiten wird im Produktionskonzept noch weitestgehend verzichtet. Dies erfolgt durch die in Kapitel 6 beschriebene Gliederung des Bauwerks. Hierfür liefert das Produktionskonzept jedoch eine wichtige Grundlage.

Übungsbeispiel 5.5
Produktionskonzept Beispielprojekt Stadvilla

Tabelle 5.1 und Bild 5.3 stellen das Produktionskonzept des *Beispielprojekts Stadtvilla* dar.

Tabelle 5.1 Arbeitsschritte des *Beispielprojekts Stadtvilla*

Arbeitsschritte	Reihenfolge						
Aushub Kellergeschoss	X						
Gründung Kellergeschoss		X					
Kellergeschoss einschl. Decke			X				
Verfüllung Arbeitsraum				X			
Gründung Erdgeschoss					X		
Erdgeschoss						X	
Obergeschoss							X

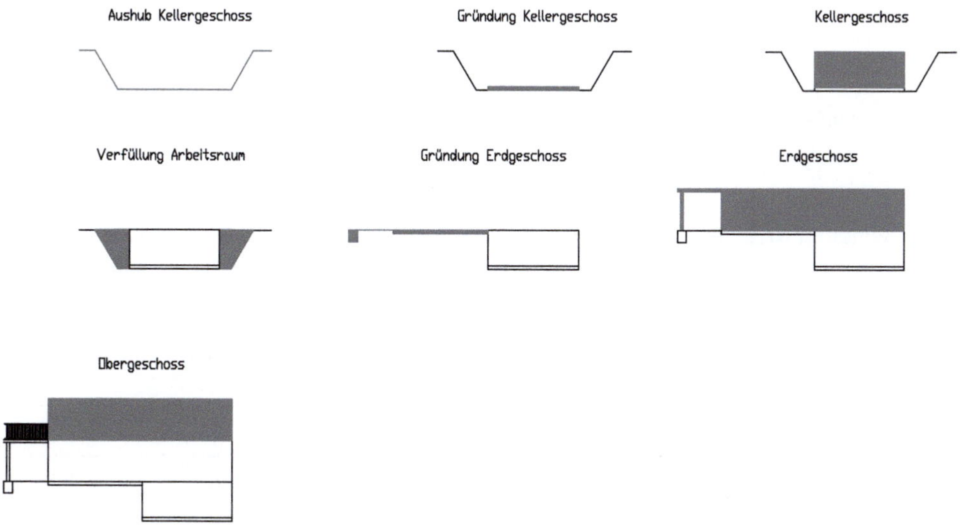

Bild 5.3 Produktionskonzept für das *Beispielprojekt Stadtvilla*

5.4 Übungsaufgaben

Übungsaufgabe 5.1
Ziele der Arbeitsvorbereitung

Welche grundsätzlichen Ziele werden mit einer ausführlichen Arbeitsvorbereitung für ein Bauvorhaben verfolgt?

Übungsaufgabe 5.2
Arbeitsvorbereitung und Kalkulation

Welche Aufgaben übernimmt die Arbeitsvorbereitung während der Kalkulationsphase?

Übungsaufgabe 5.3
Planungsaufgaben der Arbeitsvorbereitung

Welche Planungsaufgaben umfasst die Arbeitsvorbereitung einer Baumaßnahme?

Übungsaufgabe 5.4
Unterlagen für die Arbeitsvorbereitung

Welche Unterlagen werden benötigt und sind Voraussetzung, um eine qualifizierte Arbeitsvorbereitung durchführen zu können?

Übungsaufgabe 5.5
Analyse der Bauwerkskonstruktion

Nach welchen Kriterien ist im Rahmen der Arbeitsvorbereitung eine Bauwerkskonstruktion zu analysieren, um den Bauablauf planen und geeignete Bauverfahren auswählen zu können?

Übungsaufgabe 5.6
Technische und organisatorische Abhängigkeiten

Was ist unter technischen und organisatorischen Abhängigkeiten einer Bauwerkskonstruktion zu verstehen?

Übungsaufgabe 5.7
Plausibilitätsprüfung der Mengen

Zu welchen Zweck muss bei der Arbeitsvorbereitung eine Plausibilitätsprüfung erfolgen und wie wird diese durchgeführt?

Übungsaufgabe 5.8
Vor-Ort-Begehung des Baugeländes

Welche Fragen können möglicherweise durch eine Vor-Ort-Begehung des Baugeländes im Rahmen der Arbeitsvorbereitung geklärt werden?

Übungsaufgabe 5.9
Analyse der vertraglichen Vorgaben vor Angebotsabgabe

Nach welchen Kriterien müssen die vertraglichen Vorgaben einer Ausschreibung vor der Angebotsabgabe untersucht werden?

Übungsaufgabe 5.10
Analyse der vertraglichen Vorgaben nach Auftragsvergabe

Nach welchen Kriterien müssen die vertraglichen Vorgaben nach erfolgter Beauftragung bei der Arbeitsvorbereitung analysiert werden?

Übungsaufgabe 5.11
Produktionskonzept der Tiefbauarbeiten für das Beispielprojekt Stadtvilla

Für die Tiefbauarbeiten des *Beispielprojekts Stadtvilla* soll ein einfaches Produktionskonzept in Tabellenform erstellt werden.

Übungsaufgabe 5.12
Produktionskonzept zur Umgestaltung einer Dammanlage

Der Uferbereich eines Flussaltarms soll erneuert werden (Bild 5.4). Dazu wird ein bestehender Damm (Schnitt A-A) mit einem Verbundsteinweg sowie einem zusätzlichen Fußgängerweg versehen (Schnitt B-B). Der zu erstellende Streckenabschnitt hat eine Länge von 250 m. Hierfür ist das Produktionskonzept zeichnerisch darzustellen.

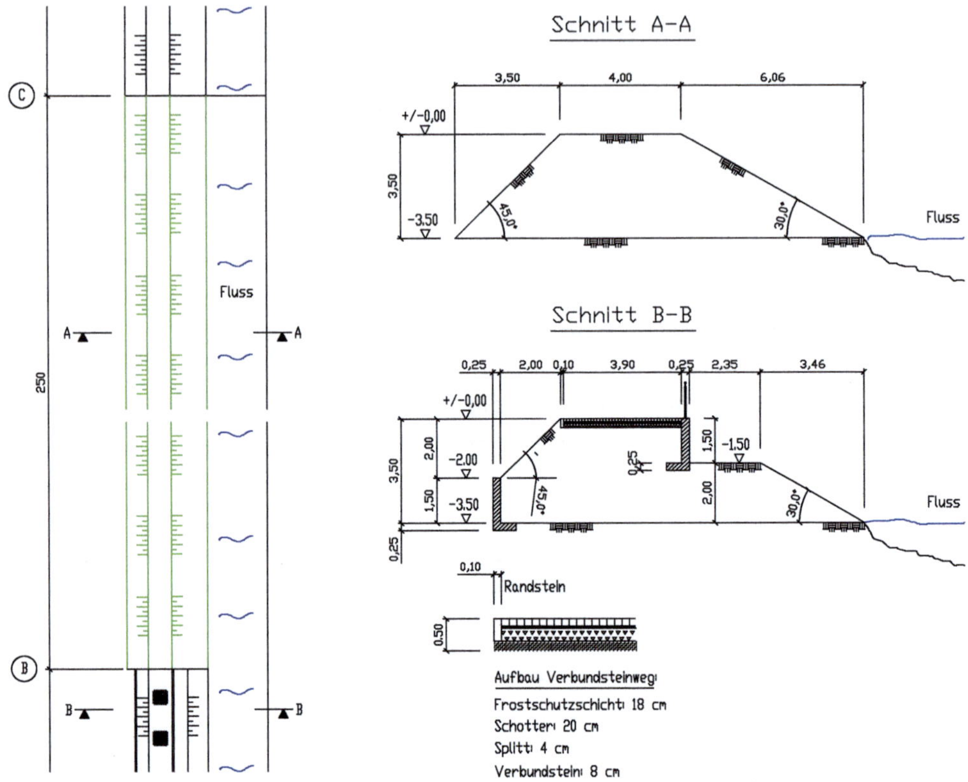

Bild 5.4 Umgestaltung einer Dammanlage

6 Bauablaufplanung

Studienziele

Das Kapitel soll dem Leser grundlegende Kenntnisse ermöglichen über

- Methoden und Werkzeuge der Bauablaufplanung.

Das Kapitel soll dem Leser Fähigkeiten vermitteln,

- einen Bauablaufplan zu entwickeln.

6.1 Ziele und Aufgaben der Bauablaufplanung

Die Bauaufgabe besteht immer darin, eine bestimmte Fertigungsmenge in einer zur Verfügung stehenden Fertigungszeit zu erledigen. Die Fertigungsmenge ergibt sich aus der Geometrie des Bauwerks und die Fertigungszeit ist die vertraglich vereinbarte Bauzeit.

$$\text{Bauaufgabe} = \frac{\text{Fertigungsmenge}}{\text{Fertigungszeit}}$$

Als wesentlicher Teil der Arbeitsvorbereitung beschäftigt sich die Bauablaufplanung mit der gedanklichen Durchführung der Bauaufgabe. Dabei wird als Ziel die Optimierung des Gesamtablaufes anhand planerischer Vorgaben verfolgt.

Das Ziel der Bauablaufplanung besteht darin, die planerischen Voraussetzung dafür zu schaffen, dass Baustoffe, Betriebsmittel und Personal

- zur richtigen Zeit,
- in der notwendigen Menge und Qualität,
- am richtigen Ort,
- bei optimalem Aufwand,

verfügbar sind (vgl. *Bargstädt, H.-J.; Steinmetzger, R.*: Grundlagen des Baubetriebswesens).

Die Ausführung der Bauablaufplanung liegt im Aufgabenbereich von Arbeitsvorbereitung und Bauleitung der Bauunternehmung. Sie beginnt nach erfolgter Auftragsvergabe durch den Bauherrn.

Im Wesentlichen setzt sich die Bauablaufplanung aus den folgenden vier aufeinander aufbauenden Teilbereichen zusammen:

1. Gliederung des Bauwerks,
2. Mengenermittlung,
3. Arbeitsverzeichnis und Kapazitätsplanung,
4. Bauablaufplan.

Erst nachdem die Ablaufplanung abgeschlossen ist, kann mit der Bauausführung begonnen werden. Das bedeutet im Umkehrschluss, dass die Ablaufplanung fertiggestellt sein muss, bevor mit der Bauausführung begonnen wird. Da aber in der Regel der Termin für den Beginn der Baustelle festgelegt ist, steht die Ablaufplanung unter einem erheblichen Zeitdruck. Hinzu kommen, insbesondere bei größeren Projekten, die Problematik der baubegleitenden Planung (Abschnitt 1.2) sowie das Eintreten unvorhergesehener Ereignisse während der Bauausführung, die eine Änderung der ursprünglichen Planung erfordern können. Entsprechend werden die wesentlichen Maßnahmen geplant, sodass die Ablaufplanung einen groben Rahmen vorgibt.

Eine Verfeinerung der Planung findet erst durch die Ablaufsteuerung während der Bauausführung statt. Dabei werden die Ereignisse auf der Baustelle permanent mit dem geplanten Ablauf als Soll und Ist miteinander verglichen und analysiert. Die dadurch erhaltenen Erkenntnisse bilden wiederum die Grundlage für die Planung der nachfolgenden Tätigkeiten. Somit entsteht ein Kreislauf mit dem Ziel, die Abläufe ständig anzupassen und zu optimieren (Bild 6.1).

Die Vorstellung, eine perfekte Ablaufplanung vor der Bauausführung zu erstellen, entspricht nicht der betrieblichen Praxis. Die Herausforderung besteht vielmehr in der Erstellung einer möglichst exakten Ablaufplanung, mit der die Zielvorgaben sicher erfüllt werden können.

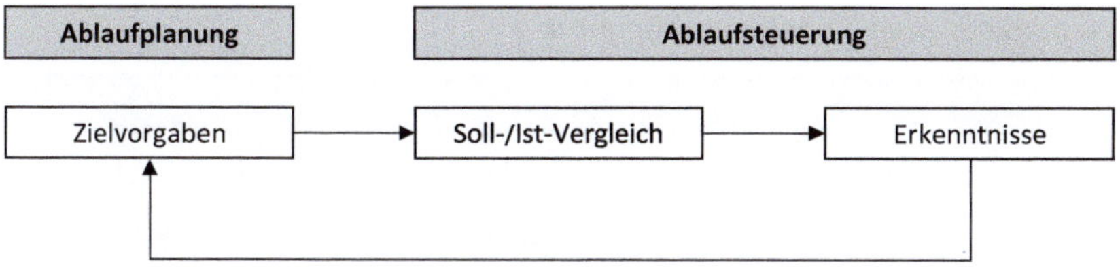

Bild 6.1 Einfacher Kreislauf der Ablaufoptimierung

6.2 Darstellungsarten des Bauablaufs

Die Darstellung des Bauablaufs erfolgt anhand des *Bauablaufplans*, der auch *Terminplan* oder *Bauzeitenplan* genannt wird. Hierfür gibt es verschiedene Methoden, die sich in der jeweiligen Visualisierung deutlich voneinander unterscheiden.

Die Erstellung detaillierter Bauablaufpläne erfolgt heute nahezu ausnahmslos mittels spezieller EDV-Programme. Ein großer Vorteil solcher Softwarelösungen ist, dass selbst bei komplexen Abläufen jederzeit Änderungen vorgenommen werden können, ohne den gesamten Plan aufwendig überarbeiten zu müssen.

Für interne Abstimmungen, beispielsweise zwischen Bauleiter und Polier oder bei kleinen Baustellen, sind oft keine allzu detaillierten Ablaufpläne erforderlich. Hier können einfache Listen oder manuell hergestellte Pläne ausreichend sein.

Nachfolgend werden verschiedene Darstellungsarten für den Bauablaufplan vorgestellt.

6.2.1 Terminliste

Die Terminliste ist die einfachste, aber auch die unübersichtlichste Art, um den Bauablauf darzustellen (Tabelle 6.1). Wie oben bereits erwähnt, kann eine Verwendung bei kleinen Projekten sinnvoll sein. Häufig werden Terminlisten als Grundlage für die nachfolgenden Darstellungsarten verwendet.

Tabelle 6.1 Terminliste einer Kanalbaumaßnahme

Nr.	Vorgang	Dauer [Tage]	Anfang	Ende
1	Baustelleneinrichtung	1	03.06.2024	03.06.2024
2	Aushub Teil 1	4	04.06.2024	07.06.2024
3	Schacht 1	5	06.06.2024	12.06.2024
4	Aushub Teil 2	4	10.06.2024	13.06.2024
5	Schacht 2	5	14.06.2024	20.06.2024
6	Rohrleitung	7	21.06.2024	01.07.2024
7	Baustelle räumen	1	02.07.2024	02.07.2024

6.2.2 Balkendiagramm

Das Balkendiagramm ist die häufigste Methode zur Darstellung des Bauablaufs. Die einzelnen Vorgänge werden in der Kopfspalte untereinander aufgeführt und über die Zeitachse anhand von Balken dargestellt, die der Vorgangsdauer entsprechen (Bild 6.2). Über Anordnungsbeziehungen kann auf Abhängigkeiten hingewiesen werden (Abschnitt 6.3).

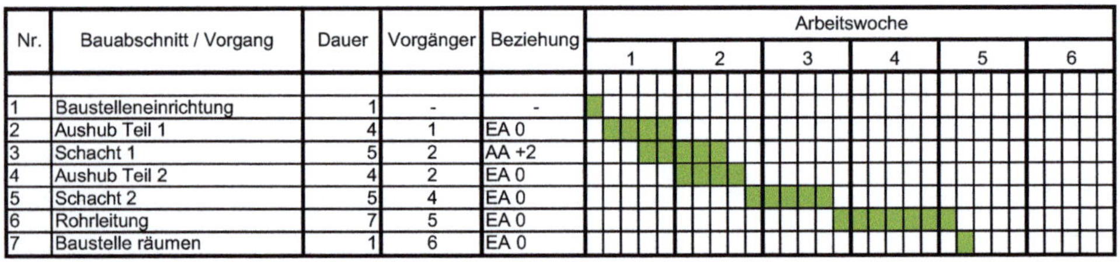

Bild 6.2 Balkendiagramm einer Kanalbaumaßnahme

6.2.3 Netzplan

Im Netzplan werden die Abläufe in Form von Vorgangsketten dargestellt (Bild 6.3). Die als Knoten bezeichneten Vorgänge werden durch Pfeile logisch und zeitlich miteinander verknüpft (Abschnitt 6.3). Die Knoten werden meistens quadratisch oder rechteckig dargestellt und enthalten neben der Vorgangsbezeichnung Angaben zur Vorgangsdauer sowie den einzuhaltenden Terminen.

Eine Besonderheit des Netzplans ist der sogenannte *kritische Weg*. Dabei handelt es sich um die Vorgangskette, bei der es keine Verzögerungen geben darf, da ansonsten die

Einhaltung des Endtermins gefährdet wird. Umgekehrt besteht die Möglichkeit, den Endtermin zu verkürzen, wenn auf dem kritischen Weg Zeit eingespart werden kann.

Der Netzplan gehört zu den präzisesten Darstellungsarten des Bauablaufs. Allerdings ist der Aufwand zur Erstellung relativ groß und erfolgt anhand spezieller Berechnungsmethoden, die Teil der sogenannten Netzplantechnik sind.

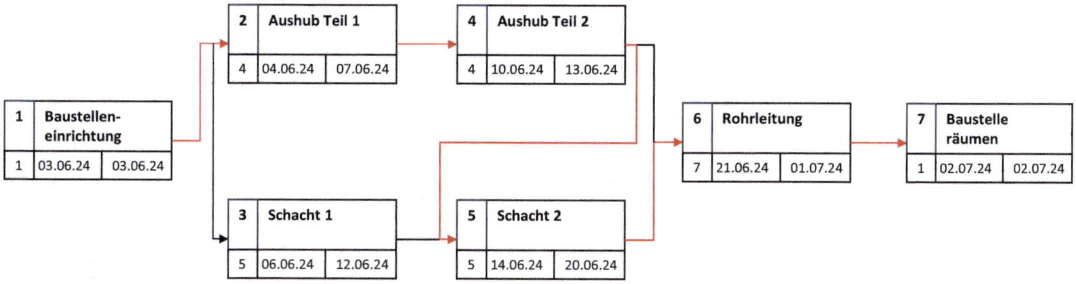

Bild 6.3 Netzplan einer Kanalbaumaßnahme

6.2.4 Liniendiagramm

Im Liniendiagramm wird der Bauablauf über den Zusammenhang zwischen einem zurückgelegten Weg sowie der dazu erforderlichen Zeit dargestellt. Daher wird diese Methode auch *Weg-Zeit-Diagramm* genannt. Der Anwendungsbereich liegt hauptsächlich im Kanal-, Erd- und Straßenbau sowie im Brücken- und Tunnelbau.

Im Gegensatz zum Balkendiagramm wird die Zeit auf der vertikalen Achse dargestellt. Die horizontale Achse beschreibt den zurückzulegenden Weg. Hierfür kann oberhalb die Geometrie des Bauwerks annähernd abgebildet werden. Die Vorgänge werden durch Linien dargestellt, wobei die Steigung der Geschwindigkeit entspricht (Bild 6.4).

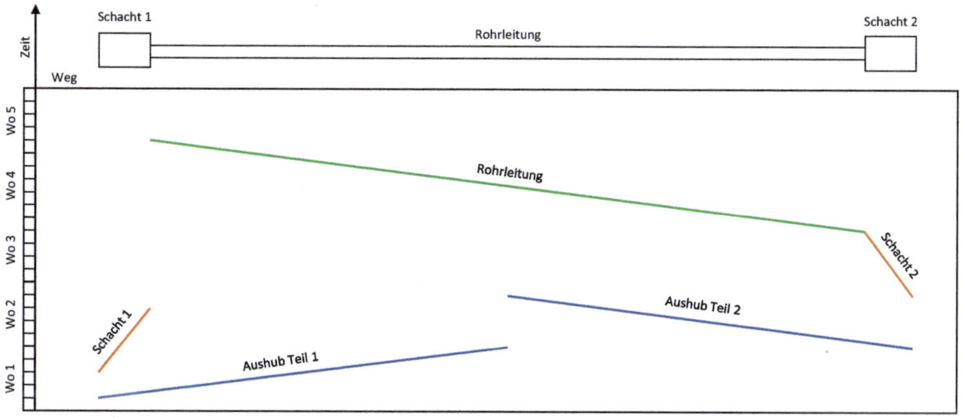

Bild 6.4 Liniendiagramm einer Kanalbaustelle

6.3 Anordnungsbeziehungen

Mithilfe von Anordnungsbeziehungen können die Vorgänge eines Bauablaufplans logisch miteinander verknüpft werden. Dadurch lassen sich Änderungen einzelner Vorgänge mit den entsprechenden Auswirkungen auf die nachfolgenden Vorgänge darstellen, was besonders bei komplexen Projekten von Vorteil ist.

Hierzu erhält im Bauablaufplan jeder Vorgang mindestens einen vorangehenden (Vorgänger) und einen nachfolgenden (Nachfolger) Vorgang. Ausnahme sind die Start- und Endvorgänge. Die Verknüpfung beginnt immer mit dem Vorgänger und endet mit dem Nachfolger. Zeitlich gesehen können Vorgänge mit oder ohne Abstand aneinander anschließen oder mit einer Überlappung versehen werden.

In der Netzplantechnik werden die Vorgänge als Knoten und die Anordnungsbeziehungen als Pfeile dargestellt werden. Auch im Balkendiagramm können Anordnungsbeziehungen miteinbezogen werden.

Nachfolgend werden die möglichen Anordnungsbeziehungen erläutert.

6.3.1 Ende-Anfang-Beziehung (EA)

Sobald der Vorgänger fertig ist, kann der Nachfolger beginnen (Bild 6.5). Diese sehr häufig vorkommende Beziehung wird auch als *Normalfolge* bezeichnet.

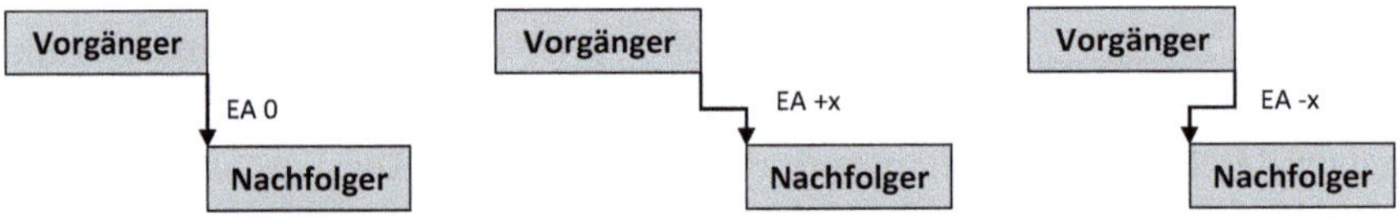

Bild 6.5 Ende-Anfang-Beziehung

Übungsbeispiel 6.1
Ende-Anfang-Beziehung

Nachdem die Bodenplatte hergestellt wurde, kann mit den Wänden begonnen werden.

6.3.2 Anfang-Anfang-Beziehung (AA)

Der Nachfolger kann beginnen, sobald der Vorgänger begonnen hat (Bild 6.6). Diese Beziehung wird auch als *Anfangsfolge* bezeichnet.

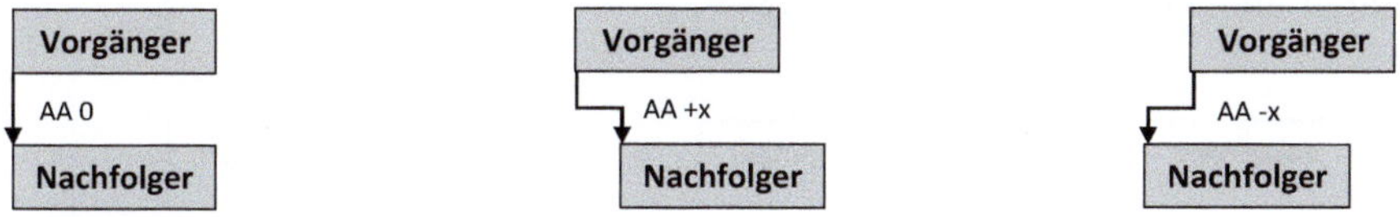

Bild 6.6 Anfang-Anfang-Beziehung

Übungsbeispiel 6.2
Anfang-Anfang-Beziehung

Der Graben kann verbaut werden, sobald mit dem Aushub begonnen wurde.

6.3.3 Ende-Ende-Beziehung (EE)

Der Nachfolger kann enden, sobald der Vorgänger fertig ist (Bild 6.7). Diese Beziehung wird auch als *Endfolge* bezeichnet.

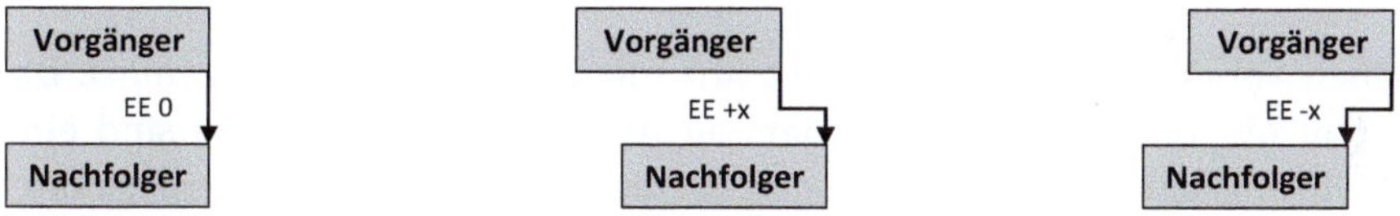

Bild 6.7 Ende-Ende-Beziehung

Übungsbeispiel 6.3
Ende-Ende-Beziehung

Das Abpumpen von Wasser aus der Baugrube kann erst beendet werden, wenn die Spundwände hergestellt sind.

6.3.4 Anfang-Ende-Beziehung (AE)

Sobald der Vorgänger beginnt, kann der Nachfolger enden (Bild 6.8). Diese Beziehung wird auch als *Sprungfolge* bezeichnet, da der Nachfolger terminlich vor dem Vorgänger liegt. In der Bauablaufplanung kommt die Anfang-Ende-Beziehung sehr selten vor und hat daher eine eher geringe Bedeutung.

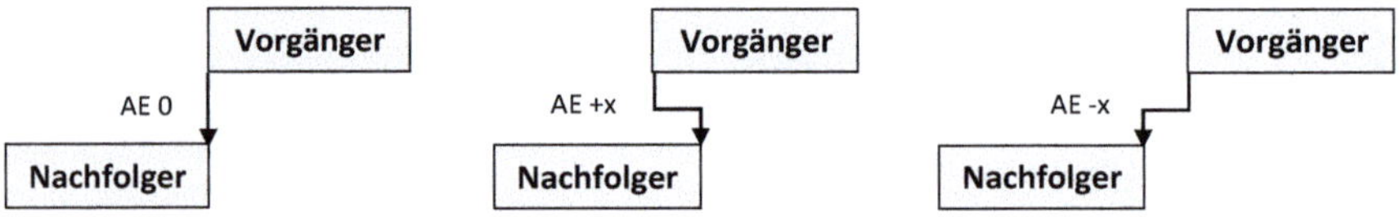

Bild 6.8 Anfang-Ende Beziehung

6.4 Ablaufprinzipien

Das organisatorische Konzept der Bauablaufplanung kann anhand verschiedener Ablaufprinzipien erstellt werden. Die Wahl eines Ablaufprinzips ist neben den terminlichen Gesichtspunkten immer auch im Hinblick auf den Kapazitätsbedarf an Arbeitskräften und Betriebsmitteln zu treffen.

6.4.1 Hintereinanderfertigung

Die einzelnen Vorgänge werden von einer Kolonne hintereinander ausgeführt. Dadurch besteht ein relativ niedriger Bedarf an Arbeitskräften. Nachteile sind eine lange Ausführungsdauer sowie ein niedriger Ausnutzungsgrad der Betriebsmittel (Baumaschinen und Baugeräte). Eine teilweise Überlappung der Vorgänge ist nur dort möglich, wo die Arbeiter gleichzeitig auf mehrere Vorgänge verteilt werden können (Bild 6.9).

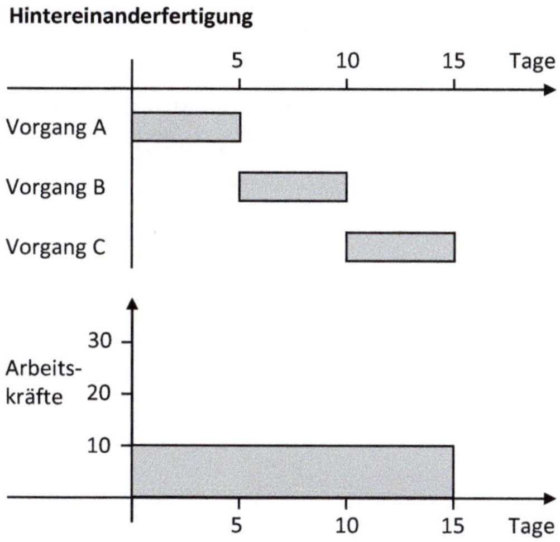

Bild 6.9 Ablaufprinzip und Arbeitskräftebedarf bei Hintereinanderfertigung

6.4.2 Parallelfertigung

Die einzelnen Vorgänge werden in zwei oder mehreren Bauabschnitten durch jeweils eine Kolonne zeitgleich ausgeführt. Dies führt zu einem hohen Bedarf an Arbeitskräften und Betriebsmitteln jedoch zu einer kurzen Ausführungsdauer (Bild 6.10).

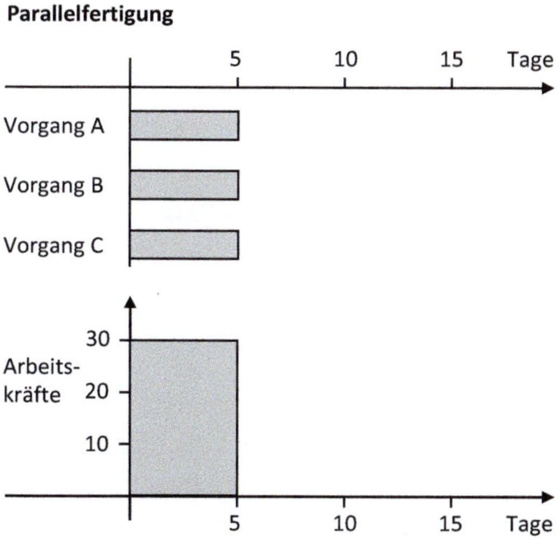

Bild 6.10 Ablaufprinzip und Arbeitskräftebedarf bei Parallelfertigung

6.4.3 Fließ- bzw. Taktfertigung

Die Zeitdauern der einzelnen Vorgänge in mindestens zwei Bauabschnitten werden so aufeinander abgestimmt, dass Arbeitskräfte und Betriebsmittel möglichst optimal und kontinuierlich eingesetzt werden können. Dazu sind mindestens zwei Kolonnen erforderlich (Bild 6.11).

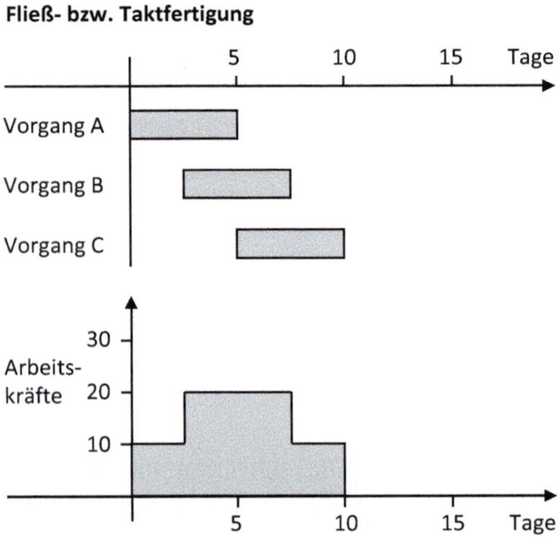

Bild 6.11 Ablaufprinzip und Arbeitskräftebedarf bei Fließ- bzw. Taktfertigung

6.5 Erstellung der Bauablaufplanung

In den folgenden Abschnitten wird die grundsätzliche Vorgehensweise zur Erstellung einer Bauablaufplanung anhand des *Beispielprojekts Stadtvilla* erläutert.

6.5.1 Gliederung des Bauwerks

Bereits mit der Erstellung der Leistungsbeschreibung bzw. des Leistungsverzeichnisses durch den Auftraggeber wurde das Bauwerk in verschiedene Leistungsbereiche gegliedert. Diese Gliederung erfolgt allerdings vorrangig nach Gesichtspunkten der Angebots- und Vertragsgestaltung.

Die Gliederung für die Bauablaufplanung erfolgt aus der internen Sicht des Auftragnehmers. Sie berücksichtigt für die Ausführung notwendige Aspekte wie Mengen, Abhängigkeiten, Reihenfolgen sowie benötigte Kapazitäten. Hierzu werden zunächst die Bauabschnitte bestimmt. Als Grundlage dient hierbei das *Produktionskonzept*, in dem die wesentlichen Arbeitsschritte und deren Reihenfolge bereits grob festgelegt wurden (Abschnitt 5.3).

Im Hochbau werden die Bauabschnitte üblicherweise anhand der Gebäudeteile wie Kellergeschoss, Erdgeschoss, Obergeschoss festgelegt. Im Tiefbau werden sie häufig über Streckenabschnitte definiert.

Die unterschiedlichen Bauteile wie Wände, Stützen, Decken usw. werden nun in Vorgängen und Teilvorgängen zusammengefasst und den Bauabschnitten zugeordnet. Typische Teilvorgänge für Betonbauteile sind Schalen, Bewehren und Betonieren (Bild 6.12). Bauteile aus Mauerwerk hingegen werden ohne relevante Teilvorgänge hergestellt.

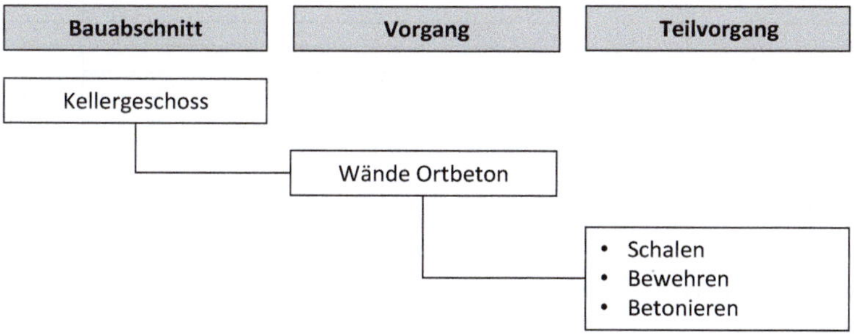

Bild 6.12 Gliederung in Bauabschnitt, Vorgang und Teilvorgang

Bei der Gliederung ist darauf zu achten, dass die gewählte Struktur für die gesamte Ablaufplanung durchgängig beibehalten werden muss. Daher sollte bereits jetzt eine Tabellenform gewählt werden, aus der das spätere Arbeitsverzeichnis weiterentwickelt werden kann. Hierzu können entsprechende Formblätter verwendet werden.

Übungsbeispiel 6.4
Gliederung des Bauwerks im Arbeitsverzeichnis

Bild 6.13 zeigt die Gliederung des *Beispielprojekts Stadtvilla* auf einem Arbeitsverzeichnis-Formblatt.

1	2	3	4	5	6	7	8	9	10
Nr.	**LV Pos.**	**Bauabschnitt Vorgang Teilvorgang**	**Fertigungs-menge**	**Aufwands-wert**	**Gesamt-stunden**	**tägl. Arbeits-Zeit**	**Tage-werke (AK)*(AT)**	**Anzahl Arbeiter**	**Zeit-Dauer**
			Einheiten	**h / Einheit**	(4) * (5) **h**	**h / (AK*AT)**	(6) / (7) **TW**	**AK**	(8) / (9) **AT**
1		**Kellergeschoss**							
1.1	1.0	**Baustelleneinrichtung**							
1.2	2.1-2.2	**Aushub Baugrube**							
1.3	3.1	**Ortbeton Sauberkeitsschicht**							
1.4		**Bodenplatte**							
1.4.1	3.4	Ortbeton							
1.4.2	3.5	Abschalung							
1.4.3	3.16	Bewehrung							
1.5		**Außenwände**							
1.5.1	3.6-3.7	Ortbeton							
1.5.2	3.8	Schalung							
1.5.3	3.16	Bewehrung							
1.6	4.2-4.3	**Mauerwerk Innenwände**							
1.7		**Decke**							
1.7.1	3.11	Halbfertigteile							
1.7.2	3.12	Aufbeton							
1.7.3	3.13	Unterrüstung							
1.7.4	3.16	Bewehrung							
1.8	2.3	**Verfüllung Arbeitsraum**							
2		**Erdgeschoss**							
2.1	3.1	**Ortbeton Sauberkeitsschicht**							
2.2		**Einzelfundamente**							
2.2.1	3.2	Ortbeton							
2.2.2	3.3	Schalung							
2.2.3	3.16	Bewehrung							
2.3		**Bodenplatte**							
2.3.1	3.4	Ortbeton							
2.3.2	3.5	Abschalung							
2.3.3	3.16	Bewehrung							
2.4	4.1	**Mauerwerk Außenwände**							
2.5	4.2-4.3	**Mauerwerk Innenwände**							
2.6		**Verblendmauerwerk**							
2.6.1	4.7	Kerndämmung							
2.6.2	4.4-4.6	Verblender							
2.7		**Rundstützen**							
2.7.1	3.9	Ortbeton							
2.7.2	3.10	Schalung							
2.7.3	3.16	Bewehrung							
2.8		**Decke**							
2.8.1	3.11	Halbfertigteile							
2.8.2	3.12	Aufbeton							
2.8.3	3.13	Unterrüstung							
2.8.4	3.16	Bewehrung							
2.9		**Balkondecke**							
2.9.1	3.14	Ortbeton							
2.9.2	3.15	Schalung							
2.9.3	3.16	Bewehrung							
3		**Obergeschoss**							
3.1	4.1	**Mauerwerk Außenwände**							
3.2	4.2-4.3	**Mauerwerk Innenwände**							
3.3		**Verblendmauerwerk**							
3.3.1	4.7	Kerndämmung							
3.3.2	4.4-4.6	Verblender							
3.4		**Decke**							
3.4.1	3.11	Halbfertigteile							
3.4.2	3.12	Aufbeton							
3.4.3	3.13	Unterrüstung							
3.4.4	3.16	Bewehrung							
		Summe							

Bild 6.13 Arbeitsverzeichnis: Gliederung des Bauwerks in Tabellenform

Spalte 1 beinhaltet die Gliederungszahlen für die in Spalte 3 aufgeführten Bauteile, Vorgänge und Teilvorgänge. Die Wahl der Bauabschnitte erfolgte anhand der Geschosse.

In Spalte 2 wird der jeweilige Bezug zum Leistungsverzeichnis anhand der LV-Position hergestellt. Jedes Geschoss beschreibt einen der insgesamt drei Bauabschnitte. Die Baustelleneinrichtung wurde dem Kellergeschoss zugeordnet.

6.5.2 Mengenermittlung

Nachdem die Gliederung des Bauwerks erfolgt ist, müssen den jeweiligen Vorgängen die entsprechenden Fertigungsmengen zugeordnet werden. Die im Leistungsverzeichnis angegebenen Mengen können hierfür nicht verwendet werden, da es sich dabei normalerweise um Gesamtmengen handelt. Somit sind für jeden Vorgang bzw. Teilvorgang die Mengen separat zu ermitteln. Sie ergeben sich aus den Längen, Breiten und Höhen der jeweiligen Bauteile, die den Planunterlagen entnommen werden. Daher bietet die Mengenermittlung auch eine gute Gelegenheit zur Überprüfung der im Leistungsverzeichnis angegebenen Mengen.

Die Einheiten der Mengen (z. B. m^3 Beton, m^2 Schalung, t Stahl, m^2 Mauerwerk, m Rohre usw.) werden in der Regel durch das Leistungsverzeichnis vorgegeben. Ansonsten sind diese eigenständig zu bestimmen. In Abschnitt 3.2 sind gängige Größen und Einheiten spezifischer Mengen aufgeführt.

Die Ergebnisse der Mengenermittlung müssen eindeutig nachvollziehbar sein. Hierzu können entsprechende Formblätter verwendet werden.

Übungsbeispiel 6.5
Mengenermittlung

Nachfolgend ist die Mengenermittlung für das *Beispielprojekt Stadtvilla* dargestellt (Bild 6.14 bis Bild 6.16).

Nr.	LV Pos.	Benennung	Faktor	Länge m	Breite m	Höhe m	Flächen m^2	Volumen m^3 Gewicht t
1		**Kellergeschoss**						
1.1	1.0	**Baustelle einrichten**	psch.					**1,00**
1.2	2.1	**Aushub Baugrube**		13,01	14,63		190,34	
				9,97	11,59		115,55	
		mittlere Grundfläche				2,64	152,94	403,77
		Abzug	-1,00	6,86	2,25	2,64		-40,75
		gesamt						**363,02**
1.3	3.1	**Ortbeton Sauberkeitsschicht**		9,99	6,12	0,05	61,14	3,06
		d=5 cm		3,13	2,25	0,05	7,04	0,35
		gesamt					68,18	**3,41**
1.4	3.4	**Ortbeton Bodenplatte**		9,99	6,12	0,25	61,14	15,28
		d=25 cm		3,13	2,25	0,25	7,04	1,76
		gesamt					68,18	**17,05**
	3.16	Bewehrung t/m^3	0,07	17,05				**1,19**
	3.5	**Abschalung Bodenplatte**	2,00	9,99	0,25		5,00	
			2,00	8,37	0,25		4,19	
		gesamt		36,72			**9,18**	
1.5	3.6	**Ortbeton Außenwände**		3,93	0,45	2,25	8,84	3,98
		d=45 cm gesamt		3,93			8,84	**3,98**
	3.16	Bewehrung t/m^3	0,10	3,98				**0,40**
	3.7	**Ortbeton Außenwände**		2,68	0,30	2,25	6,03	1,81
		d=30 cm		2,25	0,30	2,25	5,06	1,52
				6,86	0,30	2,25	15,44	4,63
				5,82	0,30	2,25	13,10	3,93
				9,69	0,30	2,25	21,80	6,54
				4,14	0,30	2,25	9,32	2,79
		gesamt		31,44			70,74	**21,22**
	3.16	Bewehrung t/m^3	0,10	21,22				**2,12**
	3.8	**Schalung Außenwände**	2,00			8,84	17,69	
			2,00			70,74	141,48	
		gesamt					**159,17**	
1.6	4.2	**Mauerwerk Innenwände**		2,38	0,24	2,25	5,36	1,29
		d=24 cm		1,38	0,24	2,25	3,11	0,75
		gesamt		3,76			**8,46**	2,03
	4.3	**Mauerwerk Innenwände**		5,52	0,12	2,25	12,42	1,43
		d=11,5 cm		4,14	0,12	2,25	9,32	1,07
				3,43	0,12	2,25	7,71	0,89
		gesamt		13,09			**29,44**	3,39
1.7	3.11	**Halbfertigteile Decke**		9,99	6,12	0,05	61,14	3,06
		d=5 cm		3,13	2,25	0,05	7,04	0,35
		Öffnung Treppenhaus	-1,00	1,38	1,69	0,05	-2,33	-0,12
		Öffnung Treppenhaus	-1,00	1,00	2,12	0,05	-2,12	-0,11
		gesamt					**63,73**	3,19
	3.12	**Aufbeton Decke**		9,99	6,12	0,13	61,14	7,95
		d=18 cm		3,13	2,25	0,13	7,04	0,92
		Öffnung Treppenhaus	-1,00	1,38	1,69	0,13	-2,33	-0,30
		Öffnung Treppenhaus	-1,00	1,00	2,12	0,13	-2,12	-0,28
		gesamt					63,73	**8,28**
	3.16	Bewehrung t/m^3	0,15	8,28				**1,24**
	3.13	**Unterrüstung Decke** gesamt	1,00			63,73	**63,73**	
	3.16	Bewehrung KG gesamt						4,96
1.8	2.2	**Verfüllung Arbeitsraum**						
		Aushub Baugrube						363,02
		Abzug UG	-1,00	9,99	6,12	2,64	61,14	-161,41
		Abzug UG	-1,00	3,13	2,25	2,64	7,04	-18,59
		gesamt					68,18	**183,03**

Bild 6.14 Mengenermittlung für das *Beispielprojekt Stadtvilla* – Kellergeschoss

Nr.	LV Pos.	Benennung	Faktor	Länge m	Breite m	Höhe m	Flächen m²	Volumen m³ Gewicht t
2		**Erdgeschoss**						
2.1	3.1	**Ortbeton Sauberkeitsschicht**		9,99	6,37	0,05	63,64	3,18
			-1,00	3,13	2,25	0,05	-7,04	-0,35
			2,00	0,60	0,60	0,05	0,72	0,04
		gesamt					57,31	**2,87**
2.2	3.2	**Ortbeton Einzelfundamente**	2,00	0,60	0,60	0,80	0,72	0,58
		gesamt		2,40			**0,72**	**0,58**
	3.16	Bewehrung t/m³	0,07	0,58				**0,04**
	3.3	**Schalung Einzelfundamente**	2,00	2,40		0,80	3,84	
		gesamt		**4,80**			**3,84**	
2.3	3.4	**Ortbeton Bodenplatte**		9,99	6,12	0,25	61,14	15,28
			-1,00	3,13	2,25	0,25	-7,04	1,76
		gesamt					54,10	**17,05**
	3.16	Bewehrung t/m³	0,07	17,05				**1,19**
	3.5	**Abschalung Bodenplatte**		4,12	0,18		0,74	
				9,99	0,18		1,80	
				6,37	0,18		1,15	
				20,48			**3,69**	
2.4	4.1	**Mauerwerk Außenwände**		12,04	0,24	2,66	32,03	7,69
		d=24 cm		9,54	0,24	2,66	25,38	6,09
				12,04	0,24	2,66	32,03	7,69
				9,54	0,24	2,66	25,38	6,09
		gesamt		**43,16**			**114,81**	27,55
2.5	4.2	**Mauerwerk Innenwände**		2,62	0,24	2,66	6,97	1,67
		d=24 cm		3,63	0,24	2,66	9,66	2,32
				2,38	0,24	2,66	6,33	1,52
		gesamt		**8,63**			**22,96**	5,51
	4.3	**Mauerwerk Innenwände**		6,09	0,12	2,66	16,19	1,86
		d=11,5 cm		2,51	0,12	2,66	6,68	0,77
				6,47	0,12	2,66	17,20	1,98
				3,90	0,12	2,66	10,36	1,19
				4,13	0,12	2,66	10,99	1,26
				2,57	0,12	2,66	6,84	0,79
				4,01	0,12	2,66	10,67	1,23
		gesamt		**29,67**			**78,91**	9,07
2.6	4.4-4.6	**Verblendmauerwerk**		12,04	0,12	3,02	36,36	4,18
		d=11,5 cm		9,54	0,12	3,02	28,81	3,31
				12,04	0,12	3,02	36,36	4,18
				9,54	0,12	3,02	28,81	3,31
		gesamt		**43,16**			**130,34**	14,99
	4.7	**Kerndämmung**		12,04	0,10	3,02	36,36	3,45
		d=9,5 cm		9,54	0,10	3,02	28,81	2,74
				12,04	0,10	3,02	36,36	3,45
				9,54	0,10	3,02	28,81	2,74
		gesamt		**43,16**			**130,34**	12,38
2.7	3.9	**Ortbeton Rundstützen**	2,00	3,14	0,01	2,66	0,06	**0,17**
	3.16	Bewehrung t/m³	0,30	0,17				**0,05**
	3.10	**Schalung Rundstützen**	2,00	3,14	0,20	2,66	**3,34**	
2.8	3.11	**Halbfertigteile Decke 5 cm**		12,49	9,99	0,05	124,78	6,24
		Öffnung Treppenhaus	-1,00	1,38	1,69	0,05	-2,33	-0,12
		Öffnung Treppenhaus	-1,00	1,00	2,12	0,05	-2,12	-0,11
		gesamt					**120,32**	6,02
	3.12	**Aufbeton Decke** d=13 cm		12,49	9,99	0,13	124,78	16,22
		Öffnung Treppenhaus	-1,00	1,38	1,69	0,13	-2,33	-0,30
		Öffnung Treppenhaus	-1,00	1,00	2,12	0,13	-2,12	-0,28
		gesamt					120,32	**15,64**
	3.16	Bewehrung t/m³	0,15	**15,64**				**2,35**
	3.13	**Unterrüstung Decke** gesamt	1,00			120,32	**120,32**	
2.9	3.14	**Ortbeton Balkondecke 18 cm**		5,01	3,00	0,18	15,03	**2,71**
	3 16	Bewehrung t/m³	0,15	2,71				**0,41**
	3.15	**Schalung Balkondecke**	1,00			15,03	**15,03**	
	3.16	Bewehrung EG gesamt						**4,04**

Bild 6.15 Mengenermittlung für das *Beispielprojekt Stadtvilla* – Erdgeschoss

Nr	LV Pos.	Benennung	Faktor	Länge m	Breite m	Höhe m	Flächen m²	Volumen m³ Gewicht t
3		**Obergeschoss**						
3.1	4.1	**Mauerwerk Außenwände**		12,04	0,24	2,66	32,03	7,69
		d=24 cm		9,54	0,24	2,66	25,38	6,09
				12,04	0,24	2,66	32,03	7,69
				9,54	0,24	2,66	25,38	6,09
		gesamt		43,16			**114,81**	27,55
3.2	4.2	**Mauerwerk Innenwände**		2,62	0,24	2,66	6,97	1,67
		d=24 cm		3,63	0,24	2,66	9,66	2,32
				2,38	0,24	2,66	6,33	1,52
		gesamt		8,63			**22,96**	5,51
	4.3	**Mauerwerk Innenwände**		6,09	0,12	2,66	16,19	1,86
		d=11,5 cm		2,51	0,12	2,66	6,68	0,77
				6,47	0,12	2,66	17,20	1,98
				3,90	0,12	2,66	10,36	1,19
				4,13	0,12	2,66	10,99	1,26
				2,57	0,12	2,66	6,84	0,79
				4,01	0,12	2,66	10,67	1,23
		gesamt		29,67			**78,91**	9,07
3.3	4.4-4.6	**Verblendmauerwerk**		12,04	0,12	2,84	34,19	3,93
		d=11,5 cm		9,54	0,12	2,84	27,09	3,12
				12,04	0,12	2,84	34,19	3,93
				9,54	0,12	2,84	27,09	3,12
		gesamt		43,16			**122,57**	14,10
	4.7	**Kerndämmung**		12,04	0,10	2,84	34,19	3,25
		d=9,5 cm		9,54	0,10	2,84	27,09	2,57
				12,04	0,10	2,84	34,19	3,25
				9,54	0,10	2,84	27,09	2,57
		gesamt		43,16			**122,57**	11,64
3.4	3.11	**Halbfertigteile Decke**		12,49	9,99	0,05	124,78	6,24
		gesamt					**124,78**	6,24
	3.12	**Aufbeton Decke**		12,49	9,99	0,13	124,78	16,22
		gesamt					124,78	**16,22**
	3.16	Bewehrung t/m³	0,15	16,22				**2,43**
	3.13	**Unterrüstung Decke** gesamt	1,00			124,78	**124,78**	
	3.16	Bewehrung OG gesamt						**2,43**

Bild 6.16 Mengenermittlung für das *Beispielprojekt Stadtvilla* – Obergeschoss

6.5.3 Arbeitsverzeichnis

Um die Aufwandsstunden sowie die zeitliche Dauer der einzelnen Vorgänge zu ermitteln, wird aus der Gliederung des Bauwerks das Arbeitsverzeichnis abgeleitet. Dazu müssen zunächst die Fertigungsmengen in die Tabelle übertragen werden. Danach kann die Berechnung mithilfe von Aufwandswerten (Abschnitt 3.3.1) erfolgen.

Übungsbeispiel 6.6

Arbeitsverzeichnis

Bild 6.17 zeigt das Arbeitsverzeichnis des *Beispielprojektes Stadtvilla*. Im Anschluss wird die Vorgehensweise erläutert.

1	2	3	4		5	6	7	8	9	10
Nr.	LV Pos.	Bauabschnitt Vorgang Teilvorgang	Fertigungs-menge		Aufwands-wert	Gesamt-stunden	tägl. Arbeits-Zeit	Tage-werke (AK)*(AT)	Anzahl Arbeiter	Zeit-Dauer
			Einheiten		h / Einheit	(4) * (5) h	h / (AK*AT)	(6) / (7) TW	AK	(8) / (9) AT
1		**Kellergeschoss**								**15,2**
1.1	1.0	**Baustelleneinrichtung**	1,00	Psch	25,00	25,00	8,00	3,13	4	**0,8**
1.2	2.1-2.2	**Aushub Baugrube**	363,02	m³	0,15	54,45	8,00	6,81	4	**1,7**
1.3	3.1	**Ortbeton Sauberkeitsschicht**	3,41	m³	1,00	3,41	8,00	0,43	4	**0,1**
1.4		**Bodenplatte**								**1,5**
1.4.1	3.4	Ortbeton	17,05	m³	1,00	17,05	8,00	2,13	4	0,5
1.4.2	3.5	Abschalung	9,18	m²	1,25	11,48	8,00	1,43	4	0,4
1.4.3	3.16	Bewehrung	1,19	t	15,28	18,23	8,00	2,28	4	0,6
1.5		**Außenwände**								**6,1**
1.5.1	3.6-3.7	Ortbeton	25,20	m³	1,10	27,72	8,00	3,47	4	0,9
1.5.2	3.8	Schalung	159,17	m²	0,80	127,33	8,00	15,92	4	4,0
1.5.3	3.16	Bewehrung	2,52	t	15,28	38,51	8,00	4,81	4	1,2
1.6	4.2-4.3	**Mauerwerk Innenwände**	37,90	m²	0,92	34,87	8,00	4,36	4	**1,1**
1.7		**Decke**								**2,8**
1.7.1	3.11	Halbfertigteile	63,73	m²	0,63	40,15	8,00	5,02	4	1,3
1.7.2	3.12	Aufbeton	8,28	m³	1,00	8,28	8,00	1,04	4	0,3
1.7.3	3.13	Unterrüstung	63,73	m²	0,29	18,48	8,00	2,31	4	0,6
1.7.4	3.16	Bewehrung	1,24	t	15,28	18,99	8,00	2,37	4	0,6
1.8	2.3	**Verfüllung Arbeitsraum**	183,03	m³	0,20	36,61	8,00	4,58	4	**1,1**
2		**Erdgeschoss**								**25,8**
2.1	3.1	**Ortbeton Sauberkeitsschicht**	2,87	m³	1,00	2,87	8,00	0,36	4	**0,1**
2.2		**Einzelfundamente**								**0,1**
2.2.1	3.2	Ortbeton	0,58	m³	1,11	0,64	8,00	0,08	4	0,0
2.2.2	3.3	Schalung	3,84	m²	0,58	2,23	8,00	0,28	4	0,1
2.2.3	3.16	Bewehrung	0,04	t	15,28	0,62	8,00	0,08	4	0,0
2.3		**Bodenplatte**								**1,2**
2.3.1	3.4	Ortbeton	17,05	m³	1,00	17,05	8,00	2,13	4	0,5
2.3.2	3.5	Abschalung	3,69	m²	1,25	4,61	8,00	0,58	4	0,1
2.3.3	3.16	Bewehrung	1,19	t	15,28	18,23	8,00	2,28	4	0,6
2.4	4.1	**Mauerwerk Außenwände**	114,81	m²	0,96	110,21	8,00	13,78	4	**3,4**
2.5	4.2-4.3	**Mauerwerk Innenwände**	101,86	m²	0,92	93,72	8,00	11,71	4	**2,9**
2.6		**Verblendmauerwerk**								**12,0**
2.6.1	4.7	Kerndämmung	130,34	m²	0,10	13,03	8,00	1,63	4	0,4
2.6.2	4.4-4.6	Verblender	130,34	m²	2,85	371,48	8,00	46,43	4	11,6
2.7		**Rundstützen**								**0,1**
2.7.1	3.9	Ortbeton	0,17	m³	2,29	0,38	8,00	0,05	4	0,0
2.7.2	3.10	Schalung	3,34	m²	1,18	3,94	8,00	0,49	4	0,1
2.7.3	3.16	Bewehrung	0,05	t	15,28	0,77	8,00	0,10	4	0,0
2.8		**Decke**								**5,1**
2.8.1	3.11	Halbfertigteile	120,32	m²	0,63	75,80	8,00	9,48	4	2,4
2.8.2	3.12	Aufbeton	15,64	m³	1,00	15,64	8,00	1,96	4	0,5
2.8.3	3.13	Unterrüstung	120,32	m²	0,29	34,89	8,00	4,36	4	1,1
2.8.4	3.16	Bewehrung	2,35	t	15,28	35,85	8,00	4,48	4	1,1
2.9		**Balkondecke**								**0,9**
2.9.1	3.14	Ortbeton	2,71	m³	1,00	2,71	8,00	0,34	4	0,1
2.9.2	3.15	Schalung	15,03	m²	1,30	19,54	8,00	2,44	4	0,6
2.9.3	3.16	Bewehrung	0,41	t	15,28	6,20	8,00	0,78	4	0,2
3		**Obergeschoss**								**22,9**
3.1	4.1	**Mauerwerk Außenwände**	114,81	m²	0,96	110,21	8,00	13,78	4	**3,4**
3.2	4.2-4.3	**Mauerwerk Innenwände**	101,86	m²	0,92	93,72	8,00	11,71	4	**2,9**
3.3		**Verblendmauerwerk**								**11,3**
3.3.1	4.7	Kerndämmung	122,57	m²	0,10	12,26	8,00	1,53	4	0,4
3.3.2	4.4-4.6	Verblender	122,57	m²	2,85	349,34	8,00	43,67	4	10,9
3.4		**Decke**								**5,3**
3.4.1	3.11	Halbfertigteile	124,78	m²	0,63	78,61	8,00	9,83	4	2,5
3.4.2	3.12	Aufbeton	16,22	m³	1,00	16,22	8,00	2,03	4	0,5
3.4.3	3.13	Unterrüstung	124,78	m²	0,29	36,18	8,00	4,52	4	1,1
3.4.4	3.16	Bewehrung	2,43	t	15,28	37,18	8,00	4,65	4	1,2
		Summe				2044,67		255,58		**63,9**

Bild 6.17 Arbeitsverzeichnis für das *Beispielprojekt Stadtvilla*

Vorgehensweise zur Erstellung des Arbeitsverzeichnisses

a) Übertrag der ermittelten Fertigungsmengen aus der Mengenermittlung.

b) Ermittlung der Stunden (Aufwandsstunden) je Vorgang anhand Aufwandswerten:

$$\text{Fertigungsmenge [ME]} \cdot \text{Aufwandswert} \left[\frac{\text{h}}{\text{ME}}\right] = \text{Stunden [h]} \tag{6.1}$$

c) Festlegung der täglichen Arbeitszeit.

d) Ermittlung der Tagewerke je Vorgang:

$$\frac{\text{Stunden [h]}}{\text{Tägliche Arbeitszeit } \left[\frac{\text{h}}{\text{TW}}\right]} = \text{Tagewerke [TW]} \tag{6.2}$$

e) Ermittlung der Gesamtsumme aller Arbeitsstunden bzw. Tagewerke.

f) Festlegung der zur Verfügung stehenden Bauzeit.

g) Berechnung der erforderlichen Anzahl an Arbeitskräften (Formel 6.3).

$$\frac{\text{Gesamtsumme Tagewerke [TW = AK} \cdot \text{AT]}}{\text{Bauzeit [AT]}} = \text{mittl. Belegschaft [AK]} \tag{6.3}$$

Für das *Beispielprojekt Stadtvilla* wird anhand der vertraglich festgelegten Bauzeit von 65 Tagen eine mittlere Belegschaftsstärke von vier Arbeitskräften ermittelt (Formel 6.6). Dieser Wert wird durchgängig angesetzt. Ermittlung der Dauer der einzelnen Vorgänge:

$$\frac{\text{Tagewerke [TW]}}{\text{Anzahl der Arbeitskräfte [AK]}} = \text{Vorgangsdauer [AT]} \tag{6.4}$$

Wie für jeden einzelnen Teilvorgang können aus den im Arbeitsverzeichnis (Bild 6.17) ermittelten Gesamtstunden die erforderlichen Tagewerke berechnet werden (Formel 6.2). Im Arbeitsverzeichnis wird ein Stundenbedarf von insgesamt 2044,67 h berechnet. Die erforderlichen Tagewerke (= Manntage = Personentage) ergeben sich bei einer täglichen Arbeitszeit von 8 h/TW zu:

$$\frac{2044{,}67\text{ h}}{8\ \frac{\text{h}}{\text{TW}}} = 255{,}58\text{ TW(Tagewerke)} \tag{6.5}$$

Für die Rohbauarbeiten steht eine Bauzeit von 65 Arbeitstagen (AT) zur Verfügung. Mit Formel 6.3 lässt sich damit die mittlere Belegschaftsstärke berechnen zu:

$$\frac{255{,}58\text{ TW}}{65\text{ AT}} = 3{,}93\text{ AK(Arbeitskräfte)} \tag{6.6}$$

Unter Berücksichtigung der Anfangs- und Endphase (Abschnitt 6.5.5) ergibt sich die Spitzenbelegschaft zu:

$$3{,}93\ \text{AT} \cdot 1{,}15 = 4{,}52\ \text{AK(Arbeitskräfte)} \tag{6.7}$$

Für das *Beispielprojekt Stadtvilla* als kleineres Bauvorhaben kann mit der mittleren Belegschaftsstärke gerechnet werden (Abschnitt 6.5.5). Gewählt wird eine Baustellenbelegschaft von konstant vier Arbeitskräften (AK).

Im Arbeitsverzeichnis (Bild 6.17) wird die Dauer der einzelnen Teilvorgänge mit vier Arbeitskräften berechnet. Die rechnerische Gesamtdauer der Baumaßnahme liegt somit bei 63,9 Arbeitstagen (AK). Die Dauer der einzelnen Teilvorgänge ist tabellarisch in Bild 6.17 aufgeführt. Die Fertigstellung des Rohbaus innerhalb der zur Verfügung stehenden Bauzeit von 65 Arbeitstagen (AT) wird damit erreicht.

6.5.4 Kapazitätsplanung

Die Kapazitätsplanung umfasst den Bedarf an Personal und Betriebsmittel, die erforderlich sind, um die jeweiligen Leistungsmengen unter Berücksichtigung der zur Verfügung stehenden Zeit herzustellen.

Personalbedarf

Wie in Abschnitt 6.5.3 beschrieben, wird bereits im Arbeitsverzeichnis der Bedarf an Arbeitskräften für die einzelnen Vorgänge berechnet. Erfahrungsgemäß sind die Belegschaftsstärken während der Anfangs- und Endphase eines größeren Bauvorhabens geringer als die mittlere Belegschaftsstärke. Während der Hauptbauzeit ist daher eine entsprechend größere Spitzenbelegschaft erforderlich. Die Spitzenbelegschaft ist um 10 bis 20 %, im Mittel etwa 15 % größer als die mittlere Belegschaft (Bild 6.18).

Bei kleineren Baumaßnahmen wie im *Beispielprojekt Stadtvilla* kann die mittlere Belegschaftsstärke als Anzahl der Arbeitskräfte je Vorgang angesetzt werden.

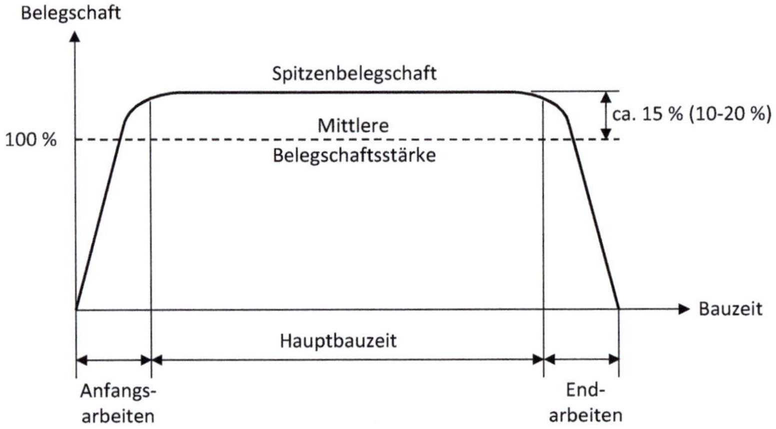

Bild 6.18 Mittlere Belegschaftsstärke und Spitzenbelegschaft

Betriebsmittelbedarf

Die je Teilabschnitt erforderlichen Betriebsmittel werden auf der *Geräteliste* erfasst. Anhand des somit ermittelten Bedarfs kann dann die weitere Disposition erfolgen. Beispielsweise muss festgelegt werden, ob Maschinen und Geräte aus dem betriebseigenen Bestand verwendet werden können oder angemietet werden müssen. Exakte Angaben zu den Einsatzzeiten und -dauern können in der Regel jedoch erst nach abgeschlossener Terminplanung gemacht werden.

Die für die Baustelleneinrichtung benötigten Raumsysteme (Container) können ebenfalls auf der Geräteliste aufgeführt werden. Zumindest bei größeren Baustellen erfolgt die Bedarfsermittlung hierfür jedoch üblicherweise im Rahmen der Baustelleneinrichtungsplanung (Kapitel 7). Ähnlich verhält es sich bei der Planung des Kraneinsatzes.

Eine Besonderheit stellt die Schalung dar. Hier können vor der Terminplanung zwar die benötigten Schalungsarten (z. B. Wandschalung, Deckenschalung) festgelegt werden, eine Ermittlung der Vorhaltemengen ist zu diesem Zeitpunkt allerdings nur grob möglich. Der Grund hierfür ist, dass die vorzuhaltenden Schalungsmengen in erster Linie an den Terminen und dem zur Verfügung stehenden Personal auszurichten sind. Nur so kann eine optimale und möglichst wirtschaftliche Einsatzhäufigkeit erzielt werden. Bei Bauvorhaben mit einem höheren Schalungsanteil ist die Schalungsplanung daher gesondert zu betrachten.

Übungsbeispiel 6.7
Geräteliste

Tabelle 6.2 zeigt die *Geräteliste* für das *Beispielprojekt Stadtvilla.*

Tabelle 6.2 Geräteliste *Beispielprojekt Stadtvilla*

Anzahl	Bezeichnung	Bemerkung/Kenngröße	Einsatzzeitraum
1	Mobilbagger	15 t Betriebsgewicht	
1	Radlader	1,0 m^3 Schaufelinhalt	
1	Turmdrehkran	30 m Auslegerlänge 1,0 t Traglast vorne 20 m Hakenhöhe	
1	Lkw (Kipper)	18 t Betriebsgewicht	
1	Rüttelplatte	500 kg	
1	Stampfer		
1	Innenrüttler		
1	Kreissäge		
1	Bürocontainer	2,50 × 6,0 m	
1	WC-Box		
1	Lagercontainer	2,50 × 3,0 m	

6.5.5 Bauablaufplan

Die zeitliche Abfolge der einzelnen Vorgänge wird im Bauablaufplan dargestellt. Zuvor müssen die Darstellungsart (Abschnitt 6.2) sowie ein geeignetes Ablaufprinzip (Abschnitt 6.4) gewählt werden.

Übungsbeispiel 6.8
Bauablaufplan

Nachfolgend ist der Bauablaufplan des *Beispielprojekts Stadtvilla* als Balkendiagramm bei Hintereinanderfertigung dargestellt (Bild 6.19). Im Anschluss wird die Vorgehensweise erläutert.

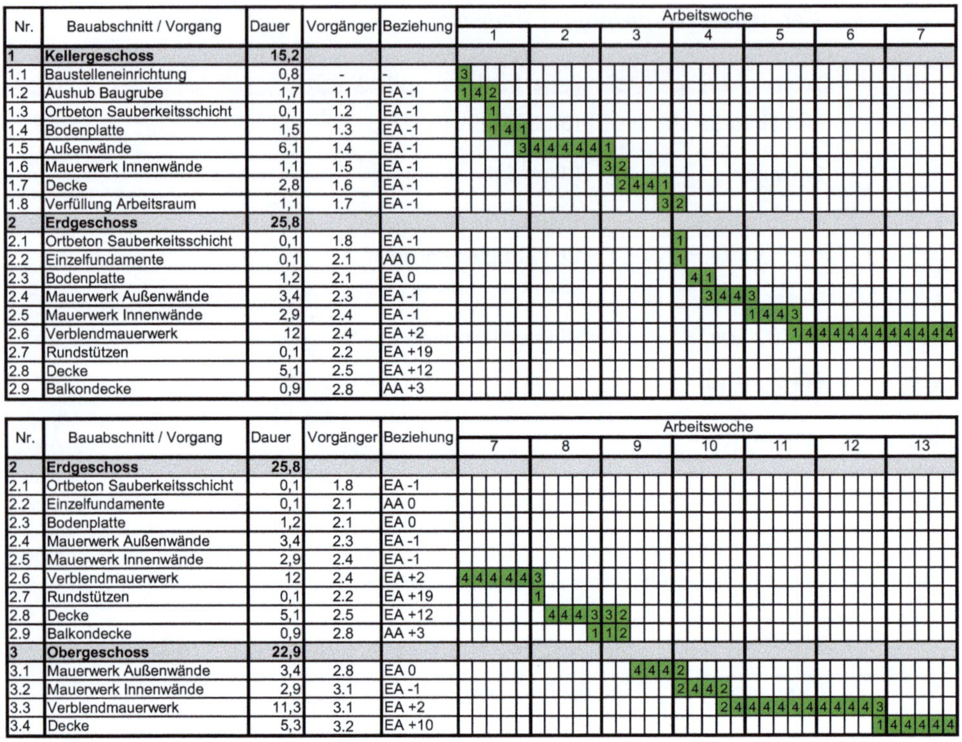

Nr.	Bauabschnitt / Vorgang	Dauer	Vorgänger	Beziehung
1	**Kellergeschoss**	**15,2**		
1.1	Baustelleneinrichtung	0,8	-	-
1.2	Aushub Baugrube	1,7	1.1	EA -1
1.3	Ortbeton Sauberkeitsschicht	0,1	1.2	EA -1
1.4	Bodenplatte	1,5	1.3	EA -1
1.5	Außenwände	6,1	1.4	EA -1
1.6	Mauerwerk Innenwände	1,1	1.5	EA -1
1.7	Decke	2,8	1.6	EA -1
1.8	Verfüllung Arbeitsraum	1,1	1.7	EA -1
2	**Erdgeschoss**	**25,8**		
2.1	Ortbeton Sauberkeitsschicht	0,1	1.8	EA -1
2.2	Einzelfundamente	0,1	2.1	AA 0
2.3	Bodenplatte	1,2	2.1	EA 0
2.4	Mauerwerk Außenwände	3,4	2.3	EA -1
2.5	Mauerwerk Innenwände	2,9	2.4	EA -1
2.6	Verblendmauerwerk	12	2.4	EA +2
2.7	Rundstützen	0,1	2.2	EA +19
2.8	Decke	5,1	2.5	EA +12
2.9	Balkondecke	0,9	2.8	AA +3

Nr.	Bauabschnitt / Vorgang	Dauer	Vorgänger	Beziehung
2	**Erdgeschoss**	**25,8**		
2.1	Ortbeton Sauberkeitsschicht	0,1	1.8	EA -1
2.2	Einzelfundamente	0,1	2.1	AA 0
2.3	Bodenplatte	1,2	2.1	EA 0
2.4	Mauerwerk Außenwände	3,4	2.3	EA -1
2.5	Mauerwerk Innenwände	2,9	2.4	EA -1
2.6	Verblendmauerwerk	12	2.4	EA +2
2.7	Rundstützen	0,1	2.2	EA +19
2.8	Decke	5,1	2.5	EA +12
2.9	Balkondecke	0,9	2.8	AA +3
3	**Obergeschoss**	**22,9**		
3.1	Mauerwerk Außenwände	3,4	2.8	EA 0
3.2	Mauerwerk Innenwände	2,9	3.1	EA -1
3.3	Verblendmauerwerk	11,3	3.1	EA +2
3.4	Decke	5,3	3.2	EA +10

Bild 6.19 Bauablaufplan des *Beispielprojekts Stadtvilla*

Vorgehensweise zur Erstellung des Bauablaufplans als Balkendiagramm

1. Aus dem Arbeitsverzeichnis werden in die Kopfspalten des Bauablaufplans übertragen:
   - Vorgangsnummer
   - Bauteil und Vorgang (optional auch Teilvorgänge)
   - Vorgangsdauer
2. Abhängigkeiten festlegen:
   - Vorgänger
   - Anordnungsbeziehung
3. Balken erstellen:

   Die aufgerundete Vorgangsdauer ergibt die Länge des Balkens. Größere Rundungsdifferenzen werden über die Anordnungsbeziehungen sinnvoll ausgeglichen.

Optional können die erforderliche Anzahl der Arbeitskräfte wie auch die Mengen anderer Ressourcen für die jeweiligen Vorgänge auf den einzelnen Balken rechnerisch hinterlegt werden. Vertikal aufsummiert ergeben sich daraus die entsprechenden Verlaufskurven über die Bauzeit gesehen.

6.6 Übungsaufgaben

Übungsaufgabe 6.1
Bauablaufplanung

In welcher Reihenfolge sind die Teilaufgaben der Planung eines Bauablaufs durchzuführen?

Übungsaufgabe 6.2
Bauablaufplanung

Welche verschiedenen Darstellungsarten gibt es für einen Bauablaufplan?

Übungsaufgabe 6.3
Netzplan

Wie werden die verschiedenen Anordnungsbeziehungen in der Netzplantechnik bezeichnet?

Übungsaufgabe 6.4
Ablaufprinzipien des Bauablaufs

Worin unterscheiden sich die unterschiedlichen Ablaufprinzipien beim Bauablauf?

Übungsaufgabe 6.5
Arbeitsverzeichnis

In welchen Teilschritten wird ein Arbeitsverzeichnis erstellt?

Grundlage für die Übungsaufgaben 6.6 bis 6.10 ist das Übungsbeispiel einer Doppelgarage, die in Bild 6.20 dargestellt ist.

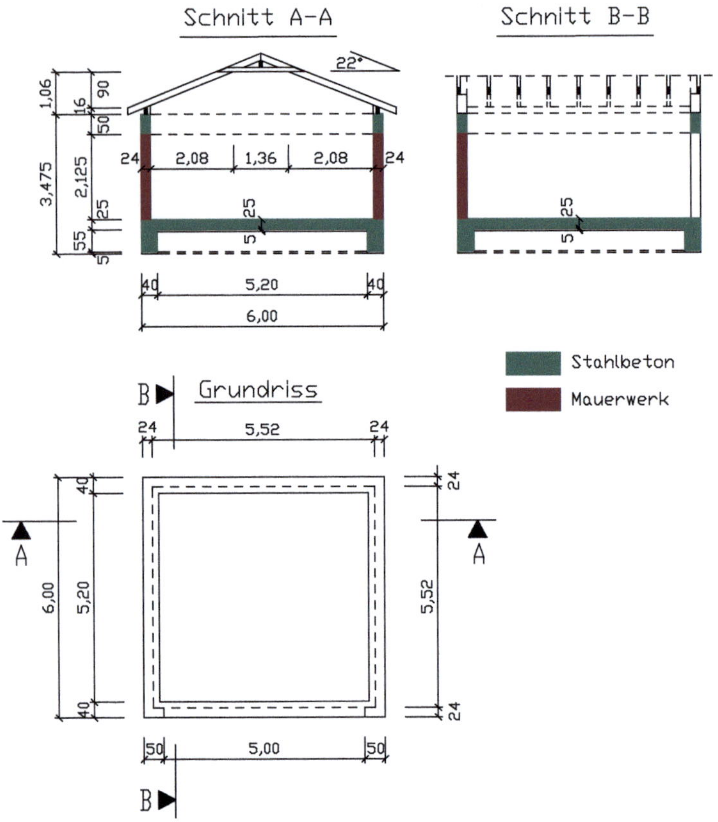

Bild 6.20 Beispiel Doppelgarage, Grundriss und Schnitt

Übungsaufgabe 6.6

Gliederung des Bauwerks – Übungsbeispiel Doppelgarage

Für die in Bild 6.20 dargestellte Doppelgarage soll die Erstellung eines Bauablaufplans für den Rohbau vorbereitet werden. Zu beginnen ist mit der Gliederung des Bauwerks, um daraus eine Mengenermittlung und ein Arbeitsverzeichnis erstellen zu können.

Übungsaufgabe 6.7

Mengenermittlung – Übungsbeispiel Doppelgarage

Auf der Grundlage der Bauwerksgliederung in Übungsaufgabe 6.6 ist die Mengenermittlung für den Rohbau der Doppelgarage durchzuführen.

Der Bewehrungsgehalt einzelner Betonbauteile ist unterschiedlich. Mittlere Werte für den Bewehrungsgehalt können aus Tabelle 6.3 entnommen werden.

Tabelle 6.3 Mittlerer Bewehrungsgehalt verschiedener Betonbauteile

Betonbauteile	Bewehrungsgehalt t Stahl/m³ Beton
Einzel-, Streifenfundamente	0,07 t/m³
Bodenplatten, Wände	0,10 t/m³
Ringbalken	0,15 t/m³
Unterzüge, Stützen	0,30 t/m³

Übungsaufgabe 6.8

Arbeitsverzeichnis – Übungsbeispiel Doppelgarage

Aus der Mengenermittlung in Übungsaufgabe 6.7 ist ein Arbeitsverzeichnis für den Rohbau der Doppelgarage zu entwickeln.

Für die Ermittlung des Stundenaufwands können Aufwandswerte aus Tabelle 6.4 angesetzt werden.

Tabelle 6.4 Aufwandswerte Übungsaufgabe 6.8 Arbeitsverzeichnis Doppelgarage

Baustelleneinrichtung	pauschal	10 h
Ortbeton	Sauberkeitsschicht Streifenfundamente Bodenplatte Ringbalken Unterzug	1,00 h/m³ 1,11 h/m³ 0,28 h/m³ 1,74 h/m³ 1,65 h/m³
Schalung	Streifenfundamente Bodenplatte Ringbalken Unterzug	0,58 h/m² 0,91 h/m² 1,20 h/m² 1,16 h/m²
Bewehrung	Im Mittel	15,28 h/t
Mauerwerk Außen- und Giebelwände	Im Mittel	1,33 h/m²

Übungsaufgabe 6.9

Berechnung der erforderlichen Bauzeit – Übungsbeispiel Doppelgarage

Aus den im Arbeitsverzeichnis der Übungsaufgabe 6.8 ermittelten Gesamtstunden ist die erforderliche Bauzeit zu berechnen. Es sollen zwei Arbeiter eingesetzt werden. Die tägliche Arbeitszeit beträgt 8 h/TW.

Übungsaufgabe 6.10

Bauablaufplan – Übungsbeispiel Doppelgarage

Für den Rohbau der in Bild 6.20 dargestellten Doppelgarage soll auf der Grundlage des in den Übungsaufgaben 6.8 und 6.9 vorbereiteten Arbeitsverzeichnisses ein Bauablaufplan erstellt werden.

Übungsaufgabe 6.11

Gliederung des Bauwerks – Tiefbauarbeiten Beispielprojekt Stadtvilla

Für die in Bild 4.10 und Bild 4.11 dargestellten Tiefbauarbeiten für das *Beispielprojekt Stadtvilla* soll die Erstellung eines Bauablaufplans vorbereitet werden. Zu beginnen ist mit der Gliederung der Baumaßnahme, um daraus eine Mengenermittlung und ein Arbeitsverzeichnis erstellen zu können.

Übungsaufgabe 6.12

Mengenermittlung – Tiefbauarbeiten Beispielprojekt Stadtvilla

Auf der Grundlage der Bauwerksgliederung in Übungsaufgabe 6.11 ist die Mengenermittlung für die Tiefbauarbeiten des *Beispielprojekts Stadtvilla* durchzuführen.

Übungsaufgabe 6.13

Arbeitsverzeichnis – Tiefbauarbeiten Beispielprojekt Stadtvilla

Aus der Mengenermittlung in Übungsaufgabe 6.12 ist ein Arbeitsverzeichnis für die Tiefbauarbeiten Stadtvilla zu entwickeln.

Für die Ermittlung des Stundenaufwands können Aufwandswerte aus Tabelle 6.5 angesetzt werden.

Tabelle 6.5 Aufwandswerte Übungsaufgabe 6.13 Arbeitsverzeichnis Doppelgarage

Bauabschnitt	Teilleistung	Aufwandswerte
Baustelleneinrichtung	pauschal	10 h
Erdarbeiten	Oberbodenabtrag	0,06 h/m^3
	Aushub Rohrgraben	0,10 h/m^3
Entwässerungskanalarbeiten	Schächte versetzen	4,88 h/Stck
	Rohrauflager, Bettungsschicht	0,58 h/m^3
	Steinzeugrohre verlegen	0,50 h/m
	Formstücke	0,31 h/Stck
	Hausanschluss pauschal	10 h
	Verfüllung Rohrgraben	0,10 h/m^3
Pflasterarbeiten	Frostschutzschicht	0,04 h/m^2
	Tragschicht	0,04 h/m^2
	Verbundpflaster auf Splitt	0,35 h/m^2

Übungsaufgabe 6.14

Berechnung der erforderlichen Kolonnengröße – Tiefbauarbeiten Beispielprojekt Stadtvilla

Aus den im Arbeitsverzeichnis der Übungsaufgabe 6.13 ermittelten Gesamtstunden ist die erforderliche Belegschaftsstärke (Kolonnengröße) zu berechnen. Für die Tiefbauarbeiten steht eine Bauzeit von fünf Arbeitstagen (AT) zur Verfügung. Die tägliche Arbeitszeit beträgt 8 h/TW.

Übungsaufgabe 6.15

Bauablaufplan – Tiefbauarbeiten Beispielprojekt Stadtvilla

Für die Tiefbauarbeiten des *Beispielprojekts Stadtvilla* soll auf der Grundlage des in den Übungsaufgaben 6.13 und 6.14 vorbereiteten Arbeitsverzeichnisses ein Bauablaufplan erstellt werden.

7 Baustelleneinrichtung

Studienziele

Das Kapitel soll dem Leser grundlegende Kenntnisse ermöglichen über

- die Planung und Ausführung der Baustelleneinrichtung,
- die Vorbereitung einer Baustelle.

Das Kapitel soll dem Leser Fähigkeiten vermitteln,

- einen Baustelleneinrichtungsplan zu erstellen.

7.1 Ziele und Aufgaben der Baustelleneinrichtung

Ziel der Baustelleneinrichtung ist die Bereitstellung bzw. Schaffung von Produktions-, Lager-, Transport- und Arbeitsstätten, die erforderlich sind, um eine Baumaßnahme wirtschaftlich und in der geforderten Qualität durchzuführen. Besondere Sorgfalt ist dabei auf die Sicherheit und die Gesundheit des Baustellenpersonals, die Verkehrssicherungspflichten gegenüber Dritten, den Umweltschutz sowie die Einhaltung der damit einhergehenden gesetzlichen Vorgaben und Verordnungen zu legen.

Bei der Planung der Baustelleneinrichtung ist eine Vielzahl an Vorschriften und Gesetzen zu beachten. Hierzu zählen beispielsweise:

- *Arbeitsschutzgesetz* (ArbSchG), Gesetz über die Durchführung von Maßnahmen des Arbeitsschutzes zur Verbesserung der Sicherheit und des Gesundheitsschutzes der Beschäftigten bei der Arbeit,
- *Arbeitsstättenverordnung* (ArbStättV), Verordnung über Arbeitsstätten,
- *Baustellenverordnung* (BaustellV), Verordnung über Sicherheit und Gesundheitsschutz auf Baustellen,

- *Betriebssicherheitsverordnung* (BetrSichV), Verordnung über Sicherheit und Gesundheitsschutz bei der Verwendung von Arbeitsmitteln,
- *Gefahrstoffverordnung* (GefStoffV), Verordnung zum Schutz vor Gefahrstoffen,
- *Technische Regeln für Arbeitsstätten* (ASR – ehem. Arbeitsstätten-Richtlinien),
- *Unfallverhütungsvorschriften* der Berufsgenossenschaft der Bauwirtschaft (BG BAU) im Verband der Deutschen Gesetzlichen Unfallversicherung (DGUV).

Die Planung der Baustelleneinrichtung beginnt in der Regel bereits mit der Ausschreibung für ein Bauprojekt, indem ein Konzept mit den wichtigsten Eckpunkten erstellt wird. Nach Auftragserteilung erfolgt dann die Feinplanung durch das ausführende Bauunternehmen im Rahmen der Arbeitsvorbereitung. Da der Baufortschritt eine Anpassung der Baustelleneinrichtung erfordern kann, ist die Planung immer auch im Zusammenhang mit der Bauablaufplanung zu sehen.

Die Anforderungen an die Baustelleneinrichtung und ihre Elemente richten sich in erster Linie nach der Größe und der Art des Bauprojektes. Beispielsweise stellen Linienbaustellen, die u. a. für den Straßenbau typisch sind, andere Anforderungen an die Baustelleneinrichtung als eine Hochbaumaßnahme. Hinzu kommen weitere Einflussfaktoren wie Bauverfahren, örtliche Verhältnisse, Terminvorgaben, Witterungsbedingungen usw.

Zu den Elementen der Baustelleneinrichtung gehören:

- Bereitstellungsmaschinen,
- Unterkünfte und sonstige Räume,
- Wege, Park- und Lagerflächen,
- Medienversorgung,
- Abfallentsorgung,
- Baustellensicherung.

7.2 Planung der Baustelleneinrichtung

Die Planung der Baustelleneinrichtung beinhaltet die Auswahl und Bemessung der benötigten Elemente sowie deren Anordnung auf der Baustelle. Hierbei sind die Vorgaben des Auftraggebers zu berücksichtigen, die in der Regel Vertragsbestandteil sind.

Die Ergebnisse der Planung werden im Baustelleneinrichtungsplan anhand einfacher Symbole dargestellt. Eine hilfreiche Grundlage ist der Lageplan, da darin bereits wichtige Informationen enthalten sind, die für den Baustelleneinrichtungsplan übernommen werden können.

Die nachfolgenden Ausführungen beinhalten die Planung der Baustelleneinrichtung für die Rohbauarbeiten des *Beispielprojekts Stadtvilla*. Dazu werden die Elemente der Baustelle kurz allgemein beschrieben und dann am Beispiel erläutert.

Übungsbeispiel 7.1

Zeichnerische Planung der Baustelleneinrichtung

In einem ersten Schritt werden die Lage der Baugrube sowie die äußeren Bauwerksgrenzen auf dem Grundstück maßstäblich dargestellt (Bild 7.1).

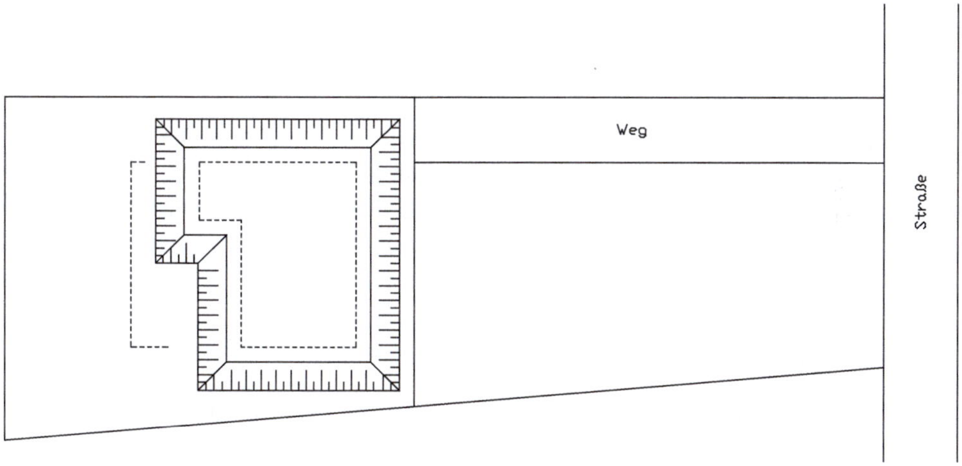

Bild 7.1 Beginn der Baustelleneinrichtungsplanung: Darstellung von Baugrube und Bauwerksgrenzen

7.2.1 Bereitstellungsmaschinen

Bereitstellungsmaschinen (auch: Bereitstellungsgeräte) sind Hebezeuge und Fördermittel. Ihre Aufgabe besteht darin, die für den Bauprozess benötigten Materialien an den gewünschten Einsatzort zu bewegen. Zu den klassischen Bereitstellungsgeräten gehören Krane, Förderbänder und Betonpumpen. Da aber beispielsweise auch mit Baggern oder Radladern ein Materialtransport stattfindet, ist eine exakte Unterscheidung zwischen Bereitstellungsgeräten und Betriebsmitteln des Fertigungsprozesses nur schwer möglich. Hier wird es immer zu Überschneidungen kommen.

Einsatzplanung des Turmdrehkrans

Der Turmdrehkran stellt das wohl wichtigste Bereitstellungsgerät in der Rohbauphase einer Hochbaumaßnahme dar. Dort gehört ein effektiver und sicherer Kraneinsatz zu den wesentlichen Bestandteilen der Baustellenorganisation.

Konkret ergeben sich für die Einsatzplanung des Turmdrehkrans folgende Aufgaben:

- Bemessung des Kranbedarfs,
- Kranvorauswahl und Standortbestimmung,
- Kranbemessung,
- Stromversorgung,
- Standortvorbereitung.

Bemessung des Kranbedarfs

Bei größeren Baumaßnahmen werden häufig mehrere Krane benötigt. Die optimale Anzahl hängt hierbei von verschiedenen Faktoren ab. Eine überschlägige Ermittlung der erforderlichen Krananzahl für eine Baustelle kann mithilfe von Kennwerten aus der Arbeitsvorbereitung erfolgen. Tabelle 7.1 bietet hierzu drei unterschiedliche Methoden.

Tabelle 7.1 Kennwerte der Arbeitsvorbereitung zur Ermittlung des Kranbedarfs

1. Erforderliche Arbeitsstunden	0,8 bis 1,4 h/m^3 BRI, im Mittel 1,1 h/m^3 BRI
2. Erforderliche Kranleistung	2400 bis 2800 m^3 BRI/(Kran · Monat), im Mittel 2600 m^3 BRI/(Kran · Monat)
3. Erforderliche Anzahl produktiver Arbeitskräfte (AK) je Kran Mittlere Belegschaftsstärke Spitzenbelegschaft: 1,15-fach	**Ortbeton- und Mauerwerksbau** 15 bis 20 AK/Kran, im Mittel 17 AK/Kran **Fertigteilmontage** 3 bis 5 AK/Kran, im Mittel 4 AK/Kran
BRI: Bruttorauminhalt (Abschnitt 3.2) Quelle: Malpricht, W.; Rupp, C.: Schalungsplanung im Baubetrieb	

Übungsbeispiel 7.2

Kranbedarf – Beispielprojekt Stadtvilla

Für Baustellen in der Größenordnung des Beispielprojekts Stadtvilla ist in der Regel ein Kran ausreichend. Dennoch wird nachfolgend eine überschlägige Ermittlung der erforderlichen Krananzahl mit den Kennwerten aus Tabelle 7.1 durchgeführt.

1. Kennwert: Erforderliche Arbeitsstunden

Die erforderliche Anzahl an Lohnstunden beträgt

$$1118{,}44\ (\mathrm{m^3BRI}) \cdot 1{,}1\ \frac{\mathrm{h}}{\mathrm{m^3BRI}} = 1230\ \mathrm{h}$$

Die erforderliche Anzahl an Tagewerken (TW) ergibt sich bei einer täglichen Arbeitszeit von acht Stunden zu

$$\frac{1230\ \mathrm{h}}{\frac{8\ \mathrm{h}}{(\mathrm{AT \cdot AK})}} = 153{,}75\ \mathrm{TW}$$

Bei einer Bauzeit von 65 AT (Abschnitt 6.5) ist der Personalbedarf im Mittel bei 2,4 Arbeitskräften (mittlere Belegschaftsstärke):

$$\frac{153{,}75\ \mathrm{TW}}{65\ \mathrm{AT}} = 2{,}4\ \mathrm{AK}$$

Die Spitzenbelegschaft in der Hauptbauzeit liegt dann bei etwa 3,0 Arbeitskräften:

$$2{,}4\ \mathrm{AK} \cdot 1{,}15 = 2{,}76\ \mathrm{AK} \approx 3{,}0\ \mathrm{AK}$$

Faktor 1,15: Die Spitzenbelegschaft in der Hauptbauzeit einer Baustelle liegt in der Regel um etwa 10 bis 20 %, im Mittel um 15 % über der mittleren Belegschaftsstärke

Erforderliche Anzahl der Krane: 1 Kran

$$\text{Mittlere Baustellenbelegschaft } 3{,}0\ \mathrm{AK} < \frac{17\ \mathrm{AK}}{\mathrm{Kran}}$$

2. Kennwert: Erforderliche Kranleistung

Der Bruttorauminhalt (BRI) des *Beispielprojekts Stadtvilla* beträgt 1118,44 $\mathrm{m^3}$ BRI.

$$\frac{1118{,}44\ \mathrm{m^3\ BRI}}{2600\ \frac{\mathrm{m^3\ BRI}}{\mathrm{Kran \cdot Monat}}} = 0{,}43\ \mathrm{Kran} \cdot \mathrm{Monate}$$

Für die Baumaßnahme ergibt sich ein Kranbedarf von 0,43 Kranmonaten.

Bei der vorgesehenen Bauzeit von 65 Arbeitstagen = 3 Monate ist 1 Kran ausreichend.

$$\frac{0{,}43\ \mathrm{Kran} \cdot \mathrm{Monate}}{3\ \mathrm{Monate}} = 0{,}14\ \mathrm{Krane} < 1\ \mathrm{Kran}$$

Die mittlere Auslastung des Krans liegt bei etwa 14 %.

3. Kennwert: Erforderliche Anzahl produktiver Arbeitskräfte (AK) pro Kran

Auf der Baustelle sollen drei Arbeitskräfte (AK) eingesetzt werden. Dabei ist der Kran zu etwa 18 % ausgelastet.

$$\frac{3\,\text{AK}}{17\,\frac{\text{AK}}{\text{Kran}}} = 0{,}18\ \text{Krane}$$

Anmerkung: Bei der genaueren Berechnung der Bauablaufplanung wurde mit etwa 2045 h (Lohnstunden) kalkuliert und der Bauablauf mit vier Arbeitskräften geplant (Abschnitt 6.5).

Mit vier Arbeitskräften (AK) ergibt sich eine Auslastung des Krans zu etwa 24 %.

$$\frac{4\,\text{AK}}{17\,\frac{\text{AK}}{\text{Kran}}} = 0{,}24\ \text{Krane}$$

Kranvorauswahl und Standortbestimmung

Bei der Bestimmung eines geeigneten *Kranstandorts* müssen neben den Anforderungen aus den Fertigungsprozessen auch logistische und sicherheitsrelevante Aspekte berücksichtigt werden, die je nach Krantyp unterschiedlich sein können. Daher ist es vorteilhaft, im Zuge der Standortbestimmung bereits eine Vorauswahl der infrage kommenden Krantypen zu treffen. In jedem Fall aber muss entschieden werden, ob ein Unten- oder Obendreher-Kran eingesetzt werden soll.

Für die Standortbestimmung eines Turmdrehkrans sollte eine Vorauswahl der infrage kommenden Krantypen getroffen werden. Weitere Informationen zu den Kranbaureihen sind in Kapitel 8 zu finden.

Untendreher werden durch ein Zugfahrzeug in zusammengeklapptem Zustand auf die Baustelle transportiert. Hierzu wird der Kran auf zwei Montageachsen gelagert, die am Unterwagen befestigt werden (Bild 7.2). Der Auf- und Abbau des Krans erfolgt weitgehend automatisch. Der hierfür erforderliche Raum ist im Datenblatt des Herstellers dargestellt (Bild 7.3). Beim Einsatz von Untendrehern ist zu beachten, dass beim Drehvorgang des Turms der im unteren Bereich angeordnete Ballast mitgedreht wird, was einen größeren Platzbedarf bedeutet (Bild 7.4). Um Quetsch- und Schergefahren zu vermeiden, ist ein Sicherheitsabstand von mindestens 0,50 m zwischen sich bewegenden Teilen des Krans und festen Teilen der Umgebung einzuhalten.

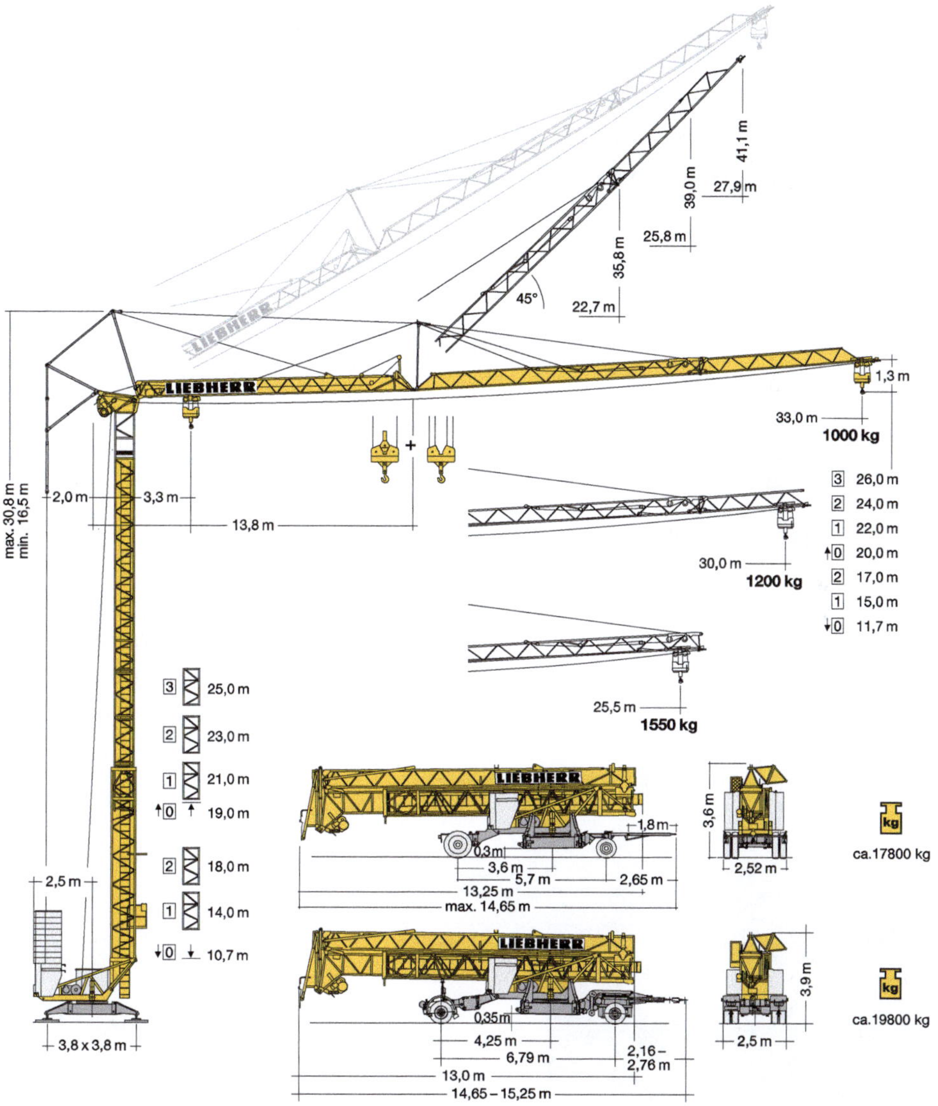

Gewicht Weight / Poids / Peso / Peso / Pesos / Macca

r = 2,5 m 18980 kg	ca. 10400 kg (26 m: + 1050 kg)

Bild 7.2 Turmdrehkran Typ 34 K im Transportzustand (aus Datenblatt), Bildquelle: Liebherr

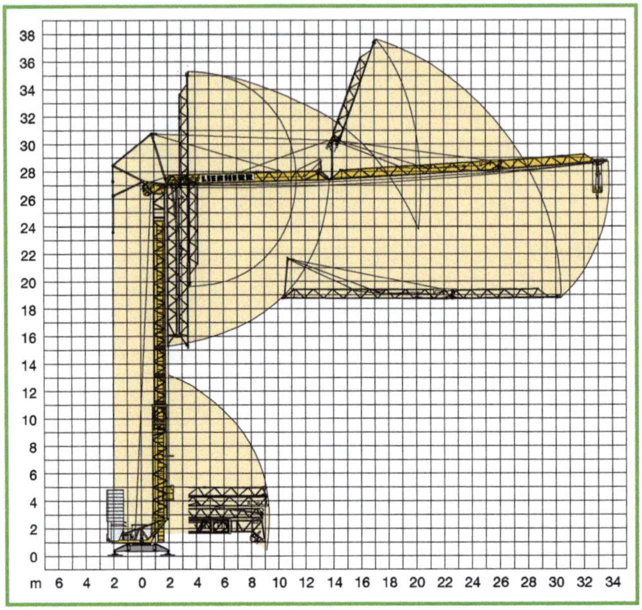

Bild 7.3 Aufstellvorgang eines Turmdrehkrans Typ 34 K (aus Datenblatt), Bildquelle: Liebherr

Bild 7.4
Bei Untendrehern dreht der gesamte Turm inkl. Ballast, Bildquelle: HSB

Obendreher haben im Vergleich zu Untendrehern große Vorteile hinsichtlich Höhe, Auslegerlänge und Tragfähigkeit. Allerdings ist der Auf- und Abbau deutlich aufwendiger, da der Transport in Einzelteilen erfolgt und zur Montage ein Mobilkran erforderlich ist. Ein weiterer Vorteil hingegen ist, dass beim Drehvorgang der Turm nicht mitgedreht wird. Daher können Krane dieser Baureihe auch bei beengten Platzverhältnissen eingesetzt werden.

Im Bereich von geböschten Baugruben und Gräben ist ein Sicherheitsabstand einzuhalten (Bild 7.5). Dabei kann auf einen rechnerischen Nachweis der Standsicherheit verzichtet werden, wenn gemäß den Vorgaben der *DIN 4124*, folgende Böschungswinkel nicht überschritten werden:

a) bei nichtbindigen oder weichen bindigen Böden: ß = 45°,

b) bei steifen oder halbfesten bindigen Böden: ß = 60°,

c) bei Fels: ß = 80°.

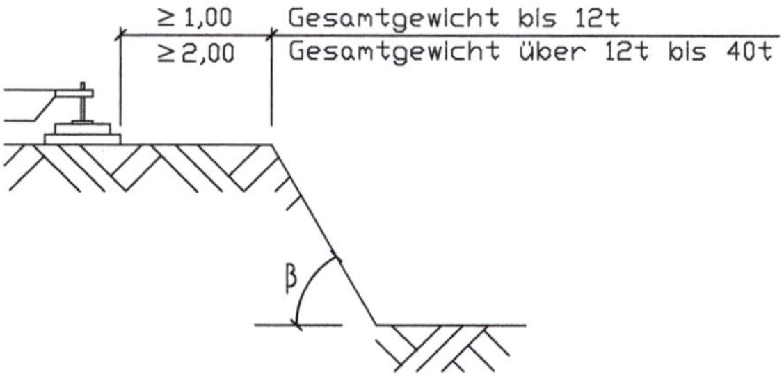

Bild 7.5 Sicherheitsabstand im Bereich geböschter Baugruben

Der Sicherheitsabstand zur Böschungskante wird immer von der äußeren Kante des Stützfuß-Unterbaus gemessen. Dabei handelt es sich um Hartholz- oder Betonplatten, die zur Standsicherheit mittig untergelegt werden. Die Abmessungen der Platten ergeben sich aus dem Stützendruck des Krans und der zulässigen Bodenpressung. Für die Standortbestimmung können für Untendreher kleiner bis mittlerer Größe Plattenabmessungen von ca. 1,00 m × 1,00 m näherungsweise angenommen werden.

DIN 4124 Baugruben und Gräben – Böschungen, Verbau, Arbeitsraumbreiten

Kommen auf einer Baustelle mehrere Krane zum Einsatz, muss auf ausreichende Sicherheitsabstände sowie aufeinander abgestimmte Höhen und Schwenkbereiche geachtet werden. Sollte dies nicht möglich sein, müssen entsprechende Maßnahmen ergriffen werden. Hierzu zählen Arbeitsbereichsbeschränkungen, Antikollisionssysteme usw. (Bild 7.6).

Beim Kontakt des Krans mit spannungsführenden Freileitungen besteht Lebensgefahr für den Kranfahrer sowie für Personen, die sich in der Nähe des Krans aufhalten. Daher muss ein *Sicherheitsabstand* eingehalten werden, der auch bei einem Ausschwingen der Freileitung, des Hubseils und der anhängenden Last gewährleistet ist. Die Größe der Mindestabstände richtet sich nach den gültigen Vorschriften und Verordnungen.

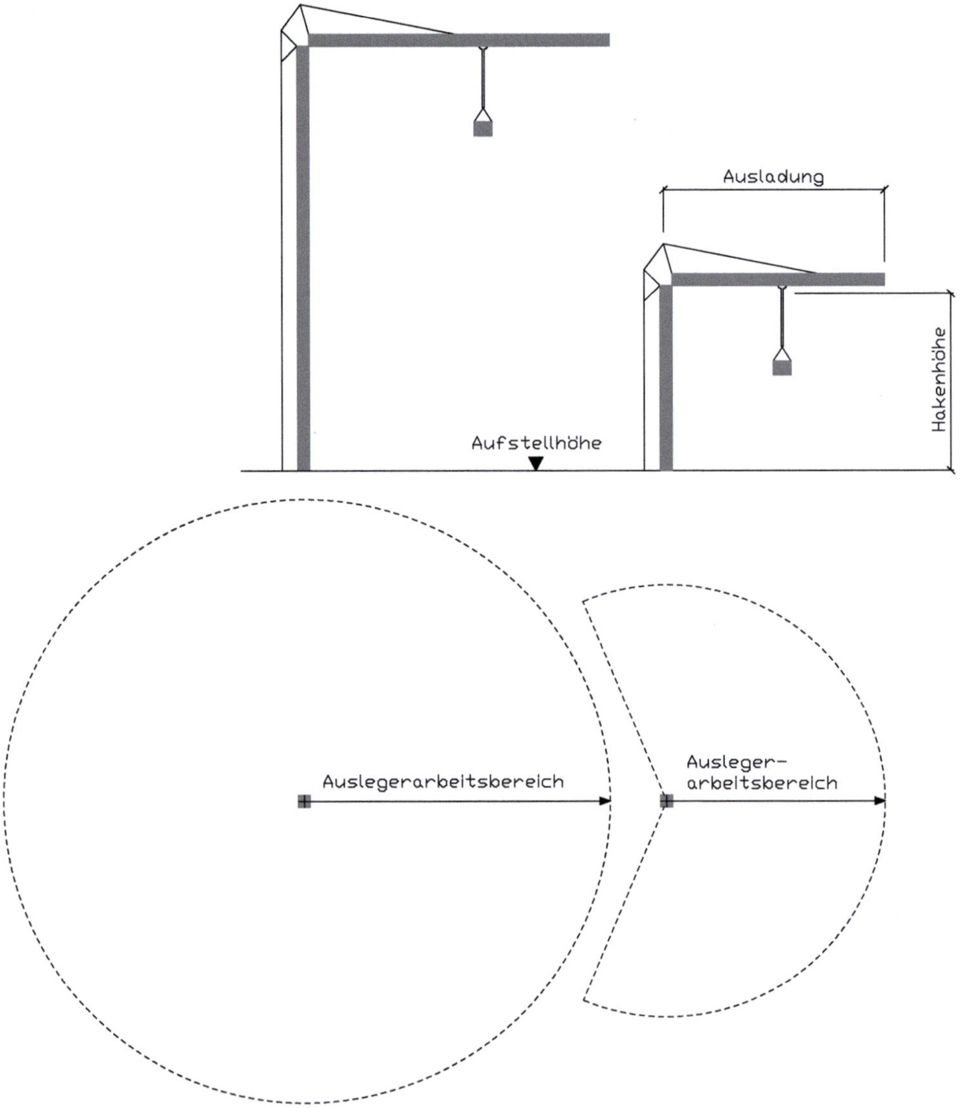

Bild 7.6 Einsatz von zwei Turmdrehkranen, rechts mit Arbeitsbereichsbegrenzung

Besteht die Gefahr, dass die Sicherheitsabstände nicht eingehalten werden können, ist mit dem zuständigen Energieversorgungsunternehmen bzw. dem Betreiber der Freileitung Kontakt aufzunehmen. Dabei muss geklärt werden, ob die Freileitung abgeschaltet, über ein erdverlegtes Kabel umgeleitet oder isoliert werden kann.

Hinweise und Angaben zu Sicherheitsabständen sind in der Betriebsanleitung des jeweiligen Krantyps sowie in der BGV D6 *Unfallverhütungsvorschrift Krane* zu finden.

Aus Gründen der Standsicherheit müssen Krane im außerbetrieblichen Zustand windfrei gestellt werden. Hierzu wird die Drehwerksbremse geöffnet, sodass der Kran frei in die Windrichtung drehen kann und die Windangriffsfläche reduziert wird. Sollte eine *Windfreistellung* nicht möglich sein, beispielsweise wegen Kollisionsgefahr, muss der Ausleger festgesetzt werden (z. B. durch Abspannung mit Drahtseilen). Die Ausführung einer außerbetrieblichen Festsetzung des Auslegers muss zwingend nach den Herstellerangaben des jeweiligen Krantyps erfolgen.

Übungsbeispiel 7.3

Kranvorauswahl und Standortbestimmung

Für das *Beispielprojekt Stadtvilla* soll ein Schnelleinsatzkran (Untendreher) Typ 34 K eingesetzt werden. Hakenhöhe, Auslegerstellung und Tragkraft können bei diesem Kran variabel voreingestellt werden. Folgende Konfiguration wurde gewählt:

Hakenhöhe: 20,0 m

Ausladung: 33,0 m

Tragkraft: 4000 kg bis 1000 kg

Gewicht: 29 380 kg inkl. Ballast

Aufgrund der Platzverhältnisse auf der Baustelle muss der Kran beim Antransport rückwärts an die Baugrube geschoben werden, sodass das Zugfahrzeug die Baustelle vorwärts wieder verlassen kann. Daraus ergeben sich für den Aufbau des Krans folgende Standortmöglichkeiten:

Standortmöglichkeit 1

Der auf den ersten Blick naheliegendste Kranstandort liegt mittig vor der Baugrube. Das würde allerdings bedeuten, dass der Kran zwar aufgebaut, aber nicht wieder in den zusammengeklappten Zustand abgebaut werden kann, weil dann das fertige Bauwerk im Weg stehen würde. Daher wäre der Abbau nur mit einem erheblichen Mehraufwand möglich (Bild 7.7).

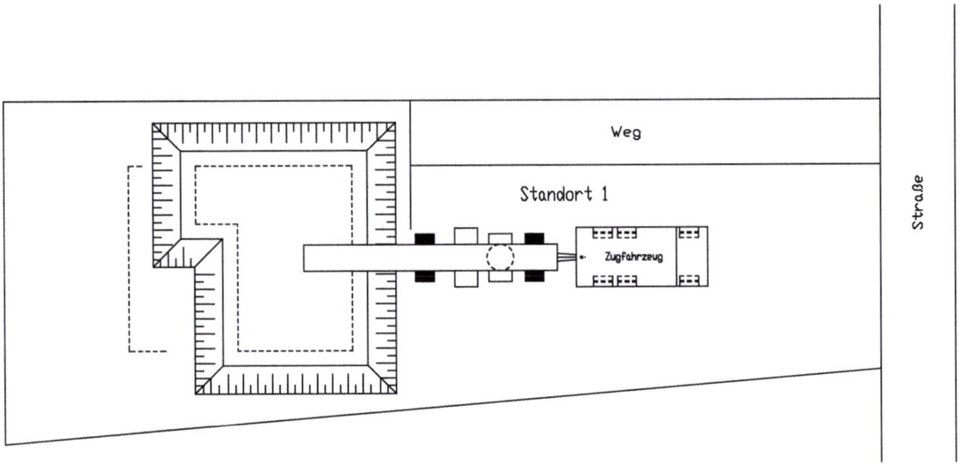

Bild 7.7 Standortmöglichkeit 1

Standortmöglichkeit 2

Der Kran wird ebenfalls mittig vor der Baugrube, allerdings mit ausreichendem Abstand zum späteren Gebäude aufgestellt. Der Abbau wäre dadurch möglich, allerdings zulasten der Tragkraft, die mit zunehmender Auslegerlänge abnimmt (Bild 7.8).

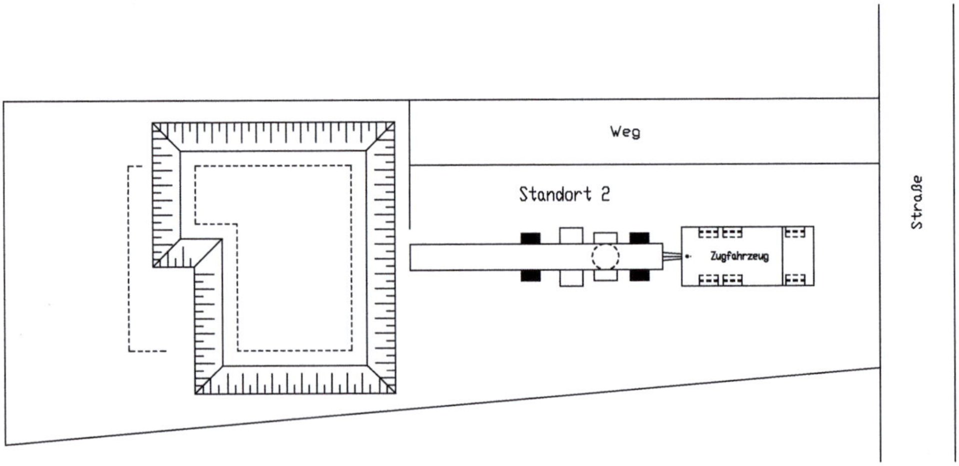

Bild 7.8 Standortmöglichkeit 2

Standortmöglichkeit 3

Der Kran wird möglichst seitwärts an die Baugrube herangefahren, sodass der Ausleger beim Abbau am späteren Gebäude vorbeigeführt werden kann. Kritisch ist hierbei die Nachbarbebauung, wobei aus dem Lageplan hervorgeht, dass zu den Gebäuden ein ausreichender Abstand vorhanden wäre. Dennoch muss abgeklärt werden, ob keine sonstigen Gegenstände in Mitleidenschaft gezogen würden bzw. ob zusätzliche Maßnahmen zu ergreifen wären, wie beispielsweise der kurzzeitige Abbau eines Gartenzauns. Hierfür sind Vor-Ort-Begehungen sowie Absprachen mit den Eigentümern der Nachbargrundstücke zwingend erforderlich (Bild 7.9).

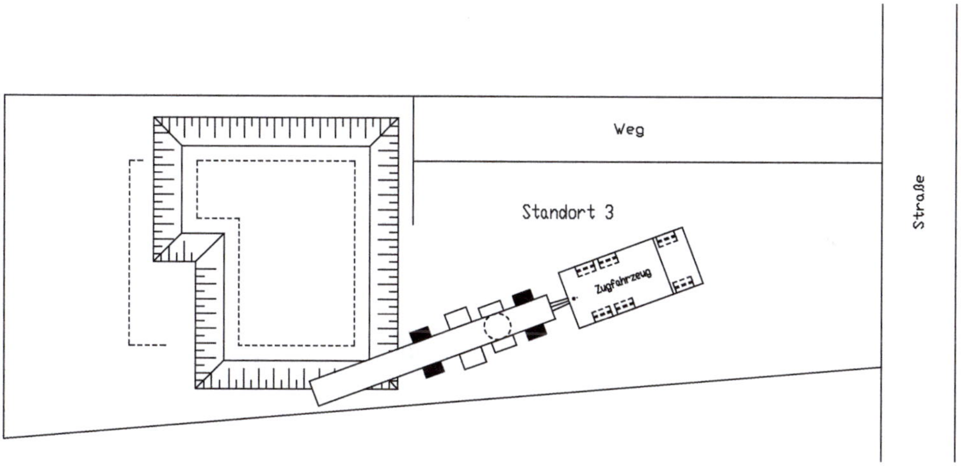

Bild 7.9 Standortmöglichkeit 3

Unter Abwägung aller Vor- und Nachteile sowie aus Gründen der Wirtschaftlichkeit wird Standort 3 als Kranstandort festgelegt. Eine Lösung der kritischen Situation hinsichtlich der Nachbarbebauung wird dabei vorausgesetzt. Da der Kran ein Gesamtgewicht von mehr als 12 t hat, ist ein Sicherheitsabstand zwischen der Böschungskante der Baugrube und dem Unterbau des Stützfußes von mindestens 2,0 Meter einzuhalten (Bild 7.10).

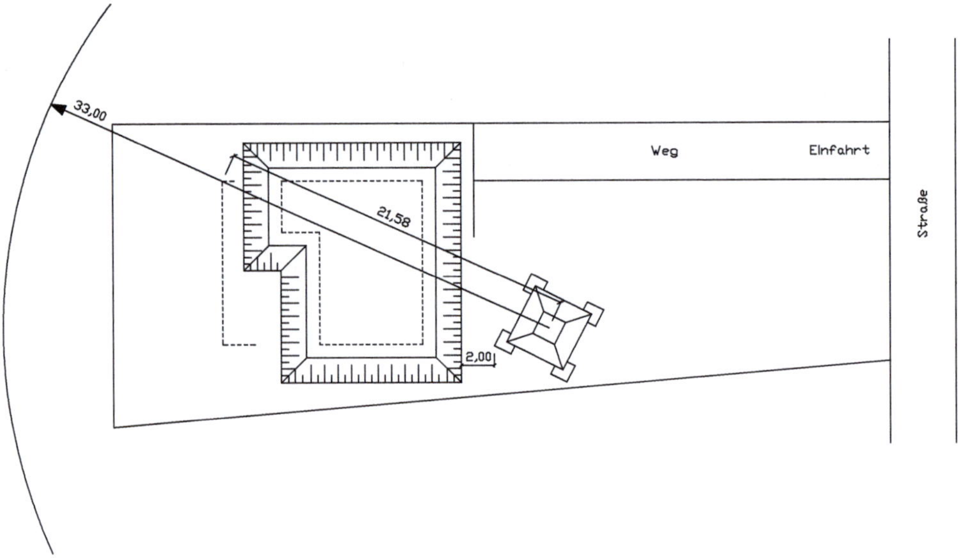

Bild 7.10 Gewählter Kranstandort im Baustelleneinrichtungsplan

Kranbemessung

Nachdem der Kranstandort bestimmt wurde, muss nachgewiesen werden, dass die Tragkraft des vorab ausgewählten Krans ausreichend ist. Hierzu sind die Bereiche der Baustelle zu ermitteln, in denen, von der Turmachse des Krans aus gesehen, die höchsten Lasten zu transportieren sind. Anhand der Herstellerunterlagen kann dann festgestellt werden, wie groß die Tragfähigkeit des Krans in diesem Bereich ist.

Sollte die Tragkraft nicht ausreichend sein, ist entweder ein anderer Krantyp zu wählen oder es muss, sofern möglich, ein neuer Standort bestimmt werden.

Übungsbeispiel 7.4
Kranbemessung

Beim *Beispielprojekt Stadtvilla* liegt der mit dem Ausleger am weitesten zu erreichende Punkt bei ca. 22 Meter Ausladung (Bild 7.10). Hier ist mit Lasten von ca. 1500 kg für das Verlegen der Deckenelemente zu rechnen. Laut den Tabellen des Herstellerdatenblatts (Bild 7.11) beträgt die Tragkraft des Krans bei einer Ausladung von 22 Meter rund 1680 kg und ist somit ausreichend.

m	max. kg m/kg	m/kg																							
		10,0	11,0	12,0	13,0	14,0	15,0	16,0	17,0	18,0	19,0	20,0	21,0	22,0	23,0	24,0	**25,5**	26,0	27,0	28,0	29,0	**30,0**	31,0	32,0	**33,0**
33,0	3,3 – 9,91 **4000**	3950	3490	3120	2820	2570	2350	2170	2010	2000	2000	1890	1780	1680	1590	1510	1400	1360	1300	1240	1180	1130	1090	1040	**1000**

Bild 7.11 Ausladung und Tragfähigkeit eines Turmdrehkrans Typ 34 K (aus Datenblatt), Bildquelle: Liebherr

Stromversorgung

Krane werden durch Elektromotoren betrieben. Je nach Krangröße wird hierfür eine Stromversorgung mit 32 A bis 125 A benötigt, die über die Baustromverteilung bereitgestellt wird. Da sämtliche Antriebe über Frequenzumrichter betrieben werden, ist ein FI-Schutzschalter Typ B zwingend erforderlich. Der Stromanschluss muss bereits für den Aufbau des Krans zur Verfügung stehen.

Standortvorbereitung

Um einen Turmdrehkran sicher aufstellen zu können, muss der für den Kranstandort vorgesehene Untergrund ausreichend tragfähig sein. Die Vorbereitung und die Gewährleistung eines tragfähigen Untergrunds liegen im Verantwortungsbereich der ausführenden Bauunternehmung.

Maßgeblich für den *Nachweis der Standsicherheit* sind die Eckdrücke, die in den Eckbereichen des Stützfuß-Unterbaus bzw. des Kranfundaments auftreten. Sie resultieren aus unterschiedlichen Einwirkungen wie beispielsweise dem Gewicht des Krans, der Hublast, Bewegungen durch den Kranbetrieb sowie der Windlast. Die für den Nachweis erforderlichen Eckdrücke eines Krans sind der jeweiligen Betriebsanleitung zu entnehmen.

7.2.2 Unterkünfte und sonstige Räume

Technische Regeln für Arbeitsstätten:

ASR A3.5 *Raumtemperatur*,

ASR A4.1 *Sanitärräume*,

ASR A4.2 *Pausen- und Bereitschaftsräume*,

ASR A4.3 *Erste-Hilfe-Räume, Mittel und Einrichtungen zur Ersten Hilfe*,

ASR A4.4 *Unterkünfte*.

Auf Baustellen werden Räume für Büros, Unterkünfte, Sanitäranlagen, Erste-Hilfe-Einrichtungen, Lager usw. benötigt. Hierfür können zum Teil vorhandene Gebäude bzw. Gebäudeteile genutzt werden, was aber häufig nur bei Sanierungs- oder Umbaumaßnahmen möglich ist. Üblich ist die Schaffung temporärer Räume durch mobile Raumsysteme (Bauwagen, Container).

Tagesunterkünfte, Waschgelegenheiten und Toiletten sind Bestandteil jeder Baustelleneinrichtung. Sie sind Pflicht, wenn voraussichtlich mehr als vier Personen länger als eine Woche ständig tätig sind. Bei mehr als zehn Personen, die länger als zwei Wochen auf einer Baustelle arbeiten, ist ein besonderer Waschraum erforderlich. Davon ausgenommen sind Baustellen, deren Personal sich täglich in Waschräumen der Firma reinigen kann.

Unabhängig von der Anzahl der Beschäftigten auf der Baustelle müssen dem Baustellenpersonal Pausenräume zur Verfügung gestellt werden, in denen sie sich gegen Witterungseinflüsse geschützt aufwärmen, aufhalten, waschen und umziehen können. Dies gilt auch für kleine Bauvorhaben. Außerdem muss eine Gelegenheit bestehen, Speisen und Getränke zu erwärmen und zu kühlen (Kochecke mit Kühlschrank).

Insbesondere Tagesunterkünfte und Sanitäre Anlagen müssen bestimmten Anforderungen entsprechen, von denen einige nachfolgend beschrieben werden.

Die Lufttemperatur in allen Pausen-, Bereitschafts-, Sanitär-, Kantinen- und Erste-Hilfe-Räumen muss gemäß *Technische Regeln für Arbeitsstätten ASR A3.5 Raumtemperatur* während der Nutzungsdauer mindestens +21 °C betragen.

Anforderungen an Pausen- und Umkleideräume

Üblicherweise werden Bauwagen und Container sowohl als Pausenräume als auch als Umkleideräume genutzt. Diese werden in der Regel als *Tagesunterkünfte* bezeichnet. Dabei zählen Umkleideräume nach der *Technischen Regel für Arbeitsstätten ASR A4.1 Sanitärräume* eigentlich zu den Sanitärräumen. Tagesunterkünfte als Pausen- und Umkleideräume in Containern oder Bauwagen sind auf dem Gelände einer Baustelle Teil der Baustelleneinrichtung.

Unabhängig von der Größe der Baustelle und der Zahl der Beschäftigten müssen dabei Mindestanforderungen umgesetzt werden. Die Beschäftigten müssen

- sich gegen Witterungseinflüsse geschützt umkleiden, waschen und wärmen können, auch bei kleinen Bauvorhaben,
- über Einrichtungen verfügen, um Mahlzeiten einnehmen und gegebenenfalls auch zubereiten zu können,
- in der Nähe der Arbeitsplätze über Trinkwasser oder ein anderes alkoholfreies Getränk verfügen können,
- Arbeits- und Schutzkleidung außerhalb der Arbeitszeit lüften und trocknen können,
- Straßenkleidung getrennt von Arbeits- und Schutzkleidung aufbewahren können,
- als Mindestausstattung für jeden Beschäftigten über eine Kleiderablage und ein abschließbares Fach für persönliche Gegenstände verfügen können.

Weitere Anforderungen an Pausenräume gemäß *Technische Regeln für Arbeitsstätten ASR A4.2 Pausen- und Bereitschaftsräume* sind:

- leichte und sichere Erreichbarkeit, Wegstrecke von der Arbeitsstelle zum Pausenraum max. 100 m bzw. fünf Minuten Wegstrecke,
- nicht in Bereichen mit Gefährdungen durch herabfallende Gegenstände,
- Beeinträchtigungen, z. B. durch Vibrationen, Stäube, Dämpfe oder Gerüche sind soweit wie möglich auszuschließen,
- frei von arbeitsbedingten Störungen wie z. B. durch Produktionsabläufe, Publikumsverkehr, Telefonate,
- für Beschäftigte, die den Raum gleichzeitig benutzen, muss eine Grundfläche von jeweils mindestens 1,00 m^2 pro Beschäftigten einschließlich Sitzgelegenheit und Tisch vorhanden sein,
- möglichst ausreichend Tageslicht und ausreichend beleuchtet, Sichtverbindung nach außen ist empfohlen,
- zweckentsprechende Ausstattung.

Container als Tagesunterkünfte

Bei der bauüblichen Kombination von Pausen- und Umkleideraum werden pro Beschäftigten ca. 1,5 m^2 benötigt. In Standard-Containern (20 Fuß) als **Tagesunterkünfte** ist in der Regel ausreichend Platz für max. 8 Personen einschließlich Windfang sowie Schrank- und Umkleideflächen.

Anforderungen an Unterkünfte zu Wohnzwecken

In besonderen Fällen werden auf Baustellen auch Unterkünfte zu Wohnzwecken errichtet. Darin ist für jeden Bewohner eine Nutzfläche von mindestens 8 m^2 vorzusehen. Wohnunterkünfte müssen ausgestattet sein mit

- Wohn- und Schlafbereich, bestehend aus Betten, Schränken, Tischen und Stühlen,
- Essbereich mit Zubereitungs-, Aufbewahrungs-, Kühl- und Spülgelegenheiten,
- Sanitäreinrichtungen,
- Waschmaschine und Wäschetrockner.

Bei Unterkünften mit mehr als 50 Beschäftigten ist ein separater Raum für erkrankte Beschäftigte vorzusehen. Sanitäreinrichtungen müssen von den Schlafräumen aus entweder innenliegend oder witterungsgeschützt erreichbar sein. Die Raumhöhe muss mindestens 2,50 m betragen. In einem Schlafbereich dürfen maximal vier Betten aufgestellt werden.

Bei entsprechender Ausstattung und Erreichbarkeit können Unterkünfte auch als Pausenräume der Baustelle genutzt werden.

Anforderungen an sanitäre Anlagen

Besonders wichtig für die Gesundheit auf der Baustelle ist der einwandfreie und saubere Zustand der sanitären Anlagen.

- **Toiletten:** Jede Baustelle benötigt mindestens eine abschließbare Toilette mit Papierhalter, Toilettenpapier, Toilettenbürste, Hygienebehälter und Kleiderhaken.
- **Waschraumausstattung:**
  - fließendes warmes und kaltes Wasser,
  - 1 Waschstelle für je 5 Personen,
  - 1 Dusche für je 30 Personen.
- **Waschgelegenheiten:** Auf jeder Baustelle muss eine Waschgelegenheit, mindestens ein Wasserhahn vorhanden sein. Dazu gehören außerdem Handschutz-, Hautreinigungs- und Hautpflege-Produkte sowie Einmalhandtücher.

In Tabelle 7.2 ist die Mindestanzahl von Toiletten, Wasch- und Duschplätzen in Abhängigkeit der Anzahl der Beschäftigten auf Baustellen nach den *Technischen Regeln für Arbeitsstätten ASR A4.1 Sanitärräume* aufgeführt.

Tabelle 7.2 Mindestanzahl von Toiletten, Wasch- und Duschplätzen auf Baustellen

Beschäftigte	Waschplätze	Duschplätze	Toiletten/Urinale
Bis 5	1	0	1*)
6 bis 10	2	0	1*)
11 bis 20	3	1	2
21 bis 30	5	1	3
31 bis 40	7	2	4
41 bis 50	9	2	5
51 bis 75	12	3	6
76 bis 100	14	4	7
Je weitere 30	+3	+1	+1

*) für männliche Beschäftigte wird zusätzlich 1 Urinal empfohlen.
Quelle: Technische Regeln für Arbeitsstätten ASR A4.1 Sanitärräume

Mobile Raumsysteme

Mobile Raumsysteme sind schon lange nicht mehr hauptsächlich auf Baustellen zu finden. Ihre Einsatzmöglichkeiten sind mittlerweile vielfältig und flexibel. Sie werden beispielsweise für temporäre Büros, Schulräume, Notunterkünfte oder im Eventmanagement genutzt.

Auf Baustellen zählen klassische Baustellencontainer, Bauwagen, WC-Kabinen sowie Lager- oder Seecontainer zu den gängigsten Formen mobiler Raumsysteme.

Für mobile Raumsysteme der Baustelleneinrichtung (z. B. Baustellencontainer) ist keine Baugenehmigung erforderlich. Es ist jedoch eine standsichere und gefährdungsfreie Nutzung zu gewährleisten.

Baustellencontainer

Unter dem Begriff Baustellencontainer werden an dieser Stelle Büro-, Sanitär-, Pausen- und Unterkunftscontainer verstanden. Dabei handelt es sich um Einzelcontainer, die je nach Bedarf zu komplexen Anlagen erweitert und ausgestattet werden können. Durch flexible Wandelemente können die Raumgrößen variabel angepasst werden. Man spricht daher auch von modularen Raumsystemen (Bild 7.12).

Bild 7.12 Aufbau einer dreistöckigen Containeranlage, Bildquelle: OBG

Lagercontainer

Lagercontainer werden beispielsweise für die Aufbewahrung von Werkzeugen und Betriebsstoffen genutzt. Dabei handelt es sich um Einzelcontainer aus robustem Stahlblech, die in ihrer Bauart den Seecontainern ähneln (Bild 7.13).

Bild 7.13 Lagercontainer mit beidseitigen Flügeltüren, Bildquelle: HSB

Abmessungen

Baustellencontainer sind in verschiedenen Standardgrößen erhältlich, die je nach Hersteller leicht variieren können. Lagercontainer entsprechen in der Regel den Normmaßen der *ISO 668*, in der die Klassifizierung von Frachtcontainern geregelt ist. Gemäß internationalem Standard werden Containergrößen in Fuß angegeben.

Tabelle 7.3 Abmessungen von Baustellencontainern (Auswahl)

Bezeichnung	L (außen) [mm]	B (außen) [mm]	H (außen) [mm]	L (innen) [mm]	B (innen) [mm]	H (innen) [mm]
8 Fuß	2400	1400	2540	2255	1255	2200
10 Fuß	2989	2435	2800	2795	2240	2540
16 Fuß	4885	2435	2800	4690	2240	2540
20 Fuß	6055	2435	2800	5860	2240	2540
Quelle: CONTAINEX						

Tabelle 7.4 Abmessungen von Lagercontainern (Auswahl)

Bezeichnung	L (außen) [mm]	B (außen) [mm]	H (außen) [mm]	L (innen) [mm]	B (innen) [mm]	H (innen) [mm]
8 Fuß	2438	2200	2260	2275	2106	2050
9 Fuß	2931	2200	2260	2770	2106	2050
10 Fuß	2991	2438	2591	2831	2344	2376
20 Fuß	6058	2438	2591	5898	2344	2376
Quelle: CONTAINEX						

Anforderungen an die Standortwahl auf der Baustelle

Idealerweise ist zu berücksichtigen:

- **Büro- und Pausenräume sowie größere Sanitäreinrichtungen mit Umkleide und Dusche:**
  - Außerhalb des Schwenkbereichs des Krans,
  - Sichtmöglichkeit auf die Baustelle und Baustelleneinfahrt für Bauleitung und Polier.
- **WC, Magazin:**
  - Möglichst im Bereich der Arbeitsplätze, um lange Wege zu vermeiden.
- **Erste-Hilfe-Raum:**
  - Ebenerdig erreichbar (zwingend vorgeschrieben) mit guter Erreichbarkeit für Rettungsfahrzeuge.

Beim Einsatz von mobilen Raumsystemen ist zusätzlich zu beachten:

- der Untergrund muss eben und tragfähig sein,
- für den An- und Abtransport sind freie Zufahrtswege erforderlich,
- die Versorgung mit Strom und Wasser sowie die Abwasser- und Fäkalienentsorgung muss gewährleistet sein (Abschnitt 7.2.4).

Übungsbeispiel 7.5
Mobile Raumsysteme

Für das *Beispielprojekt Stadtvilla* wird ein 20 Fuß-Container als Tagesunterkunft (Pausenraum) und Polier-Büro genutzt. Zusätzlich werden eine WC-Box (8 Fuß) sowie ein Lagercontainer (10 Fuß) als Magazin bereitgestellt (Bild 7.14).

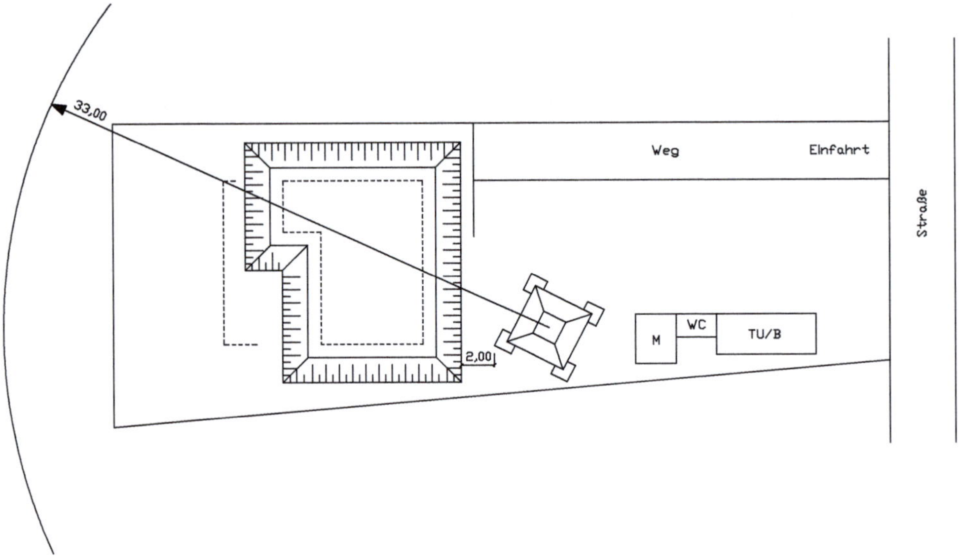

Bild 7.14 Baustelleneinrichtungsplan ergänzt um Container

7.2.3 Wege, Park- und Lagerflächen

Auf einer Baustelle sind ausreichend dimensionierte Transportwege notwendig. Hierzu zählen die Zu- und Abfahrten, die in der Regel in das öffentliche Verkehrsnetz einbinden, sowie die Wege innerhalb der Baustelle, die auch als Rettungswege dienen.

Zum Lagern und gegebenenfalls Vormontieren von Schalungen (Bild 7.15), Gerüsten, Bauholz und sonstigen Materialen sind entsprechende Lagerflächen erforderlich. Diese sollten von Transportfahrzeugen optimal anfahrbar sein, in jedem Fall aber im Schwenkbereich des Krans liegen.

Für das Abstellen von Pkw, Baustellenfahrzeugen und Baumaschinen müssen ebenfalls ausreichende Stellflächen vorgesehen werden.

Bereits im Planungsstadium sollten die vorhandenen Flächen eindeutig als Arbeitsflächen, Lagerflächen oder Verkehrswege ausgewiesen werden. Dabei sind die Gefahrenbereiche von Maschinen zu berücksichtigen. Diese Bereiche sind zu kennzeichnen und gegeneinander abzusichern.

Alle Arbeitsplätze, Unterkünfte und Büros, Lagerflächen und Magazine, Gebäude- und Bauteile müssen bei jeder Witterung und zu jeder Tageszeit sicher erreichbar und sicher begehbar sein. Die Wege im Gelände müssen befestigt werden.

Bild 7.15 Abgegrenzter Bereich für Schalungsträger, Bildquelle: HSB

Anforderungen an Wege und Zugänge

Aufstiege zu Arbeitsplätzen müssen in der Regel als Treppen oder Laufstege ausgeführt sein. Verkehrswege sollen stets freigehalten und nicht durch Materialien oder Schalungen verstellt werden. Die lichte Höhe von Verkehrswegen muss mindestens 2,00 m, die Mindestbreite 0,50 m betragen.

Wege sollen ausreichend mit mindestens 15 Lux beleuchtet werden. Bei Gefahren durch herabfallende Gegenstände sind Schutzdächer anzuordnen. Bei Rutschgefahr ist zu streuen.

Laufstege müssen eine Mindestbreite von 0,50 m haben. Nebeneinander liegende Bohlen müssen mit Querhölzern verbunden werden. Bei geneigten Laufstegen sind ab einer Steigung von 1:5 (11°) Trittleisten aufzunageln. Geneigte Laufstege ab einer Steigung von 1:1,75 (30°) sind als Treppe anzulegen. Laufstege oder Laufbrücken müssen mit einem Handlauf als Absturzsicherung versehen werden.

Entlang aller *Baugruben und Gräben* müssen seitliche *Schutzstreifen* von 0,60 m Breite angelegt sein, die vom Aushub und anderen Lasten durch Geräte oder Material freizuhalten sind. Gräben, die breiter als 0,80 m sind, müssen mit Laufstegen als festen Überwegen versehen werden. Baugruben und Gräben mit mehr als 1,25 m Tiefe dürfen nur über Leitern betreten oder verlassen werden. Ab 2,0 m Grabentiefe und steiler als 60° geneigten Grabenwänden sind Absturzsicherungen anzubringen.

An Wegen und Arbeitsplätzen auf *nicht begehbaren Flächen* wie z. B. auf Dächern mit Wellplatten aus Faserzement oder Kunststoff müssen vor dem Betreten lastverteilende Beläge ausgelegt werden. Bei Dachneigungen über 20° müssen die Laufstege gegen Verschieben und Abrutschen gesichert werden. Bei Dachneigungen über 11° (1:5) sind Trittleisten, bei Neigung über 30° sind Stufen anzuordnen.

DIN 4420-1 Arbeits- und Schutzgerüste – Teil 1: Schutzgerüste – Leistungsanforderungen, Entwurf, Konstruktion und Bemessung

DGUV Vorschrift 1 *Grundsätze der Prävention*

DGUV Vorschrift 38 *Bauarbeiten*

DGUV Regel 101-002 *Treppen bei Bauarbeiten*

DGUV Information 201-054 *Dach-, Zimmer- und Holzarbeiten*

Anforderungen an den Baustellenverkehr

Am Baustellenverkehr nehmen Baumaschinen, Transportfahrzeuge und Fußgänger teil. Um Unfälle zu vermeiden, müssen entsprechende Vorkehrungen getroffen werden. Besondere Gefährdungen durch den Baustellenverkehr bestehen immer dann,

- wenn Rückwärtsfahren durchgeführt wird,
- wenn sich Fußwege und Fahrwege kreuzen,
- wenn Verkehrswege gleichzeitig als Fuß- und Fahrwege benutzt werden.

Die Verkehrswege müssen festgelegt werden. Sie müssen sicher begehbar und befahrbar sein. Fahrwege und Fußwege sind möglichst zu trennen und es ist eine Fahrordnung aufzustellen. Diese soll Angaben enthalten über Fahrspuren, Einbahnverkehr, Wendemöglichkeiten, Geschwindigkeitsbeschränkungen und besondere Gefahrenstellen.

Sicherheitsabstände sind einzuhalten, Personen dürfen nicht in den Gefahrenbereich von Maschinen treten, Rückwärtsfahren ist möglichst zu vermeiden.

Ist die Sicht eingeschränkt, ist ein *Sicherungsposten* als Einweiser einzusetzen. Der *Einweiser* gibt die verabredeten Zeichen und warnt den Fahrzeug- oder Maschinenführer sowie Beschäftigte vor Gefahren. Auf Sicherungsposten kann verzichtet werden, wenn durch geeignete Einrichtungen, z. B. Rückschauanlagen oder Absperrungen sichergestellt ist, dass Personen nicht gefährdet werden können.

Beim Einsatz von Einweisern ist zu beachten, dass der Sicherungsposten

- nicht gleichzeitig mit anderen Arbeiten beschäftigt werden darf,
- sich außerhalb des Fahr- bzw. Gefahrbereichs aufhalten muss,
- den gesamten Fahr- und Arbeitsbereich der Maschine überblicken kann,
- einen sicheren Standort hat und Warnkleidung trägt,
- *Handzeichen* gemäß BGV D29 *Fahrzeuge* Anhang 4 verwendet,
- ständigen Kontakt mit dem Fahrzeug- oder Maschinenführer hält.

DGUV Regel 100-500 *Betreiben von Arbeitsmitteln*
DGUV Regel 101-604 *Branche Tiefbau*
DGUV Information 211-041 *Sicherheits- und Gesundheitsschutzkennzeichnung*
BGV D29 *Fahrzeuge*

Übungsbeispiel 7.6
Wege, Park- und Lagerflächen

Beim *Beispielprojekt Stadtvilla* bietet sich der hintere Bereich des Grundstücks als Lagerfläche, beispielsweise für Schalung und Bewehrung an. Materiallieferungen können über den Feldweg erfolgen, wobei die Wendemöglichkeiten allerdings sehr begrenzt sind. Da der Straßenbereich jedoch durch den Kran erreicht wird, könnten größere Lkw auch dort entladen werden, sofern der Straßenverkehr dadurch nicht gefährdet wird. Als Stellplatz für den Betonfahrmischer und die Betonpumpe wird der Bereich neben dem Kran vorgesehen. Für Parkplätze ist eine ausreichende Fläche an der Stirnseite des Grundstücks vorhanden (Bild 7.16).

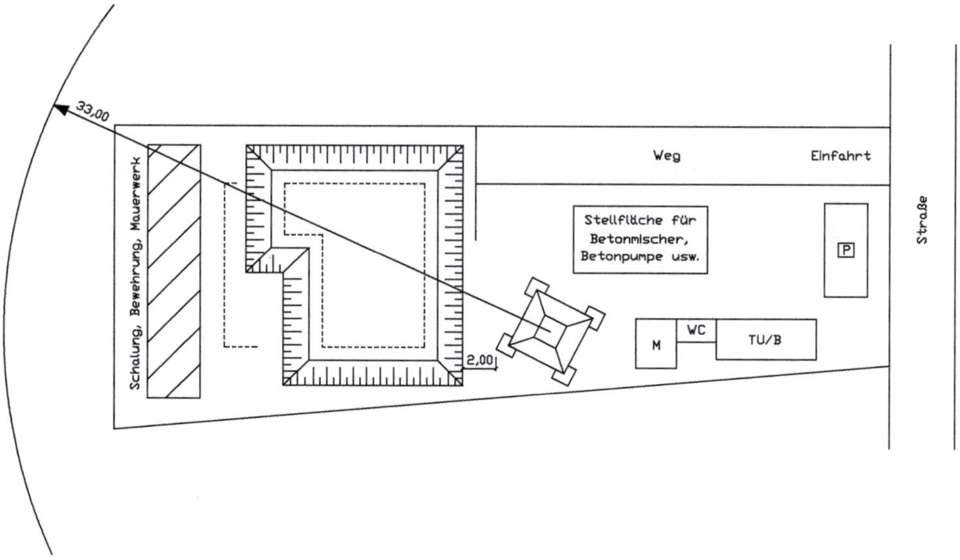

Bild 7.16 Baustelleneinrichtungsplan ergänzt um Lager- und Parkflächen

7.2.4 Medienversorgung

Die Medienversorgung einer Baustelle beinhaltet die Bereitstellung von Strom, Wasser (inkl. Abwasserentsorgung), Kraftstoffen sowie Möglichkeiten zur Kommunikation.

Anschlüsse an öffentliche Netze für Strom, Wasser und Abwasser müssen bei den zuständigen Versorgungswerken beantragt werden.

Stromversorgung

Die Stromversorgung erfolgt in der Regel durch den Anschluss eines Anschlussschranks (Baustromverteilung) an das öffentliche Stromnetz (Bild 7.17 links). Sollte dies nicht möglich sein, weil die Baustelle beispielsweise in einem abgelegenen Bereich liegt, können zur Stromerzeugung auch Dieselaggregate verwendet werden (Bild 7.17 rechts). Die erforderliche Stromleistung hängt von der spezifischen Anwendung bzw. dem Gerät ab, das betrieben werden soll (z. B. Kran, Containeranlage).

Bild 7.17 Anschlussschrank (links), Dieselaggregat (rechts), Bildquelle: HSB

Es dürfen nur elektrische Anlagen, Maschinen und Geräte verwendet werden, die nach geltenden elektrotechnischen Regeln geprüft sind. Elektrische Anlagen, Maschinen und Geräte dürfen nur von Elektrofachleuten aufgestellt, installiert, montiert, repariert und geprüft werden.

Anforderungen an die Stromversorgung

Bei *Baustromverteilern* ist zu beachten:

- Steckdosen bis 16 A für Einphasenbetrieb müssen mit einer FI-Schutzschaltung mit I ≤ 30 mA ausgerüstet sein.
- Steckvorrichtungen ≤ 32 A bei neu in Betrieb genommenen Baustromverteilern müssen über Fehlerstromschutzeinrichtungen mit einem Bemessungsfehlerstrom I ≤ 30 mA betrieben werden.
- Sonstige Steckdosen müssen mit einer FI-Schutzeinrichtung mit I ≤ 500 mA ausgerüstet sein.
- Während der Arbeit dürfen Baustromverteiler nicht abgeschlossen werden, damit bei Elektrounfällen ein Abschalten möglich ist.

Baustromverteiler sollten an einer Stelle aufgestellt werden, wo sie gut zugänglich und gleichzeitig von Baustellenverkehr und Witterung geschützt sind.

Als *Leitungen* auf Baustellen dürfen nur Schlauchleitungen mit der Bezeichnung H07 RN-F oder mindestens gleichwertige verwendet werden. Leitungen sind vor Beschädigungen zu schützen, z. B. durch Hochlegen, Abdecken oder Verlegen im Schutzrohr. Beschädigte Leitungen müssen ausgesondert werden. Sie dürfen nicht selbst repariert werden. Leitungen sind möglichst ganz abzurollen, um Temperaturschäden zu vermeiden.

Die Verbindung von Leitungen darf nur mit Steckern und Kupplungen erfolgen. Sie müssen spritzwassergeschützt und für erschwerte Bedingungen gebaut sein.

Handmaschinen auf Baustellen müssen schutzisoliert und für den rauen Betrieb geeignet sein. Im Nassbereich (z. B. Handnassschleif- oder Handbohrmaschine) dürfen sie nur mit Schutzkleinspannung oder Schutztrennung betrieben werden. Als Anschluss dürfen nur FI-geschützte Speisepunkte verwendet werden.

Leuchten müssen für den rauen Betrieb auf Baustellen geeignet sein. *Handleuchten* müssen schutzisoliert, in Schutzart IP 45 ausgeführt und mit einem Schutzglas und Schutzkorb oder gleichwertiger Schutzeinrichtung ausgerüstet sein. *Baustellenleuchten* müssen schutzisoliert und spritzwassergeschützt IP 23 sein. Breitstrahler sollen außerhalb der Arbeitsbereiche aufgehängt werden. Gebrochene oder fehlende Schutzgläser und Schutzkörbe sind sofort zu ersetzen.

DGUV Information 203-006 *Auswahl und Betrieb elektrischer Anlagen und Betriebsmittel auf Bau- und Montagestellen*

BGV A3 *Elektrische Anlagen und Betriebsmittel*

Wasserversorgung und Abwasserentsorgung

Die *Wasserversorgung* einer Baustelle kann durch einen Anschluss an das öffentliche Trinkwassernetz, z. B. über einen Hydranten, erfolgen. Alternativ können auch mobile Wassertanks vorgehalten werden. Hierbei ist zwischen Trinkwasser sowie Wasch- und Brauchwasser zu unterscheiden.

Für die *Abwasserentsorgung* kann die öffentliche Kanalisation genutzt werden, sofern entsprechende Anschlussmöglichkeiten bestehen. Sollte dies nicht möglich sein, sind alternative Verfahren anzuwenden. Beispielsweise kann das anfallende Abwasser von Sanitäranlagen in Fäkalientanks gesammelt und durch Fachunternehmen entsorgt werden.

Kraftstoffe

Nach wie vor werden eine Vielzahl von Baumaschinen und -geräten über Verbrennungsmotoren angetrieben. Auf der Baustelle werden kleinere Mengen an Kraftstoffen meist in Kanistern vorgehalten, die wiederum in Containern gelagert werden. Für größere Mengen werden entweder mobile Tankanlagen eingesetzt oder die Betankung der Maschinen erfolgt durch ein Tankfahrzeug. Kraftstoffe sind wassergefährdende Stoffe, für deren Lagerung und Transport unbedingt die geltenden Vorschriften und Gesetze einzuhalten sind (Bild 7.18).

Bild 7.18 Mobile Tankanlage (links), Lagerung von Kraft- und Schmierstoffen (rechts), Bildquelle: HSB

Kommunikation

Die telefonische *Kommunikation* einer Baustelle bzw. des Baustellenpersonals erfolgt in der Regel über Mobiltelefone. In seltenen Fällen ist dies nicht möglich, beispielsweise, wenn die Baustelle in einem Gebiet ohne ausreichende Netzabdeckung liegt. Je nach Größe und Dauer des Bauvorhabens kann dann die Einrichtung eines Festnetzanschlusses sinnvoll sein.

Um einen reibungslosen Datentransfer sicherzustellen, beispielsweise zum Empfangen und Versenden von E-Mails mit größeren Anhängen oder für eine Cloud-Nutzung ist auf einen Internetzugang mit entsprechender Übertragungsrate zu achten.

Übungsbeispiel 7.7
Medienversorgung

Für das *Beispielprojekt Stadtvilla* wird die Stromversorgung über einen Anschlussschrank gewährleistet, der an das öffentliche Stromnetz angeschlossen ist. Die erforderliche Stromleistung richtet sich nach den Hauptabnehmern Kran (34 A) und Container (32 A). Zusätzlich ist auf die vorgeschriebenen FI-Schutzschalter zu achten. Der Anschlussschrank sollte nach Möglichkeit in der Nähe des Kranstandorts aufgestellt werden. Die Wasserversorgung erfolgt über den Anschluss an einen Hydranten, der sich an der Straße befindet (Bild 7.19). Da noch kein Anschluss an die Kanalisation vorliegt, wird das Abwasser in den Fäkalientank der WC-Box geleitet.

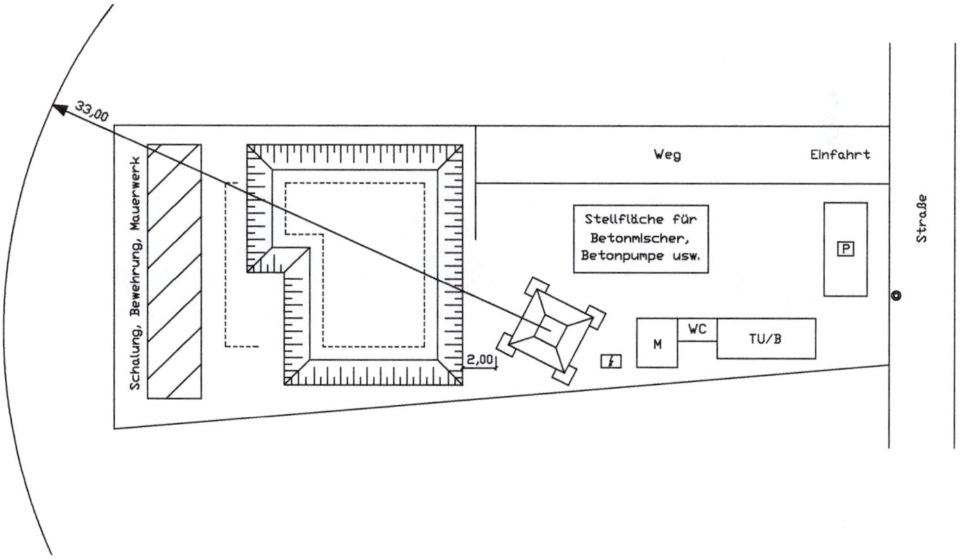

Bild 7.19 Baustelleneinrichtungsplan ergänzt um Anschlussschrank und Wasserentnahmestelle (Hydrant)

7.2.5 Abfallentsorgung

Auf Baustellen, insbesondere bei Abbruch- und Sanierungsarbeiten, fällt eine Vielzahl verschiedener Abfälle an, für die entsprechende Entsorgungskonzepte erstellt werden müssen. Um dieser Aufgabe gerecht zu werden, ist auf der Baustelle eine konsequente Trennung der Abfälle erforderlich. Hierzu müssen geeignete Sammelbehälter (Container) bereitgestellt werden, die anhand der zu erwartenden Abfallmengen zu dimensionieren sind.

> Trennung und Entsorgung von Abfällen müssen den gesetzlichen Vorschriften entsprechen.

Häufig werden sogenannte Abfallmulden verwendet, die entweder nach oben offen (Bild 7.20 links) oder mit einem Deckel versehen sind. Solche Mulden haben standardmäßig ein Fassungsvolumen von 5,5 m^3, 7 m^3 oder 10 m^3. Der Transport sowie das Auf- und Abladen solcher Abfallmulden erfolgt mit speziellen Absetzkippern, die kein zusätzliches Hebezeug benötigen. Daher sollten Abfallmulden so platziert werden, dass sie sowohl für das Baustellenpersonal als auch für den Entsorgungsbetrieb gut erreichbar sind.

Darüber hinaus sind auch kleinere Abfallcontainer (Bild 7.20 rechts) am Markt erhältlich, die mittels einer Staplergabel oder einem Hebegerät (z. B. Kran) bewegt werden können. Container dieser Bauart können auch bis zu einer vorgeschriebenen Anzahl gestapelt werden.

Bild 7.20 Oben offene Abfallmulden (links) und Abfallcontainer (rechts), Bildquelle: HSB

Bei größeren Abbruchmaßnahmen ist häufig vor der Entsorgung eine Zerkleinerung des Materials erforderlich. Hierfür können mobile Recyclinganlagen verwendet werden, die beispielsweise auch Beton von Bewehrungsstahl trennen (Abschnitt 8.14).

Übungsbeispiel 7.8
Abfallentsorgung

Für das *Beispielprojekt Stadtvilla* werden drei Abfallmulden mit einem Fassungsvolumen von jeweils 7 m^3 vorgesehen. Die Abfalltrennung erfolgt nach Kunststoffen, Holz und Bauschutt. Standort ist der Bereich am Ende des Weges, sodass die Transportfahrzeuge rückwärts in die Baustelle einfahren und vorwärts hinausfahren können (Bild 7.21).

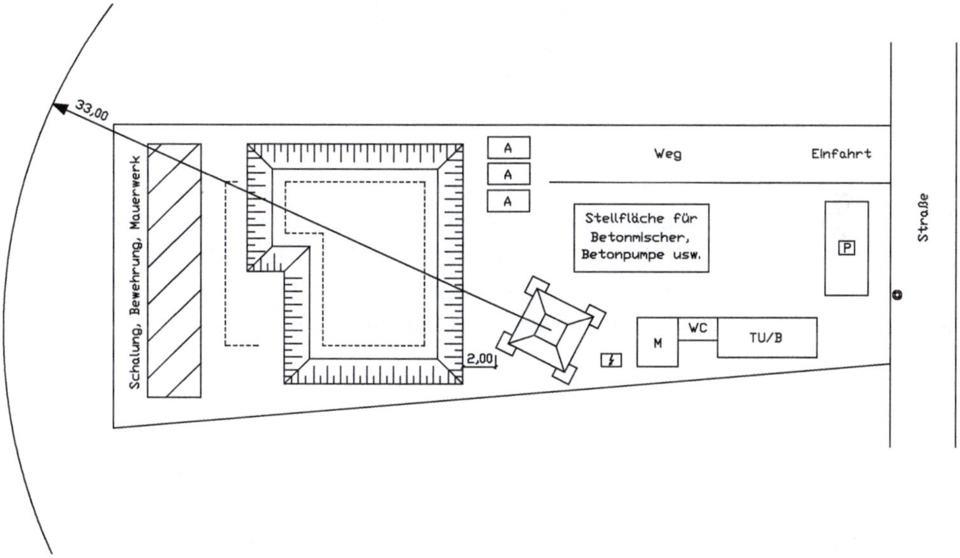

Bild 7.21 Baustelleneinrichtungsplan ergänzt um drei Abfallmulden

7.2.6 Baustellensicherung

Die Sicherung einer Baustelle umfasst Maßnahmen zum Schutz des Baustellenpersonals und Dritter vor Gefahren, die durch den Baustellenbetrieb ausgehen. Zu den Sicherungsmaßnahmen einer Baustelle gehört beispielsweise die Sicherung von Baugruben und Gräben durch Absperrungen (Bild 7.22), Schutzgerüste zum Schutz vor herabfallenden Teilen sowie das Anbringen temporärer Staub- und Lärmschutzwände oder die Einhausungen bestimmter Bereiche.

Bild 7.22 Sicherung einer innerstädtischen Straßenbaumaßnahme

Darüber hinaus ist es erforderlich, die Baustelle vor äußeren Gefährdungen wie unbefugtem Eindringen, Vandalismus und Diebstahl zu schützen. Hierzu sind Zugangsbeschränkungen notwendig wie z. B. Bauzäune (Bild 7.23 links), Toranlagen oder Bautüren zur Rohbausicherung. Auf größeren Baustellen werden häufig zusätzliche Maßnahmen ergriffen wie der Einsatz eines Wachdienstes oder Videoüberwachung (Bild 7.23 rechts).

Bild 7.23 Bauzaunelemente mit Sichtschutz (links), Videoüberwachung (rechts), Bildquelle: HSB

Anforderungen an Baustellen im öffentlichen Verkehrsraum

Bei Baustellen im öffentlichen Verkehrsraum ist es wichtig, besondere Maßnahmen zu treffen

- zum Schutz der Bauarbeiter,
- zur Warnung der Verkehrsteilnehmer vor Gefahren der Baustelle,
- zur Vermeidung von Sachschäden an Fahrzeugen und an der Baustelleneinrichtung.

Vor Baubeginn hat der Bauunternehmer einen Antrag auf verkehrsrechtliche Anordnung bei der zuständigen Behörde (z. B. Straßenbaubehörde oder Straßenverkehrsbehörde) einzureichen. Der Unternehmer muss mit dem Antrag in der Regel einen *Verkehrszeichenplan* nach den *Richtlinien für die verkehrsrechtliche Sicherheit von Arbeitsstellen an Straßen* (RSA 21) vorlegen. Die zuständige Behörde erlässt dann eine verkehrsrechtliche Anordnung.

Verkehrszeichen dürfen nicht ohne Genehmigung aufgestellt werden. Der Unternehmer muss die Baustelle nach dem Verkehrszeichenplan sichern durch

- Anbringung und Wartung der Verkehrszeichen, Verkehrseinrichtungen, Warn- und Signal-Anlagen,
- Reparatur defekter oder beschädigter Teile.

Die Polizei überwacht die Verkehrssicherung. Verkehr ist in beiden Richtungen nur dann möglich, wenn eine Restfahrbahnbreite von 5,5 m vorhanden ist. Bei Arbeitsstellen von kürzerer Dauer ist die Sicherung mit Leitkegeln möglich.

Verkehrszeichen müssen dem StVO-Muster entsprechen und mit dem RAL-Gütezeichen ausgestattet sein. Sie sind sturmsicher aufzustellen. Pro Pfosten dürfen maximal zwei Vorschriftszeichen aufgestellt werden. *Warnleuchten* sind stets auf Dauerlicht zu schalten. Bei Teilsperrungen sind mindestens drei gelbe Leuchten erforderlich, bei einer Straßen-Vollsperrung mindestens fünf rote Leuchten.

Personen im öffentlichen Verkehrsraum müssen immer *Warnkleidung* tragen. Alle Geräte und Fahrzeuge, die in den Verkehrsbereich hineinragen können, müssen eine *Sicherheitskennzeichnung* nach *DIN 30710* haben. Bei Dunkelheit muss die Sicherung und Beleuchtung besonders sorgfältig vorgenommen werden.

Arbeiten im Verkehrsbereich erfordern erhöhte Aufmerksamkeit und eine gründliche vorherige Einweisung. Fahrbahnüberquerungen sind zu vermeiden. Besondere Vorsicht gilt im Bereich von Leitbaken. Unterkünfte und Toiletten sollen auf der Straßenseite stehen, auf der gearbeitet wird. Es ist immer auf ausreichenden Abstand zum fließenden Verkehr zu achten. Verschmutzungen an Warnleuchten und Sicherheitskennzeichnungen sind sofort zu beseitigen. Nebenarbeiten wie Reparaturen sollten nicht im Gefahrenbereich ausgeführt werden.

Richtlinien für die verkehrsrechtliche Sicherheit von Arbeitsstellen an Straßen (RSA 21)
Straßenverkehrsordnung (StVO)

Übungsbeispiel 7.9
Baustellensicherung

Für das *Beispielprojekt Stadtvilla* ist eine Absperrung der Baustelle mit Bauzaunelementen vorgesehen (Bild 7.24). Die Böschungskante der Baugrube muss bis zum Verfüllen gegen Absturz abgesichert werden.

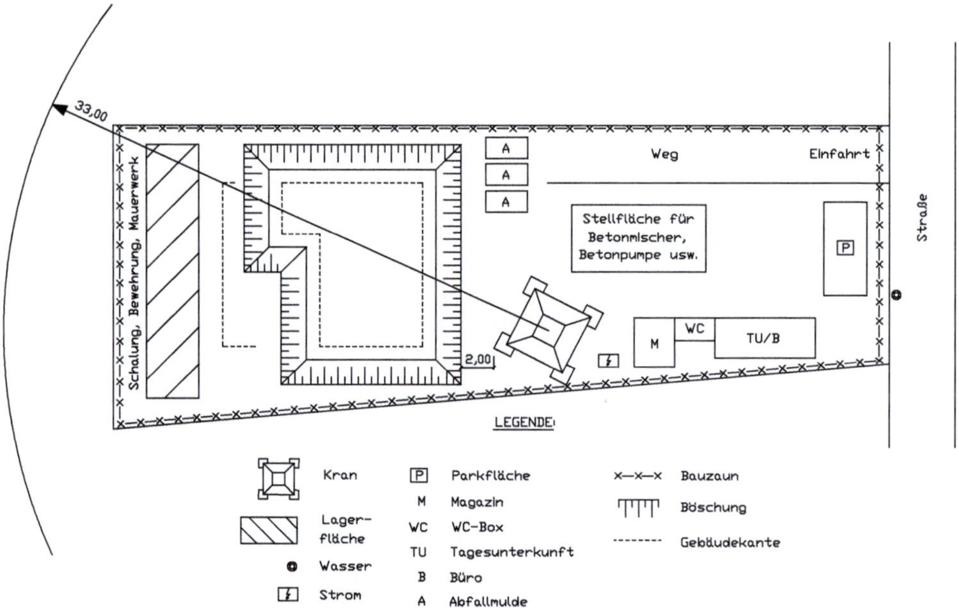

Bild 7.24 Baustelleneinrichtungsplan für das *Beispielprojekt Stadtvilla* mit Legende

7.3 Vorbereitung einer Baustelle

Um eine Baustelle vorzubereiten, fallen eine Vielzahl von Aufgaben an. Einige dieser Aufgaben fließen in die Planung der Baustelleneinrichtung mit ein, andere fallen im Vorfeld oder danach an. Sie sollten jedoch spätestens bis zum Baubeginn erledigt sein. Nachfolgend werden einige dieser Aufgaben exemplarisch aufgeführt.

Anhand von Checklisten kann eine firmenintern einheitliche Vorgehensweise für die Vorbereitung einer Baustelle festgelegt werden.

Meldung der Baustelle an die BG BAU

Jede Baustelle muss bei der Berufsgenossenschaft der Bauwirtschaft (BG BAU) gemeldet werden. Darüber hinaus muss der BG BAU angezeigt werden, wenn auf der Baustelle spezielle Tätigkeiten ausgeführt werden, wie z. B.

- Einsatz von hochziehbaren Personenaufnahmemitteln,
- Arbeiten im Gleisbereich,
- Druckluftarbeiten,
- Arbeiten in kontaminierten Bereichen,
- Umgang mit Asbest,
- Sprengarbeiten und Kampfmittelräumung.

Erforderliche Genehmigungen

Je nach Art der Baumaßnahme sowie den örtlichen Vorschriften sind bei den zuständigen Behörden Genehmigungen einzuholen. Hierzu zählen

- Genehmigung der Baumaßnahme nach Landesbauordnung,
- Abbruchgenehmigung, Genehmigung zur Entsorgung von Bauabfällen,
- Genehmigung für Transporte mit Überbreite oder Überhöhe,
- Genehmigungen für Überstunden, Nachtarbeit, Feiertagsarbeit,
- Genehmigung zur Verkehrssicherung,
- Genehmigung zur Flächennutzung.

Anträge zur Ver- und Entsorgung

Bei den zuständigen Versorgungsträgern können Anträge gestellt werden für die Bereitstellung von

- Strom,
- Wasser und Abwasser,
- Telefon und Internet.

Beschaffung von Informationen über die Verhältnisse im Baustellenbereich

Die Verhältnisse im Baustellenbereich müssen vor Baubeginn unbedingt bekannt sein. Daher sind Informationen einzuholen, wie z. B.

- Verlauf von vorhandenen Erd- und Freileitungen,
- Bestands- und Nachbarbebauung,
- Altlasten,
- geologische Verhältnisse und Grundwasserstände.

Erstellung von Gefährdungsbeurteilungen

Um mögliche Risiken zu erkennen und geeignete Schutzmaßnahmen planen zu können, muss eine umfassende *Gefährdungsbeurteilung* erstellt und schriftlich dokumentiert werden (Kapitel 10). Es ist darauf zu achten, dass Änderungen im Bauablauf oder der Bauverfahren eine Überarbeitung bzw. Aktualisierung der Gefährdungsbeurteilung notwendig machen können.

Erstellung von statischen Berechnungen und Nachweisen

Unabhängig von der Tragwerksplanung für das eigentliche Bauwerk sind im Rahmen der Baustelleneinrichtung eventuell zusätzliche statische Berechnungen und Nachweise erforderlich. Dies ist insbesondere dann der Fall, sobald von Regelungen einschlägiger Normen abgewichen wird. Beispiele können sein:

- Baugruben und Grabenverbau bezüglich *DIN 4124* und *DIN EN 1610*,
- Gerüste bezüglich *DIN 4420*,
- Hilfskonstruktionen von Tragwerken,
- Standsicherheit von Turmdrehkranen und Containeranlagen.

Notfallplanung

Um im Falle eines Notfalls schnellstmöglich reagieren zu können, ist für jede Baustelle eine Notfall-Planung durchzuführen:

- Rettungsplan mit Verzeichnis wichtiger Telefonnummern,
- Planung der Fluchtwege und des Brandschutzes,
- Kontaktaufnahme mit der zuständigen Rettungsleitstelle sowie der Feuerwehr bezüglich Maßnahmen für Rettung und Bergung,
- Information der Anlieger über mögliche Gefahren und evtl. erforderliche Maßnahmen.

Zusätzlich ist festzulegen, wer bei Arbeitsunfällen die erforderliche Meldung an die BG BAU sowie die zuständige Arbeitsschutzbehörde vornimmt.

Personalplanung

Jeder Mitarbeiter einer Baustelle muss nach fachlicher Eignung ausgewählt und den geplanten Tätigkeiten entsprechend unterwiesen und beauftragt werden. Zusätzlich muss die geistige und körperliche Eignung durch arbeitsmedizinische Untersuchungen gewährleistet sein.

Neben dem ausführenden Baustellenpersonal sind Mitarbeiter für besondere Funktionen auszuwählen, wie z. B.

- Ersthelfer,
- Baumaschinenführer,
- Wartungspersonal,
- Sicherungsposten und Einweiser.

Hinsichtlich der Baustelleneinrichtung muss für die Auswahl von Unterkünften, Sanitäranlagen, Erste-Hilfe-Räumen usw. die maximale Anzahl der Beschäftigten bekannt sein.

Vorzuhaltende Dokumente und Unterlagen

Eine Reihe wichtiger Dokumente und Unterlagen sind auf jeder Baustelle vorzuhalten Hierzu gehören gut sichtbare Aushänge, wie z. B.

- Erste Hilfe und Notfallmaßnahmen,
- Adressen und Sprechzeiten zuständiger Ärzte,
- Betriebsanweisungen,
- namentliche Benennung der Fachkraft für Arbeitssicherheit, des Betriebsarztes, der Ersthelfer und des Sicherheitsbeauftragten.

Aus- und Fortbildungsnachweise der Ersthelfer sowie die Bescheinigung über arbeitsmedizinische Vorsorgeuntersuchungen der Mitarbeiter müssen vorliegen und bei Bedarf durch eine berechtigte Person einsehbar sein.

Dem Baustellenpersonal müssen Arbeitsschutzvorschriften, Unfallverhütungsvorschriften sowie Regeln und Merkhefte zur Verfügung stehen. Wichtige Dokumente sind

- Betriebsanleitungen von Maschinen, Geräten und Einrichtungen, persönlicher Schutzausrüstung und Rettungsmitteln,
- Aufbau- und Verwendungsanleitungen von Schalungen, Gerüsten und Verbausystemen.

Weiterhin sind vorzuhalten

- Sicherheitsdatenblätter gemäß Gefahrstoffverordnung,
- Nachweise von Sachkundigen- und Sachverständigenprüfungen,

- Verbandbuch,
- Filterbuch Atemschutz,
- Krankontrollbuch,
- Wichtige Adressen und Telefonnummern.

7.4 Übungsaufgaben

Übungsaufgabe 7.1
Planung der Baustelleneinrichtung für Kanal- und Pflasterarbeiten

Für die Kanal- und Pflasterarbeiten des *Beispielprojekts Stadtvilla* soll die Baustelleneinrichtung geplant werden (Bild 4.10 und Bild 4.11). Das benachbarte unbebaute Grundstück kann mitbenutzt werden.

Es sind alle notwendigen Elemente der Baustelleneinrichtung zu bestimmen und in einem Baustelleneinrichtungsplan darzustellen. Welche der folgenden Einrichtungselemente sind für diese Tiefbaustelle erforderlich?

- Böschungen, Baustraße, Parkplätze, Zu- und Abfahrtstore, Bauzaun,
- Magazin, Tagesunterkünfte, Sanitäranlagen und Lagerflächen,
- Stellflächen für Zulieferfahrzeuge,
- Büros für Poliere, Bauleitung und Bauherr/Architekt,
- Flächen für die Zwischenlagerung des Oberbodens und des Aushubs, welcher später für die Verfüllung des Grabens benötigt wird.

Übungsaufgabe 7.2
Bemessung der Baustelleneinrichtung für ein Bürogebäude

Für das in Bild 7.25 bis Bild 7.27 dargestellte Bauvorhaben eines Bürogebäudes sind die einzelnen Elemente der Baustelleneinrichtung zu entwerfen. Für die Rohbauarbeiten des Bauvorhabens ist eine Bauzeit von sechs Wochen = 30 Arbeitstage (AT) vertraglich vereinbart. Gemäß Arbeitskalkulation wird eine Baustellenbelegschaft von sechs Arbeitern (AK) benötigt. Beim Betonieren mit dem Kran soll ein Betonkübel mit 750 l Inhalt eingesetzt werden. Folgende Größen sind zu bemessen und anzugeben:

- erforderliche Anzahl der Krane,
- erforderliche Tragkraft bei maximaler Ausladung bzw. maximales Lastmoment des Krans/der Krane, wenn alle Betonbauteile des Bauwerks mit dem 750-l-Betonkübel betoniert werden müssen. Hierfür sind in Übungsaufgabe 7.3 Standort und Schwenkbereich des Krans/der Krane festzulegen.
- Anzahl der Container für die Tagesunterkünfte,
- Anzahl der Waschgelegenheiten, Duschen und Toiletten in den Sanitäranlagen.

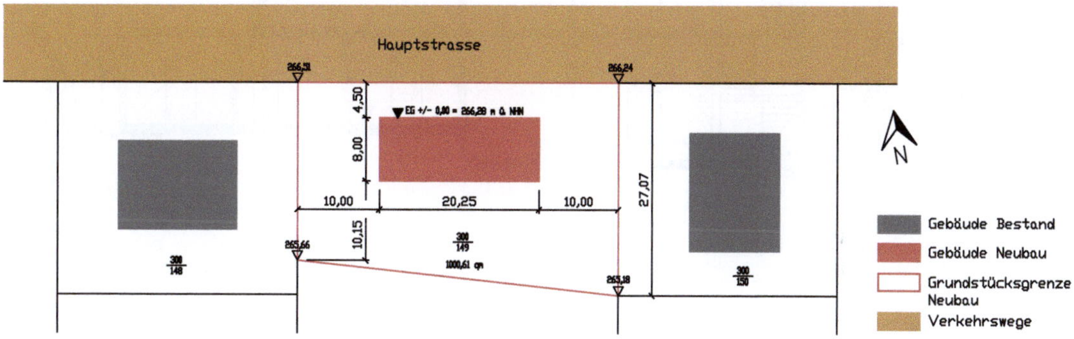

Bild 7.25 Lageplan

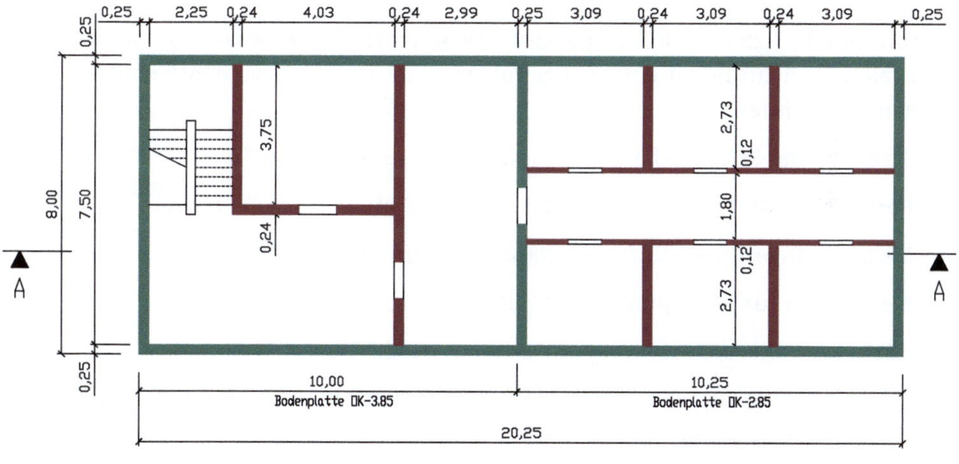

Bild 7.26 Grundriss

Bild 7.27 Schnitt

Übungsaufgabe 7.3

Planung der Baustelleneinrichtung für ein Bürogebäude

Für das in Bild 7.25 bis Bild 7.27 dargestellte Bauvorhaben eines Bürogebäudes ist die Baustelleneinrichtung zu entwerfen. Folgende Einrichtungselemente sind im Lageplan einzuzeichnen:

- Standort und Schwenkbereich des Krans/der Krane,
- Böschungen, Baustraße, Parkplätze, Zu- und Abfahrtstore, Bauzaun,
- Magazin, Tagesunterkünfte, Sanitäranlagen und Lagerflächen,
- Stellflächen für Betonpumpe und Zulieferfahrzeuge,
- Büros für Poliere, Bauleitung und Bauherr/Architekt,
- Flächen für die Zwischenlagerung des Oberbodens und des Aushubs, welcher später für die Verfüllung der Arbeitsräume benötigt wird.

8 Baumaschinen und Baugeräte

Studienziele

Das Kapitel soll dem Leser grundlegende Kenntnisse ermöglichen über

- Funktion und Einsatz von Baumaschinen und Baugeräten.

Das Kapitel soll dem Leser Fähigkeiten vermitteln,

- für gegebene Anforderungen geeignete Baumaschinen und Baugeräte auszuwählen.

8.1 Definition

Baumaschinen und Baugeräte sind Betriebsmittel, die zur Erstellung von Bauwerken benötigt werden. Beide Begriffe lassen sich jedoch getrennt voneinander nicht eindeutig definieren. Daher ist es in der Praxis durchaus üblich, dass Baumaschinen auch als Geräte bezeichnet werden.

Allgemein gilt: *Maschinen* sind aus beweglichen Teilen zusammengesetzte Vorrichtungen, die das Ziel haben, Arbeit umzusetzen. Sie sind als eigenständige Einheit funktionsfähig. *Geräte* werden dagegen als Oberbegriff für alle möglichen Gegenstände verwendet, mit denen etwas bewirkt oder bearbeitet werden kann. Insofern kann der Begriff Gerät auch sinnverwandt mit dem Begriff Maschine verwendet werden (Quelle: *König, H.*: Maschinen im Baubetrieb).

8.2 Turmdrehkrane

Durch den Einsatz von Turmdrehkranen kann ein großflächiger Materialtransport auf der Baustelle gewährleistet werden. Der Vorteil gegenüber anderen Bereitstellungs- bzw. Hebegeräten liegt darin, dass im gesamten Auslegerbereich sowohl ein vertikaler als auch ein horizontaler Transport unterschiedlichster Güter möglich ist. Der optimale Einsatz von Turmdrehkranen bedarf einer sorgfältigen Planung und ist von verschiedenen Faktoren abhängig. Hierzu zählen beispielsweise die Baustellengröße, die zu transportierenden Materialien und deren Gewichte, bestehende Hindernisse sowie die Platzverhältnisse für den Auf- und Abbau (Kapitel 7).

Bild 8.1 Turmdrehkrane auf einer Baustelle, Bildquelle: Liebherr

8.2.1 Kenngrößen

Um die für eine Bauaufgabe geeignete Krangröße festzulegen, werden Kenngrößen herangezogen. Hierzu gehören:

- **Ausladung**

  Die Ausladung definiert den horizontalen Abstand zwischen der Drehkranzachse und der Position des Lasthakens am Ausleger.

- **Traglast**

  Die Traglast gibt das Gewicht an, das von einem Kran gehoben und transportiert werden kann. Sie ist abhängig von der Bauart des Krans sowie der Ausladung und kann anhand der Traglasttabellen des Kranherstellers ermittelt werden.

- **Hakenhöhe**

  Die Hakenhöhe gibt den vertikalen Abstand zwischen der Aufstellfläche des Krans und der höchstmöglichen Position des Lasthakens an.

- **Lastmoment**

  Die maßgebliche Kenngröße von Turmdrehkranen ist das Lastmoment. Es ergibt sich aus der Ausladung und der Traglast und wird in Tonnen-Meter angegeben (Formel 8.1).

$$\text{Lastmoment [tm]} = \text{Traglast [t]} \cdot \text{Ausladung [m]} \tag{8.1}$$

Umrechnung: 1 kN ≈ 102 kg = 0,102 t; 1000 kg = 1 t ≈ 9,81 kN; 1 tm ≈ 9,81 kNm

In der Baustatik wird mit Kräften in [kN] und Momenten in [kNm] gerechnet; auf Baustellen und bei Kranen wird üblicherweise mit Gewichten in den Einheiten [kg, t] und Momenten in [tm] gerechnet.

Durch das zulässige Lastmoment wird bestimmt, welche Lasten bei verschiedenen Ausladungen sicher gehoben werden können, ohne dass Standsicherheit und Stabilität des Krans gefährdet werden. Analog zur Traglasttabelle gibt es für jeden Krantyp eine spezifische Lastmomentkurve.

8.2.2 Bauarten

Die verschiedenen Bauarten von Turmdrehkranen orientieren sich an den Erfordernissen des jeweiligen Einsatzgebietes. Zu den wichtigsten Unterscheidungsmerkmalen gehören die Position des Drehkranzes und die Art des Auslegers.

Position des Drehkranzes

Durch die Position des Drehkranzes erfolgt eine Unterscheidung in unten und oben drehende Krane. In der Praxis werden hierfür die Begriffe Unten- und Obendreher verwendet.

Bei *Untendrehern* befindet sich der Drehkranz unter dem Turm (Bild 8.2). Das bedeutet, dass beim Drehvorgang Turm und Ausleger gemeinsam gedreht werden. Bei den *Obendrehern* hingegen befindet sich der Drehkranz am oberen Ende des Turms (Bild 8.3). Es drehen also lediglich Ausleger und Gegenausleger.

Wesentliche Unterschiede bestehen auch bei der *Ballastierung*. Untendreher haben lediglich einen Gegenballast, der sich auf dem Unterwagen befindet und mitgedreht wird. Obendreher verfügen über einen Zentralballast, der auf dem Fundamentkreuz liegt sowie einen mitdrehenden Gegenballast am Gegenausleger.

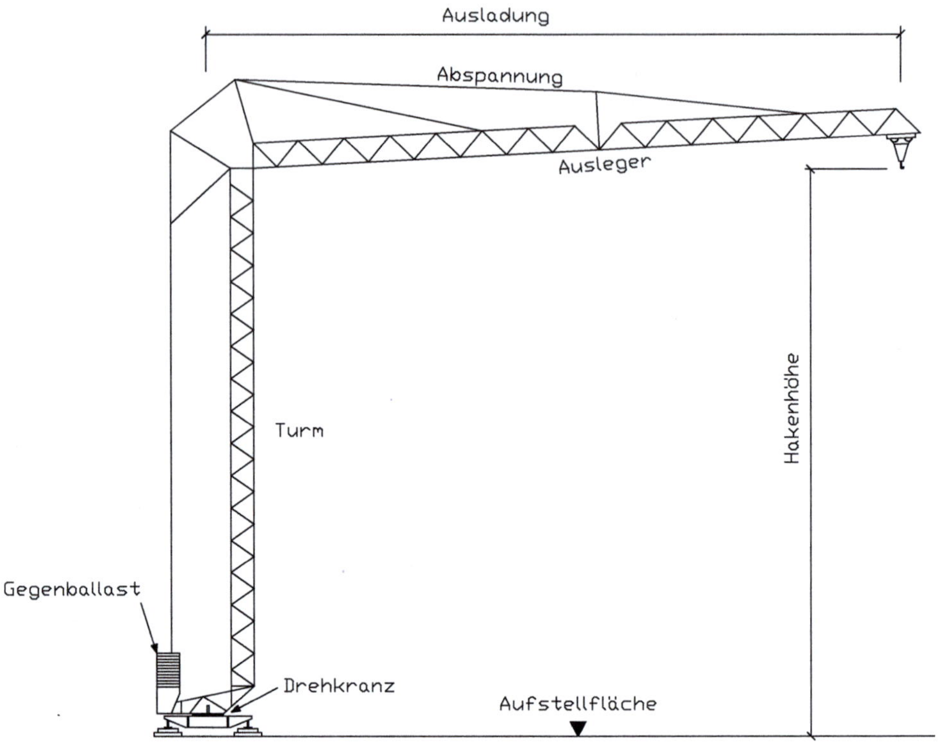

Bild 8.2 Unten drehender Turmdrehkran (Untendreher)

Untendreher werden auch als Schnelleinsatzkrane bezeichnet, da sie sich in kurzer Zeit automatisch auf- und abbauen und in zusammengeklapptem Zustand mit einem Zugfahrzeug transportiert werden (Bild 8.4). Bei Obendrehern bestehen Turm und Ausleger aus mehreren Einzelteilen, die mit einem Mobilkran am Einsatzort montiert und demontiert werden (Bild 8.5). Für den Transport werden mehrere Lkw benötigt.

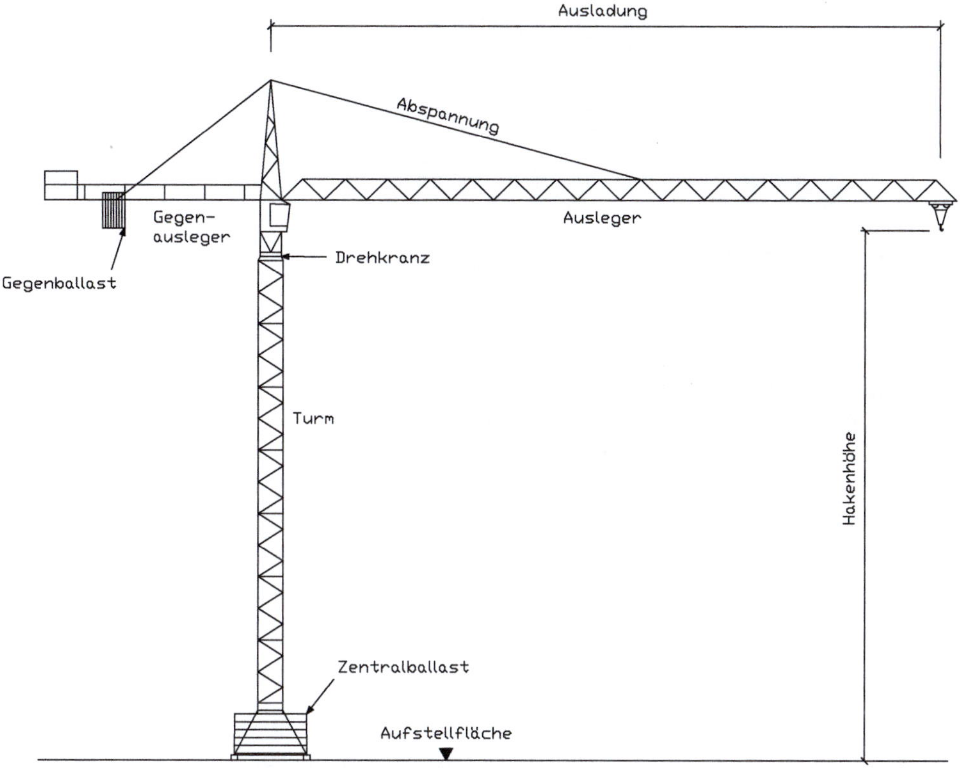

Bild 8.3 Oben drehender Turmdrehkran (Obendreher)

Bild 8.4 Transport eines Schnelleinsatzkranes, Bildquelle: Liebherr

Bild 8.5 Montage des Gegenauslegers eines Obendrehers, Bildquelle: Liebherr

Art des Auslegers

Es gibt verschiedene Arten von Auslegern. Hierzu gehören (Bild 8.6):

- **Katzausleger**

  Der Haken ist mittels einer Laufkatze über die gesamte Auslegerlänge verfahrbar. Hierbei handelt es sich um die häufigste Auslegerart, die bei Oben- und Untendrehern verwendet wird.

- **Teleskopausleger**

  Teleskopausleger sind ebenfalls Katzausleger, jedoch ist der Ausleger teleskopierbar. Hindernisse im Schwenkbereich können beispielsweise durch ein Einkürzen umgangen werden. Üblicherweise werden nur Untendreher mit Teleskopauslegern ausgestattet.

- **Biegebalkenausleger**

  Biegebalkenausleger sind Katzausleger ohne Turmspitze und Abspannung. Dadurch wird Raum nach oben hin gewonnen. Um die Durchbiegung möglichst zu reduzieren, nimmt der Querschnitt des Auslegers zum Turm hin zu. Biegebalkenausleger finden nur bei Obendrehern Anwendung.

- **Nadelausleger**

  Im Gegensatz zum Katzausleger befindet sich der Haken an der Auslegerspitze und kann nicht verfahren werden. Die horizontale Hakenposition wird über die Steilstellung des Auslegers reguliert. Turmdrehkrane mit Nadelausleger sind Obendreherkrane, die üblicherweise bei großen Höhen eingesetzt werden.

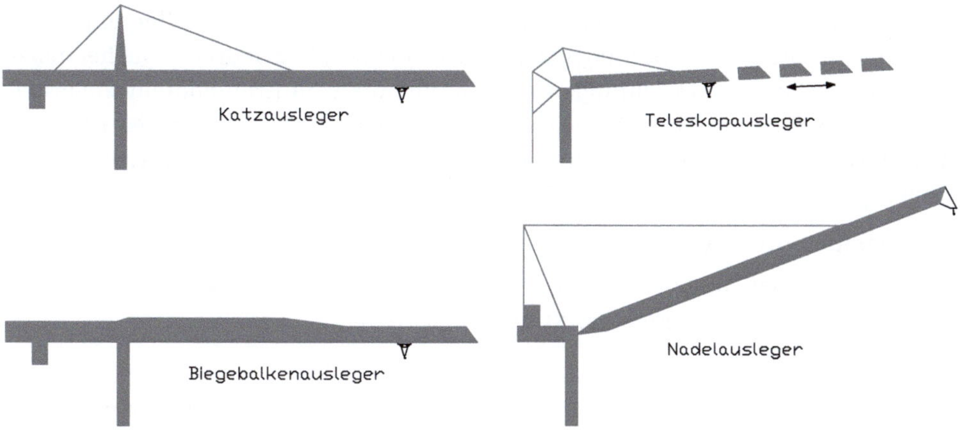

Bild 8.6 Verschiedene Auslegerarten

8.2.3 Gründung

Üblicherweise werden Turmdrehkrane auf einem aufgespindelten *Unterwagen* (bei Untendrehern) oder einem *Fundamentkreuz* (bei Obendrehern) gegründet. Voraussetzung hierfür ist ein tragfähiger Untergrund sowie die Einhaltung der Sicherheitsabstände, beispielsweise zur Baugrube (Abschnitt 7.2.1).

Bei Obendrehern besteht die Möglichkeit, den Turm mit speziellen *Fundamentankern* in ein entsprechend dimensioniertes Fundament einzulassen. Das Fundament ersetzt in diesem Fall den Zentralballast. Solche Lösungen werden bei beengten Platzverhältnissen angewendet oder wenn der Kran dauerhaft am Standort verbleibt, wie beispielsweise auf einem Bauhof.

Auf *Linienbaustellen* kann der Einsatz schienenfahrbarer Turmdrehkrane sinnvoll sein. Hierzu werden spezielle *Krangleise* auf Streifenfundamenten oder Betonschwellen verlegt. Dazu können sowohl Oben- als auch Untendreher eingesetzt werden, wobei die Spurweite des Gleises von den Abmessungen des Kranunterwagens abhängig ist.

8.2.4 Steuerung und Sicherheitseinrichtungen

Bis auf wenige Ausnahmen werden Untendreher ohne *Kranfahrerkabine* hergestellt. Die Steuerung erfolgt üblicherweise vom Boden aus mittels einer *Funkfernsteuerung*. Dadurch kann der Kranfahrer seinen Standort so wählen, dass er einen bestmöglichen Überblick erhält. Obendreher können ebenfalls mit einer Funkfernsteuerung bedient werden. Üblicher ist allerdings die Steuerung von der Fahrerkabine aus. Besonders bei großen Baustellen erhält der Kranfahrer dadurch einen sehr guten Überblick.

Bedienungsfehler können die Betriebssicherheit gefährden und stellen ein großes Unfallrisiko dar. Um dies bestmöglich zu vermeiden, sind Turmdrehkrane herstellerseitig mit Sicherheitseinrichtungen ausgestattet, die vom Kranmonteur eingestellt und anhand eines Prüfberichts dokumentiert werden. Die Funktionsweise ist derart, dass durch ein Auslösen der Sicherheitseinrichtung der jeweilige Antrieb automatisch abgeschaltet wird. Zu solchen Sicherheitseinrichtungen gehören:

- **Lastmomentbegrenzung**

  Verhindert das Anheben von Lasten, die die Standsicherheit gefährden bzw. die konstruktive Belastbarkeit des Krans überschreiten.

- **Hubendbegrenzung**

  Verhindert ein Anprallen der Hakenflasche an den Ausleger sowie ein vollständiges Abwickeln des Hubseils.

- **Katzfahrendbegrenzung**

  Reguliert die minimale und maximale Ausladung der Laufkatze.

Darüber hinaus gibt es weitere Technologien aus dem Bereich der Steuerungstechnik, die den Einsatz von Turmdrehkranen auf Baustellen deutlich sicherer machen. Hierzu zählen Systeme zur *Arbeitsbereichsbegrenzung*, mit denen Bereiche festgelegt werden können, die mit dem Ausleger nicht erreicht werden dürfen. Dies können Hindernisse wie beispielsweise Gebäude oder Hochspannungsleitungen sein. Auf Baustellen, bei denen mehrere Krane zum Einsatz kommen, können Antikollisionssysteme verwendet werden. Sie erfassen laufend Position und Bewegung der Krane und helfen durch Warnungen oder automatische Eingriffe, Kollisionen zu vermeiden.

Sowohl Systeme zur Arbeitsbereichsbegrenzung als auch Antikollisionssysteme sind in Deutschland nicht zwingend für den Kranbetrieb vorgeschrieben. Jedoch sollte im Rahmen der Gefährdungsbeurteilung entschieden werden, inwiefern die Verwendung solcher Systeme zur Erfüllung der Unternehmerpflichten im Bereich Arbeitsschutz notwendig sind.

8.3 Teleskopkrane

Teleskopkrane sind auf Rädern oder Ketten verfahrbar und mit einem hydraulisch teleskopierbaren Ausleger ausgestattet. Sie können schnell an verschiedene Einsatzorte gebracht werden und sind in ihrer Verwendung sehr flexibel. Aufgrund des geringen Montageaufwands sind Teleskopkrane auch für kurze Einsatzzeiten geeignet, wie sie im Stahlbau oder bei der Montage von Betonfertigteilen häufig vorkommen. Im Hochbau können sie eingesetzt werden, um Lasten zu transportieren, die vom Turmdrehkran nicht erreicht werden oder zu schwer sind. Eine generelle Alternative zu Turmdrehkranen stellen sie bei Linienbaustellen oder in schwierigem Gelände dar.

Je nach Modell und Hersteller können Teleskopkrane mit zusätzlichen Anbaugeräten ausgerüstet werden. Dadurch kann das Einsatzgebiet über den Kranbetrieb hinaus erweitert werden. Hierzu zählen Spitzenausleger, Arbeitsplattformen oder Hubgabeln.

8.3.1 Kenngrößen

Die wichtigsten Kenngrößen von Teleskopkranen sind Tragkraft (Lastmoment), Auslegerlänge und Ausladung. Die entsprechenden Werte können den Datenblättern der Hersteller entnommen werden (Bild 8.7).

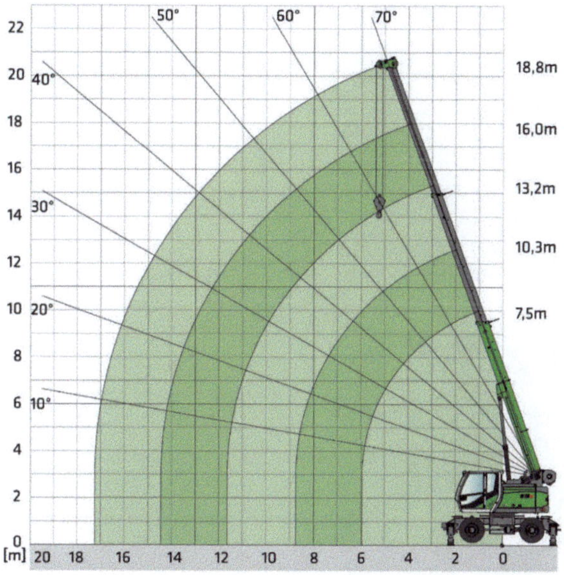

Bild 8.7
Auslegerlängen und Ausladung eines Teleskopkrans, Bildquelle: SENNEBOGEN

8.3.2 Bauarten

Der Oberwagen von Teleskopkranen besteht aus der Fahrerkabine, der Auslegerkonstruktion sowie dem Antriebsmotor und der Hydraulikpumpe. Durch einen Drehkranz, der sich zwischen dem Ober- und Unterwagen befindet, lässt sich der gesamte Oberwagen um 360° drehen.

Art des Fahrwerks

Fahrwerk und Fahrwerksantrieb befinden sich am Unterwagen. Je nach Art des Fahrwerks werden Teleskopkrane als Mobilkran oder Raupenkran bezeichnet. *Mobilkrane* (Bild 8.8) sind mit einem Radfahrwerk ausgestattet und können bedingt unter Last verfahren werden. Durch eine integrierte *4-Punkt-Abstützung* wird die Standfläche des Krans vergrößert und Geländeunebenheiten ausgeglichen. Dadurch werden Stabilität und Tragkraft erhöht. *Raupenkrane* (Bild 8.9) sind mit einem Kettenfahrwerk ausgestattet. Sie werden im Kranbetrieb nicht zusätzlich abgestützt und können auch unter Last verfahren werden.

Die maximale Traglast beträgt bei mobilen Teleskopkranen ca. 120 Tonnen, Teleskopkrane mit Kettenfahrwerk können Lasten von bis zu ca. 200 Tonnen heben.

Bild 8.8
Mobilkran mit 4-Punkt-Abstützung, Bildquelle: SENNEBOGEN

Bild 8.9
Raupenkran auf einer Linienbaustelle, Bildquelle: SENNEBOGEN

8.4 Hydraulikbagger

Hydraulikbagger werden zum Graben, Heben und Bearbeiten von Erdreich oder sonstigen Materialien verwendet. Sie sind auf Rädern oder Ketten fahrbar und können dadurch flexibel und schnell eingesetzt werden. Sämtliche Einrichtungen inklusive Fahrwerk werden hydraulisch angetrieben. Die hierzu erforderliche Energie wird durch Hydraulikpumpen erzeugt, die wiederum durch einen Verbrennungs- oder Elektromotor angetrieben werden.

8.4.1 Kenngrößen

Die wichtigste Kenngröße von Hydraulikbaggern ist das Betriebsgewicht. Danach kann eine Unterteilung in folgende Größenklassen erfolgen:

- **Mini- und Kompaktbagger**
  Betriebsgewicht bis ca. 10 Tonnen,
  Einsatzbereiche: Garten- und Landschaftsbau, kleinere Erdbaumaßnahmen.
- **Mittelgroße Bagger**
  Betriebsgewicht ab ca. 10 Tonnen bis unter 30 Tonnen,
  Einsatzbereiche: Große Erdbaumaßnahmen.
- **Große Bagger**
  Betriebsgewicht ab 30 Tonnen,
  Einsatzbereiche: Tagebau, Steinbruch.

8.4.2 Bauarten

Der Oberwagen von Hydraulikbaggern besteht aus der Fahrerkabine, der Auslegerkonstruktion sowie dem Antriebsmotor und der Hydraulikpumpe. Durch einen Drehkranz sowie eine hydraulische Drehdurchführung, die sich zwischen dem Ober- und Unterwagen befinden, lässt sich der gesamte Oberwagen um 360° drehen.

Zu den wichtigsten Unterscheidungsmerkmalen bei Hydraulikbaggern gehören die Art des Fahrwerks, die Art des Auslegers sowie die Art des Hecks.

Art des Fahrwerks

Fahrwerk und Fahrwerksantrieb befinden sich am Unterwagen. Je nach Art des Fahrwerks werden Hydraulikbagger als Mobilbagger (Bild 8.10) oder Raupenbagger (Bild 8.11) bezeichnet. *Mobilbagger* sind mit einem Radfahrwerk ausgestattet. Zur Erhöhung der Standsicherheit kann ein Abstütz- und Planierschild oder eine Pratzen-Abstützung verwendet werden (auch in Kombination). *Raupenbagger* sind mit einem Kettenfahrwerk ausgestattet. In der Größenklasse der Mini- und Kompaktbagger erfolgt die Abstützung über ein Abstütz- und Planierschild. Größere Raupenbagger werden nicht abgestützt.

Art des Auslegers

Die Auslegerkonstruktion von Hydraulikbaggern besteht aus dem Grundausleger sowie dem Löffelstiel. Beide Bauteile sind gelenkig miteinander verbunden.

Unterschieden werden zwei Arten von Grundauslegern:

- **Verstellausleger**

  Bei Verstellauslegern wird der Grundausleger durch ein zusätzliches Gelenk in zwei Bauteile unterteilt. Dadurch werden Beweglichkeit und Reichweite erhöht.

- **Monoblockausleger**

  Ausleger, die starr ausgebildet sind, werden Monoblockausleger genannt. Sie zeichnen sich durch eine höhere Stabilität aus und sind in der Regel kostengünstiger als Verstellausleger.

Bild 8.10
Mobilbagger mit Verstellausleger, Abstütz- und Planierschild sowie Pratzen-Abstützung, Bildquelle: HSB

Bild 8.11
Kompaktbagger als Raupenbagger mit Monoblockausleger sowie Abstütz- und Planierschild, Bildquelle: HSB

Art des Hecks

Bei der Standardheck-Ausführung ragt das Heck beim Drehen des Oberwagens in seitlicher Position deutlich über den Unterwagen hinaus. Dementsprechend müssen ausreichende Platzverhältnisse vorhanden sein. Bei *Kurzheckbaggern* hingegen befindet sich das Heck in jeder Position des Oberwagens innerhalb der Breite des Unterwagens. Daher eignen sich Bagger mit einem kurzen Heck sehr gut für Arbeiten auf engem Raum.

8.4.3 Anbaugeräte und Schnellwechseleinrichtungen

Anbaugeräte sind Werkzeuge und Ausrüstungen, die am Löffelstiel des Baggers montiert werden, um entsprechende Arbeiten ausführen zu können (Bild 8.12). Hierzu zählen unter anderem:

- Grabgefäße,
- Greifer,
- Abbruchhämmer.

Bei der Auswahl ist darauf zu achten, dass das Anbaugerät der Baggergröße entspricht.

Anbaugeräte werden über die Baggerhydraulik bedient bzw. angetrieben. Der Anschluss erfolgt über entsprechende Schlauchverbindungen am Löffelstiel des Baggers.

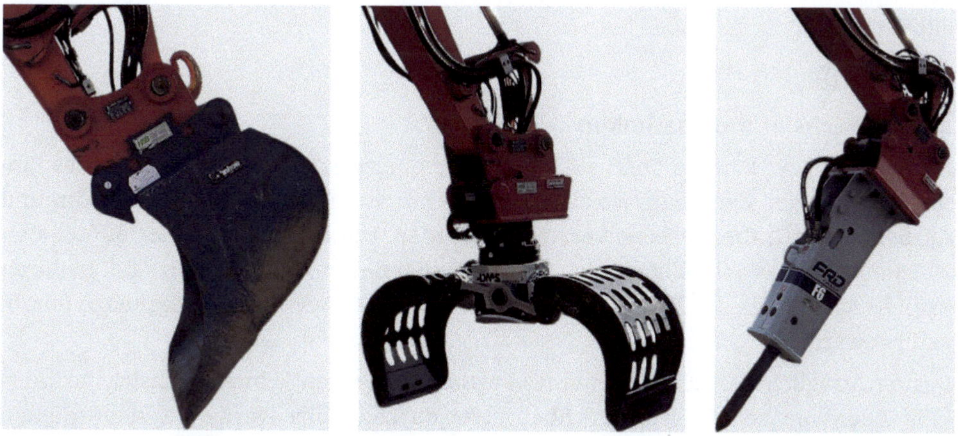

Bild 8.12 Tieflöffel (links), Sortiergreifer (Mitte), Abbruchhammer (rechts), Bildquelle: HSB

Um beim Wechseln der Anbaugeräte möglichst wenig Zeit zu verlieren, werden Schnellwechseleinrichtungen verwendet. Diese verbleiben permanent am Löffelstiel des Baggers und besitzen einen Adapter zur Aufnahme und Verriegelung des Anbaugerätes. Hierfür müssen Schnellwechseleinrichtung am Bagger und Aufnahmeplatte am Anbaugerät kompatibel sein.

Bei vollhydraulischen Schnellwechseleinrichtungen erfolgt der gesamte Wechselvorgang inklusive Anschluss an die Baggerhydraulik von der Fahrerkabine aus (Bild 8.13). Mechanische Schnellwechseleinrichtungen hingegen erfordern ein manuelles Verriegeln und Anschließen.

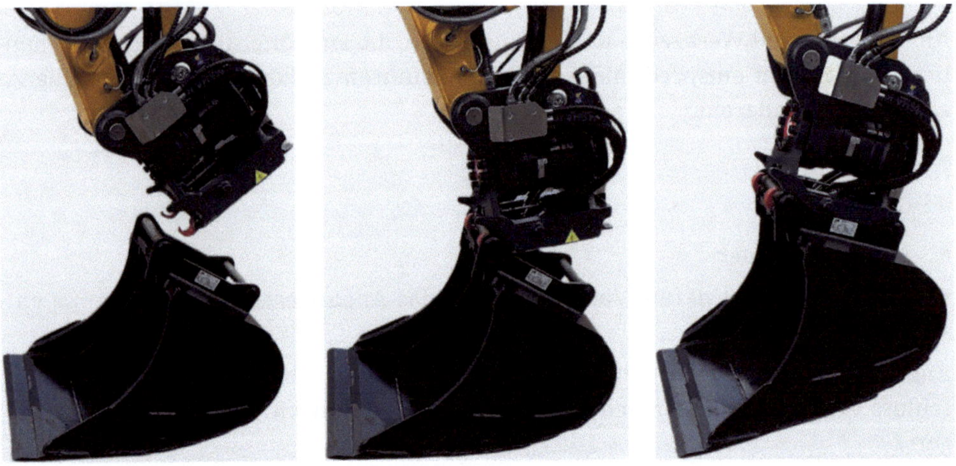

Bild 8.13 Wechselvorgang mit vollhydraulischer Schnellwechseleinrichtung, Bildquelle: HSB

Schnellwechsler mit Lasthaken

Hydraulikbagger können auch als Hebegeräte eingesetzt werden. Ein typisches Einsatzgebiet ist der Kanalbau, wo sie zum Verlegen von Rohren oder für das Ein- und Ausheben des Grabenverbaus verwendet werden. Um die Lasten sicher aufnehmen zu können, gibt es Schnellwechsler, die mit einem Lasthaken versehen sind. Dadurch kann beispielsweise der *Tieflöffel* am Bagger verbleiben, während Hebearbeiten durchgeführt werden.

Das nachträgliche Anschweißen eines Lasthakens an den Schnellwechsler darf ausschließlich von zertifizierten Fachbetrieben durchgeführt werden. Zudem müssen Hydraulikbagger, die als Hebegerät eingesetzt werden, mit zusätzlichen Lasthalteventilen oder Rohrbruchsicherheitsventilen ausgestattet sein. Diese Ventile verhindern, dass Ausleger und Stiel bei einem plötzlichen Hydraulikausfall unkontrolliert absinken. Außerdem muss am Bagger eine Überlastwarneinrichtung installiert sein.

Hochlöffel

Bei den in Steinbrüchen oder in der Gewinnung eingesetzten Großbaggern wird häufig zwischen einem Tief- oder Hochlöffel als Arbeitseinrichtung gewählt. Hochlöffelbagger sind mit einem Löffel ausgestattet, der nach oben geöffnet ist (Bild 8.14). Sie eignen sich besonders zum Laden von grobem Haufwerk mit wenig Feinanteil. Ähnlich wie Radlader arbeiten Sie „vor der Wand". Im Gegensatz zu Tieflöffelbaggern, die ihren Standort in der Regel über dem zu beladenden Transportfahrzeug haben, stehen Hochlöffelbagger und Lkw bzw. Muldenkipper auf dem gleichen Höhenniveau.

Bild 8.14
Hydraulikbagger mit Hochlöffel, Bildquelle: Caterpillar/Zeppelin

8.5 Radlader

Radlader werden zum Laden, Heben und Transportieren von verschiedenen Materialien verwendet. Sie sind auf Rädern verfahrbar und können dadurch auch größere Strecken in einem relativ hohen Tempo zurücklegen. Aufgrund einer Vielzahl verschiedener Anbaugeräte können insbesondere kleinere Radlader sehr universell eingesetzt werden. Hierzu zählen beispielsweise das Be- und Entladen von Transportfahrzeugen oder der Einsatz als Räum- oder Kehrfahrzeug.

8.5.1 Kenngrößen

Kenngrößen von Radladern sind die Motorleistung, das Betriebsgewicht und die Schaufelgröße, gemessen am Inhalt. Da die Herstellerangaben zu Motorleistung und Schaufelinhalt in Bezug zum Betriebsgewicht sehr unterschiedlich sind, wird nachfolgend eine Einteilung der Größenklassen anhand des Betriebsgewichtes versucht:

- **Kleine Radlader**

  Betriebsgewicht bis ca. 10 Tonnen,

  Einsatzbereiche: Garten- und Landschaftsbau, kleinere Erdbaumaßnahmen, Tätigkeiten im Bereich Logistik und Lagerwirtschaft, kommunale Anwendungen.
- **Mittelgroße Radlader**

  Betriebsgewicht ca. 10 Tonnen bis 20 Tonnen,

  Einsatzbereiche: Große Erdbaumaßnahmen, Kies- und Sandwerke.
- **Große Radlader**

  Betriebsgewicht ab ca. 20 Tonnen,

  Einsatzbereiche: Steinbruch, Tagebau.

8.5.2 Bauarten

Die im Bauwesen eingesetzten Radlader sind üblicherweise mit einem Allradantrieb ausgestattet. Unterschiede gibt es in den Lenksystemen.

Art der Lenkung

Hauptsächlich werden Knick- und Allradlenkungen verwendet. Die früher bei Kompaktladern noch häufiger anzutreffende Antriebslenkung, ist mittlerweile eher selten zu finden.

Bei Radladern mit *Knicklenkung* werden Vorder- und Hinterwagen gegeneinander verdreht (Bild 8.15). Dadurch entsteht zu jeder Seite ein Knickwinkel. Knickgelenkte Radlader besitzen eine hohe Wendigkeit. Aufgrund der Schwerpunktverlagerung verringert sich in eingeknickter Position jedoch die Kippsicherheit.

Bild 8.15
Knickgelenkter Radlader, Bildquelle: HSB

Bei allradgelenkten Radladern können sowohl die Vorder- als auch die Hinterräder unabhängig voneinander bewegt werden (Bild 8.16). Da der Geräteschwerpunkt durch den Lenkvorgang nicht verlagert wird, besitzen sie im Vergleich zu knickgelenkten Radladern eine höhere Kippsicherheit (Bild 8.17). *Allradlenkungen* finden in der Regel nur bei kleinen Radladern Anwendung.

Bild 8.16
Radlader mit Allradlenkung, Bildquelle: Kramer-Werke

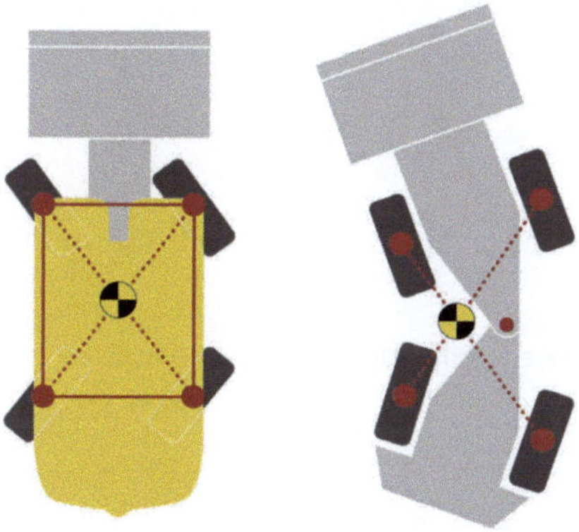

Bild 8.17
Schwerpunktlage bei Radladern mit Allradlenkung (links) und Knicklenkung (rechts), Bildquelle: Kramer-Werke

8.5.3 Anbaugeräte und Schnellwechseleinrichtungen

Wie bereits beschrieben, gibt es für kleine Radlader verschiedene Anbaugeräte, mit denen die Einsatzmöglichkeiten deutlich erweitert werden können (Bild 8.18). Analog zu den Hydraulikbaggern werden auch Radlader hierfür mit einer entsprechenden Schnellwechseleinrichtung ausgestattet.

Bild 8.18 Anbaugeräte für Radlader kleiner Baureihen, Bildquelle: Kramer-Werke

8.6 Planier- und Laderaupen

Planierraupen werden zum Lösen und Verschieben großer Materialmengen eingesetzt und eignen sich insbesondere für grobe Planierarbeiten. Im Bauwesen zählen der Straßenbau sowie die Baufeldvorbereitung zu den Haupteinsatzgebieten. Planierraupen besitzen ein Kettenfahrwerk und können daher auch in schwierigem Gelände eingesetzt werden, beispielsweise für Rodungsarbeiten. Das *Planierschild* befindet sich an der Frontseite und ist höhenverstellbar. Die Bedienung des Schildes kann manuell oder über ein Maschinensteuerungssystem erfolgen. Mit Laser oder GPS ausgestattete Maschinensteuerungssysteme passen die Höhenposition des Planierschildes ständig an die zu erstellenden Geländekontur und ermöglichen ein in großen Teilen automatisiertes Arbeiten.

Laderaupen sind im Gegensatz zu Radladern mit einem Kettenfahrwerk ausgestattet und somit noch geländegängiger. An der Frontseite befindet sich die *Ladeschaufel*, die je nach Baureihe ein Fassungsvermögen von bis zu 4,0 m^3 haben kann. Ursprünglich waren Laderaupen eine Abwandlung der Planierraupen, indem das Planierschild durch eine Ladeschaufel ersetzt wurde. Da sich jedoch Funktion und Bedienbarkeit nur bedingt für die gewünschten Tätigkeiten eigneten, erfolgte eine Weiterentwicklung hin zu eigenen Geräten.

Planier- und Laderaupen können zusätzlich mit einem Heckaufreißer ausgerüstet sein, um den Boden zu lösen bzw. aufzulockern (Bild 8.19).

Bild 8.19 Planierraupe mit Heckaufreißer (links) und Laderaupe (rechts), Bildquelle: Caterpillar/Zeppelin

8.7 Grader

Grader sind meist dreiachsige Erdbaumaschinen, die hauptsächlich im Erd- und Straßenbau eingesetzt werden. Im Gegensatz zu den Planierraupen, werden Sie für feine Planierarbeiten oder zum Glätten verwendet. Hierzu befindet sich in der Mitte des Graders ein Schild, die sogenannte *Schar*, die gedreht und gekippt werden kann. Dadurch können auch schiefe Ebenen und Böschungen präzise bearbeitet werden. Grader können mit einem zusätzlichen Frontschild sowie einem Heckaufreißer ausgerüstet sein. Dennoch sind sie nicht dafür ausgelegt, große Materialmengen zu verschieben (Bild 8.20).

Bild 8.20 Grader, Bildquelle: Peter Gross Bau

8.8 Scraper

Die auch als *Schürfwagen* bezeichneten Scraper werden zum Abtragen und Umlagern leicht lösbarer Böden verwendet. Dazu nehmen sie das Material mittels einer Schürfeinrichtung in einem Lagerkübel auf, der an einer anderen Stelle wieder entleert wird. Scraper sind besonders effizient auf flächigen Baustellen, auf denen große Mengen an Erdmaterial über mittlere Entfernungen transportiert werden müssen.

Scraper bestehen aus zwei gelenkig miteinander verbundenen Hauptkomponenten, einer Zugeinheit und einer Schürfeinheit, an der sich der Lagerkübel mit Schürfkante befindet (Bild 8.21). Die Gelenkverbindung dient gleichzeitig als Lenksystem, das über Hydraulikzylinder ähnlich wie bei der Knicklenkung eines Radladers funktioniert. Zum Befüllen wird der Lagerkübel soweit abgesenkt, bis die Schürfkante ausreichenden Bodenkontakt hat. Durch die Vorwärtsbewegung des Scrapers wird das Material nun über die Schürfkante in den Kübel geschoben. Nach dem Befüllen wird der Kübel durch eine hydraulisch bedienbare Klappe verschlossen. Zum Entleeren des Lagerkübels wird die Frontklappe geöffnet und eine ebenfalls hydraulisch zu betätigende Rückwand schiebt das Material heraus.

Es gibt einmotorige Scraper, bei denen die Zugeinheit mit Antrieb und die Schürfeinheit ohne Antrieb ausgestattet ist. Bei zweimotorigen Scrapern besitzen sowohl Zugeinheit als auch Schürfeinheit einen eigenen Antrieb. Sie sind für schwerere Arbeiten und größere Entfernungen geeignet.

Bild 8.21 Scraper bestehen aus einer Zug- und einer Schürfeinheit, Bildquelle: Caterpillar/Zeppelin

8.9 Muldenkipper

Zum Transport von Erdmassen und sonstigen Schüttgütern werden hauptsächlich Muldenkipper eingesetzt. Sie besitzen eine Stahlmulde, die nach hinten, teilweise auch seitlich, abkippbar ist.

Muldenkipper mit Straßenzulassung umfassen sowohl drei- oder vierachsige Fahrzeuge mit starrem Rahmen (Bild 8.22) als auch sogenannte Sattelkipper, bestehend aus einer Sattelzugmaschine und einem kippbaren Sattelauflieger. Sie kommen bei Baustellen mit ausreichend stabilen Bodenverhältnissen zum Einsatz und sind häufig auch im Straßenverkehr anzutreffen.

Bild 8.22 3-Achs Muldenkipper mit Straßenzulassung (links), Bildquelle: Peter Gross Bau, und Sattelkipper mit Straßenzulassung (rechts), Bildquelle: Mannweiler Baustoffe

Muldenkipper ohne Straßenzulassung werden in der Regel ausschließlich auf Baustellen oder Betriebsgeländen eingesetzt. Die auch als Dumper bezeichneten Fahrzeuge sind mit Knicklenkung oder einem starren Rahmen ausgestattet (Bild 8.23).

Bild 8.23 Knickgelenkter (links) und starrer Muldenkipper (rechts), Bildquelle: Caterpillar/Zeppelin

Das Fassungsvermögen der Kippmulden variiert je nach Bauart der Fahrzeuge erheblich:

- **4-Achs Muldenkipper mit Straßenzulassung**
  Muldenvolumen bis ca. 17 m^3
- **Sattelkipper mit Straßenzulassung**
  Muldenvolumen bis ca. 25 m^3
- **Knickgelenkte Muldenkipper**
  Muldenvolumen bis ca. 25 m^3 (SAE 2:1)
- **Schwerlast Muldenkipper mit starrem Rahmen**
  Muldenvolumen bis ca. 275 m^3 (SAE 2:1)

SAE bezeichnet eine standardisierte Methode zur Volumenangabe von Muldenkippern und anderen Erdbaugeräten, mit der das Ladevolumen inklusive einer idealisierten Aufschüttung oberhalb der Muldenkanten berechnet wird. SAE 2:1 beschreibt die Aufschüttung mit einem Böschungsverhältnis von 2:1, was einem Neigungswinkel von etwa 26,5° entspricht. Die SAE-Norm stammt von der amerikanischen *Society of Automotive Engineers (SAE)* und dient der vergleichbaren Bewertung von Ladevolumina bei Schüttgütern.

8.10 Walzenzüge

Walzenzüge werden zum Verdichten größerer Bodenflächen verwendet. Sie bestehen aus einem Vorderwagen, an dem sich die Bandage befindet, und einem Hinterwagen mit luftbereiften Antriebsrädern. Vorder- und Hinterwagen sind durch eine Knicklenkung miteinander verbunden.

Je nach Bodenart und Anforderung können Walzenzüge mit verschiedenen, austauschbaren Bandagen ausgestattet werden (Bild 8.24). Unterschieden werden folgende Arten:

- **Glattbandage**

  Bandage mit glatter Oberfläche zum Verdichten von Mischböden und nichtbindigen Böden.

- **Stampffußbandage**

  Bandage mit hervorstehenden Füßen zur Verdichtung von bindigen Böden.

- **Brecherbandage**

  Bandage mit hervorstehenden, austauschbaren Meißeln, zum Zerkleinern und Verdichten von sehr harten und felsigen Böden.

Bild 8.24 Walzenzug mit Glattbandage (links), Stampffußbandage (Mitte) und Brecherbandage (rechts), Bildquelle: WIRTGEN GROUP

Es werden zwei Hauptarten der Verdichtung unterschieden.

Dynamische Verdichtung

Bei der dynamischen Verdichtung wird die Bandage mithilfe von Unwuchten in Schwingung versetzt, wodurch im Boden Kornumlagerungen in dichtere Positionen erreicht werden. Die meisten dynamischen Walzen arbeiten mit Vibration. Als weiteres dynamisches System kann, etwa in sensiblen Bereichen, die erschütterungsarm verdichtende Oszillation eingesetzt werden. Zusammen mit der statischen Auflast der Walze wird so eine sehr hohe Verdichtung des Untergrunds erreicht.

Statische Verdichtung

Bei der statischen Verdichtung übt die Walze mit ihrem Eigengewicht Druck auf den Untergrund aus, ohne zusätzliche dynamische Einwirkungen. Diese Form der Verdichtung hat nur eine vergleichsweise geringe Tiefenwirkung. Zur Anwendung kommt die statische Verdichtung insbesondere bei bindigen Böden oder in sensiblen Bereichen, in denen Erschütterungen vermieden werden müssen.

8.11 Straßenfertiger

Straßenfertiger werden im Straßenbau hauptsächlich für das Einbauen, Verteilen und Verdichten von Asphalt verwendet. Sie sind mit einem Raupen- oder Radfahrwerk ausgestattet (Bild 8.25).

Nachfolgend werden wesentliche Bauteile und deren Funktion kurz beschrieben:

- In den *Aufnahmebehälter* übergeben die Beschickungsfahrzeuge das einzubauende Mischgut.
- Auf *Kratzerbändern* wird das Mischgut an die Verteilerschnecken geleitet.
- Die *Verteilerschnecken* verteilen das Mischgut auf die erforderliche Einbaubreite.
- Durch die *Einbaubohle* wird das Mischgut profilgerecht eingebaut und vorverdichtet.

Straßenfertiger sind in verschiedenen Größenklassen mit jeweils individuellen Ausstattungsmerkmalen für unterschiedliche Anwendungsbereiche erhältlich. Eine wichtige Kenngröße ist die Einbaubreite. Es gibt Maschinen, mit denen Breiten bis zu 18 Meter abgedeckt werden können.

Bild 8.25 Straßenfertiger mit Radfahrwerk (links) und mit Raupenfahrwerk (rechts), Bildquelle: Peter Gross Bau

8.12 Walzen zur Asphaltverdichtung

Bereits beim Einbau des Asphalts erfolgt eine Vorverdichtung durch die Verteilerbohle des Fertigers. Der Grad dieser Vorverdichtung ist mit ausschlaggebend für den Umfang und die Art der Nachverdichtung durch Walzen. Nachfolgend werden die zur Asphaltverdichtung am häufigsten eingesetzten Walzen vorgestellt.

Tandemwalzen

Tandemwalzen sind mit einer vorderen und einer hinteren Glattmantelbandage ausgestattet (Bild 8.26 links). Es gibt zwei Arten der Lenkung. Bei den knickgelenkten Walzen sitzt das Gelenk, wie bei Walzenzügen auch, zwischen Vorder- und Hinterwagen. Bei allradgelenkten Walzen kann jede Bandage einzeln oder beide Bandagen entgegengesetzt gelenkt werden.

Zusätzlich zur Flächenpressung durch das Eigengewicht erfolgt eine dynamische Verdichtung durch Vibration der Bandagen. Dadurch, dass die hintere Bandage nach links oder rechts verschiebbar ist, kann die Arbeitsbreite deutlich erhöht werden. Diese Überlappung der beiden Spuren wird auch als „Hundegang“ bezeichnet.

Gummiradwalzen

Gummiradwalzen (Bild 8.26 rechts) sind vorne und hinten mit glatten Gummireifen ausgestattet. Sie arbeiten nach dem Prinzip der statischen Verdichtung unter Einwirkung ihres Gewichtes. Neben der Radlast und dem Reifendruck ist die Tiefenwirkung der Verdichtung von der Fahrgeschwindigkeit abhängig.

Gummiradwalzen werden hauptsächlich für die Vorverdichtung sowie zur Verdichtung dünner Asphaltschichten eingesetzt. Darüber hinaus werden sie auch zum Glattbügeln fertig verdichteter Asphaltdecken verwendet, da durch die Knetwirkung der Reifen ein guter Porenschluss erzielt wird.

Bild 8.26 Knickgelenkte Tandemwalze (links) und Gummiradwalze (rechts), Bildquelle: WIRTGEN GROUP

Kombiwalzen

Kombiwalzen sind vorne mit einer Glattmantel-Vibrationsbandage und hinten mit glatten Gummireifen ausgestattet. Sie vereinen somit die Vorteile der dynamischen Verdichtung mit der statischen Verdichtung, insbesondere der Knetwirkung von Gummiradwalzen. Sie können knick- oder allradgelenkt sein.

8.13 Handgeführte Verdichtungsgeräte

Handgeführte Verdichtungsgeräte werden zur Verdichtung kleinerer Flächen oder von Teilbereichen verwendet, bei denen der Einsatz größerer Maschinen nicht möglich oder unwirtschaftlich ist. Handgeführte Verdichtungsgeräte sind in verschiedenen Gewichtsklassen erhältlich. Der Antrieb erfolgt über Verbrennungs- oder Elektromotoren. Nachfolgend werden gängige Geräte kurz beschrieben.

Vibrationsplatten

Vibrationsplatten (auch als Rüttelplatten bezeichnet) arbeiten nach dem Prinzip der dynamischen Verdichtung (Bild 8.27 links). Sie besitzen eine Grundplatte, die mit einem Kreisschwinger sowie einem Antriebsmotor verbunden ist. Durch die Bewegung des Kreisschwingers entsteht eine Unwucht, die für die Verdichtungsenergie sowie den Vorlauf sorgt. Vibrationsplatten mit Vor- und Rücklauf sind mit zwei gegenläufigen Kreisschwingern ausgestattet. Über eine hydraulische Umschalteinrichtung kann zwischen Vor- und Rücklauf gewechselt werden. Vibrationsplatten werden für das Verdichten von Sand, Kies, Schotter, Pflaster und Asphalt verwendet.

Vibrationsstampfer

Die Verdichtung durch Vibrationsstampfer erfolgt aus einer Kombination zwischen Vibration und Stampfen (Bild 8.27 rechts). Hierzu wird der Stampffuß über ein Feder-Schwingsystem in Vibration sowie in Auf- und Abwärtsbewegungen versetzt. Vibrationsstampfer werden häufig zur Verdichtung unter beengten Platzverhältnissen eingesetzt.

Bild 8.27 Vibrationspatte (links) und Vibrationsstampfer (rechts), Bildquelle: HSB

Doppel-Vibrationswalzen

Handgeführte Doppel-Vibrationswalzen sind mit zwei dichtbeieinander angeordneten Glattmantelbandagen ausgestattet, die durch einen starren Rahmen miteinander verbunden sind (Bild 8.28 links). Die Geschwindigkeit kann über einen hydrostatischen Antrieb stufenlos geregelt werden. Sie werden für das Verdichten von Sand, Kies und Asphalt verwendet.

Grabenwalzen

Grabenwalzen werden hauptsächlich zum Verdichten bindiger Böden im Kanal- und Rohrleitungsbau eingesetzt. Sie sind mit Noppenbandagen ausgestattet, die neben der Zentrifugalkraft einen Kneteffekt auf den Boden ausüben. Dadurch lassen sich auch Böden mit hohem Wassergehalt verdichten. Grabenwalzen werden mittlerweile sehr häufig über eine Fernbedienung gesteuert (Bild 8.28 rechts). Dadurch wird der Bediener nicht der Gefahr einer einstürzenden Böschungskante ausgesetzt, da er mit ausreichendem Abstand außerhalb des Grabens stehen kann.

Bild 8.28 Handgeführte Doppel-Vibrationswalze (links) und ferngesteuerte Grabenwalze (rechts), Bildquelle: HSB

8.14 Tischsägen

Tischsägen gehören zu den Maschinen, die auf fast jeder Baustelle zu finden sind. Sie sind verhältnismäßig leicht transportierbar und dadurch sehr flexibel einsetzbar. Bautischsägen besitzen eine robuste Bauweise und sind für den täglichen Dauereinsatz ausgelegt. Angetrieben werden sie durch einen Elektromotor. Unterschieden wird in Kreissägen, die ausschließlich zum Schneiden von Holz verwendet werden und Steinsägen, mit denen Naturstein, Fliesen und Beton geschnitten werden. Kreissägen besitzen ein Sägeblatt, Steinsägen sind mit Diamantscheiben ausgestattet (Bild 8.29).

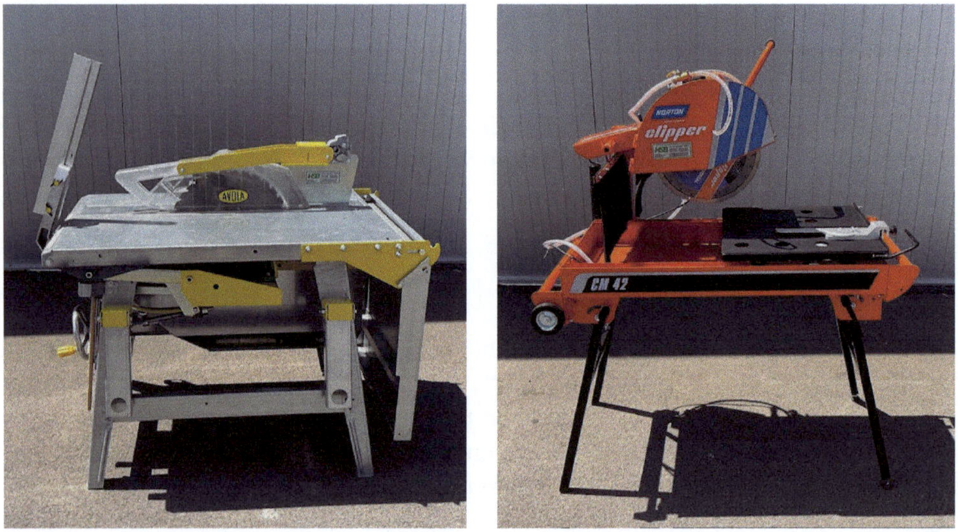

Bild 8.29 Kreissäge (links) und Steinsäge (rechts), Bildquelle: HSB

8.15 Mobile Recyclinganlagen

Zu den mobilen Recyclinganlagen gehören auf Ketten verfahrbare Brech- und Siebanlagen (Bild 8.30). Sie werden verwendet, um Naturstein, Bauschutt, Beton oder Asphalt zu zerkleinern und zu sortieren. Danach kann das aufbereitete Material soweit möglich für neue Bauprojekte, beispielsweise im Straßenbau, verwendet werden. Der Vorteil von mobilen Anlagen liegt darin, dass sie direkt dort eingesetzt werden können, wo das zu verarbeitende Material entsteht.

Der Einsatz von mobilen Recyclinganlagen ist in der Regel genehmigungspflichtig. Eine deutschlandweite Regelung besteht derzeit jedoch nicht, sodass in den Bundesländern unterschiedlich verfahren werden kann.

Der Verfahrensablauf sieht vor, dass das zunächst nur grob zerkleinerte Material mit einem Hydraulikbagger in die mobile Brechanlage gefüllt wird. Dort erfolgt das Zerkleinern auf die gewünschte Endkorngröße mittels spezieller Brecheinrichtungen. Hierbei unterscheidet man in Backenbrecher, Prallmühle, Kegelbrecher und Kreiselbrecher. Über einen Magnetabscheider wird eisenhaltiges Material (z. B. Bewehrungsstahl) aus dem Materialfluss entnommen und gesondert ausgeschieden. Das übrige Material wird nun über ein Förderband ausgetragen. Je nach Bedarf kann dem Brecher eine Siebanlage nachgeschaltet werden, in der das Material in weitere Korngrößen klassifiziert werden kann.

Bild 8.30 Mobiler Brecher (links) und mobile Siebanlage (rechts), Bildquelle: HSB

8.16 Verbausysteme für den Kanal- und Rohrleitungsbau

Um im Kanal- und Rohrleitungsbau ein sicheres Arbeiten zu gewährleisten, müssen Böschungen und Gräben gegen Einsturz gesichert werden. Hierzu werden überwiegend Verbausysteme eingesetzt. Dabei handelt es sich um Platten aus Stahl oder Aluminium, die beidseitig gegen das anstehende Erdreich gestellt und gegeneinander abgestützt werden. Je nach Bauaufgabe, Grabentiefe und Bodenart werden verschiedene Arten von Verbausystemen verwendet. Sie unterscheiden sich sowohl konstruktiv als auch durch das jeweilige Einbauverfahren voneinander.

Beim Einsatz von Verbausystemen ist die jeweilige *Aufbau- und Verwendungsanleitung* des Herstellers zwingend zu beachten.

Nachfolgend werden gängige Verbausysteme für den Grabenverbau vorgestellt.

8.16.1 Verbauboxen

Eine Verbaubox besteht aus zwei Verbauplatten aus Stahl, die an den Rändern durch einzelne Stahlrohr-Streben miteinander verbunden werden. Bei größeren Grabentiefen kann die Grundbox durch eine Bolzenverbindung mit einer Aufsatzbox aufgestockt werden (Bild 8.31). Die erforderliche Verbaubreite wird über die spindelbaren Streben eingestellt. Verbauplatten und Streben sind in verschiedenen Abmessungen und Längen erhältlich. Dadurch lassen sich Verbauboxen sehr flexibel an die geforderten Gegebenheiten anpassen. Der übliche Einsatzbereich liegt bei Gräben bis zu einer maximalen Tiefe von ca. 5,00 m und Grabenbreiten bis ca. 4,00 m.

In der Regel wird bei Verbauboxen das *Einstellverfahren* angewendet. Dabei wird die fertig montierte Verbaubox mit einem Hydraulikbagger in den zuvor bis zur Endtiefe ausgehobenen Graben gestellt (Bild 8.31). Sobald die erste Verbaubox eingebaut ist, kann analog der Einbau der nächsten Box erfolgen, wobei auf eine möglichst lückenlose Aneinanderreihung zu achten ist. Voraussetzung für die Anwendung des Einstellverfahrens ist, dass der Boden vorübergehend standfest ist.

Ein Boden wird als vorübergehend standfest bezeichnet, wenn er zwischen Beginn der Ausschachtung und dem Einbringen des Verbaus nicht wesentlich nachbricht.

Bei nicht standfesten Böden wird das *Absenkverfahren* angewendet. Hierfür wird zunächst eine ca. 1,25 m tiefe Vorausschachtung durchgeführt, in die die Verbaubox eingestellt wird. Nun erfolgt ein weiteres Ausschachten um ca. 50 cm. Anschließend wird der Verbau wechselseitig mit dem Baggerlöffel nachgedrückt (Bild 8.32). Der Vorgang wird bis zum Erreichen der erforderlichen Grabentiefe wiederholt. Wichtig ist, dass der Verbau mit dem Bagger gedrückt und nicht geschlagen wird. Aus Sicherheitsgründen muss das Drücken auf die Streben unbedingt vermieden werden, da dadurch leicht Beschädigungen entstehen können.

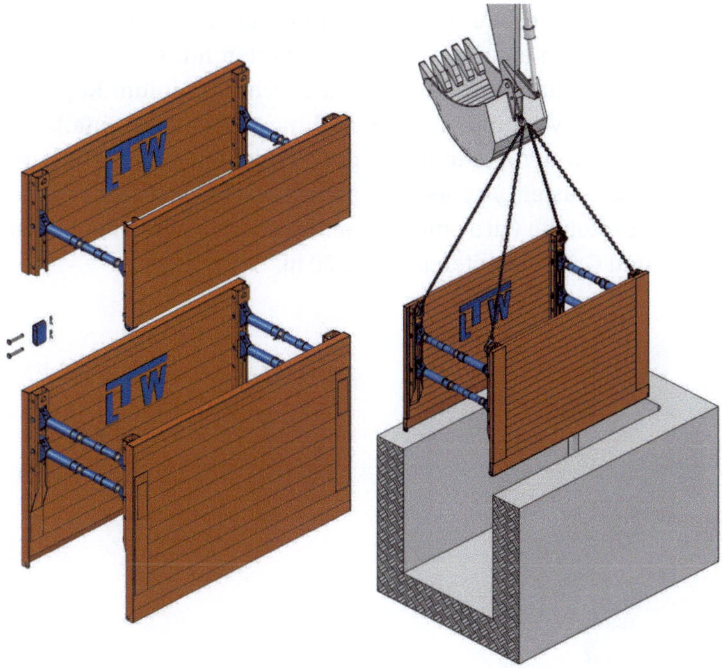

Bild 8.31 Grund- und Aufsatzbox (links); Einbau einer Grundbox im Einstellverfahren (rechts), Bildquelle: LTW

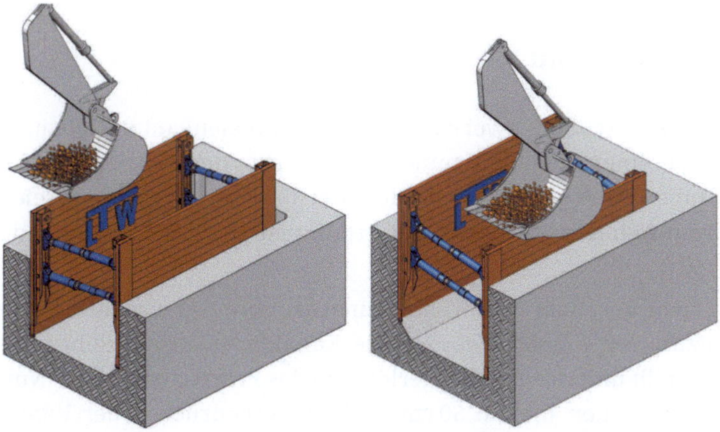

Bild 8.32 Einbau einer Grundbox im Absenkverfahren, Bildquelle: LTW

Für Gräben mit kleineren Tiefen, beispielsweise zur innerstädtischen Verlegung von Versorgungsleitungen oder für Hausanschlüsse, wird häufig ein sogenannter *Leichtverbau* eingesetzt. Dabei handelt es sich um kleine, leichtere Verbauboxen, die ebenfalls im Einstellverfahren eingesetzt werden. Aufgrund des geringen Gewichtes kann das Einstellen problemlos mit einem Minibagger erfolgen.

Eine Besonderheit stellt der Leichtverbau aus Aluminium dar (Bild 8.33). Anstelle großflächiger Verbauplatten werden einzelne Aluminiumplatten mit einer Bauhöhe von beispielsweise 50 cm übereinander angeordnet und durch Aluminium-Kupplungen und Steckbolzen miteinander verbunden. Die Kupplungen dienen ebenfalls zur Befestigung der Stahl-Streben, mit denen die Breite der Verbaubox eingestellt wird. Aufgrund dieses modularen Baukastensystems ist der Verbau sehr flexibel und ohne schweres Gerät einsetzbar. Empfohlen wird eine Verwendung bis zu einer maximalen Grabentiefe von ca. 3,00 m und Grabenbreiten bis ca. 2,20 m.

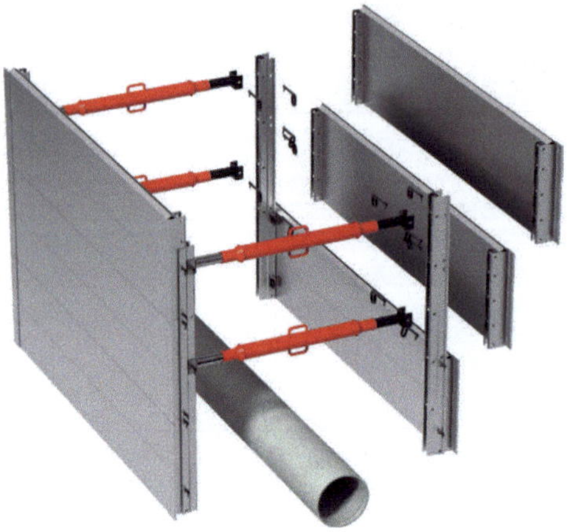

Bild 8.33
Aluminium-Leichtverbau,
Bildquelle: ISCHEBECK

8.16.2 Dielenkammerverbau

Der Dielenkammerverbau besteht aus zwei ca. 1,00 m hohen Dielenkammer-Elementen, die durch Streben zu einer Dielenbox miteinander verbunden werden und im Bereich der oberen Grabenkante eingebaut werden. Der darunter liegende Bereich der Grabenwände wird durch Kanaldielen abgestützt, die durch die Kammerwände geführt werden.

Das Einbauverfahren sieht vor, dass der Graben zunächst vorausgeschachtet wird, um die Dielenbox einzusetzen. Danach werden die Kanaldielen in die Führungsräume der Dielenbox gestellt und mit dem Baggerlöffel in das Erdreich gedrückt. Nun erfolgt das weitere Ausschachten um ca. 50 cm und das Nachdrücken der Kanaldielen. Dieser Vorgang wird bis zur erforderlichen Grabentiefe wiederholt, wobei abhängig von der Grabentiefe zusätzliche Gurtungslagen notwendig werden können (Bild 8.34). Alternativ können die Kanaldielen auch durch Vibration, beispielsweise mit einer Vibrationsramme eingebracht werden.

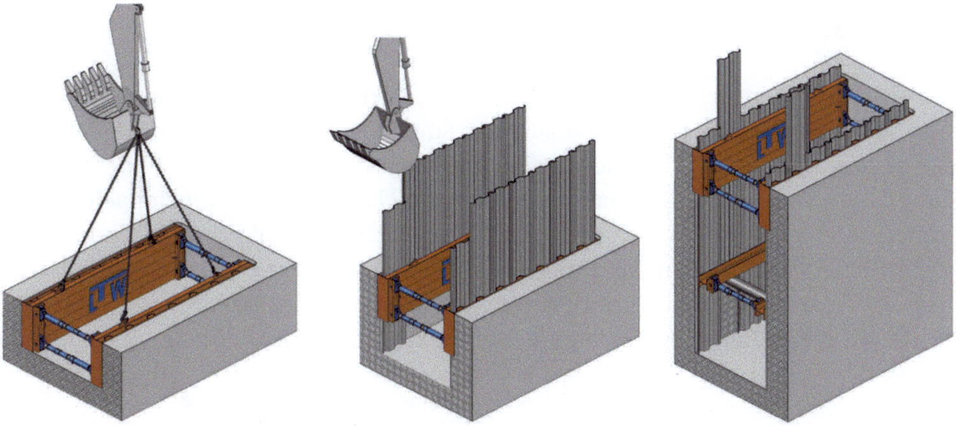

Bild 8.34 Einbauverfahren eines Dielenkammerverbaus, Bildquelle: LTW

Einsatzgebiete des Dielenkammerverbaus sind Baustellen mit beengten Platzverhältnissen, wie sie im innerstädtischen Bereich häufig vorkommen. Ein Vorteil liegt darin, dass Hindernisse im Erdreich, wie beispielsweise querverlaufende Leitungen leicht ausgespart werden können. Speziell für Hausanschlüsse bzw. für Gräben mit kleineren Tiefen haben sich inzwischen auch Leichtverbau-Lösungen aus Aluminium etabliert (Bild 8.35). Bei diesen, am Markt auch als Alu-Kammerplattenverbau bezeichneten Systemen, handelt es sich um eine Weiterentwicklung des bereits unter Abschnitt 8.16.1 beschriebenen Leichtverbaus aus Aluminium.

Bild 8.35 Alu-Kammerplattenverbau, Bildquelle: ISCHEBECK

8.16.3 Gleitschienenverbau

Der Gleitschienenverbau besteht aus vormontierten Stahlrahmenkonstruktionen und Verbauplatten, die im Graben zu einer Einheit ergänzt werden (Bild 8.36). Hierfür befindet sich an den Rahmenstützen eine Gleitschiene zur formschlüssigen Führung der Verbauplatten. Unterschieden wird zwischen einfacher und doppelter Gleitschiene. Die Verwendung der einfachen Gleitschiene wird bis zu einer maximalen Grabentiefe von ca. 5,50 m empfohlen. Bei Verwendung der doppelten Gleitschiene werden die unteren und oberen Platten versetzt eingebaut. Dadurch wird der Erddruck auf beide Gleitschienen verteilt, wodurch Einbautiefen bis zu ca. 7,50 m möglich sind.

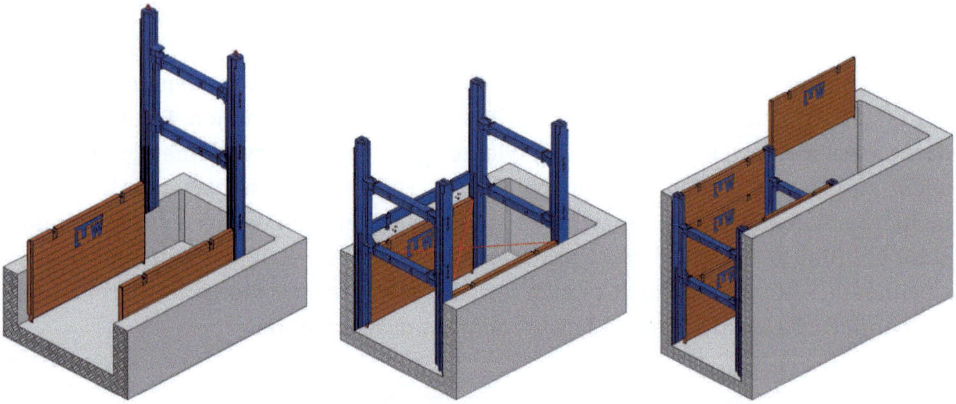

Bild 8.36 Einbauverfahren des Gleitschienenverbaus, Bildquelle: LTW

Der Gleitschienenverbau kommt häufig dann zum Einsatz, wenn Verbauboxen aufgrund großer Grabentiefen bzw. -breiten nicht verwendet werden können oder wenn größere Rohrdurchlasshöhen erforderlich sind. Ein weiterer Vorteil sind die geringeren Erschütterungen beim Ein- und Ausbau, die sich negativ auf umliegende Bauten auswirken könnten.

8.17 Betonschalungssysteme

Bei Stahlbetonbauwerken, die in Ortbetonbauweise hergestellt werden, entfällt ein Großteil der Rohbau-Lohnkosten auf die Schalarbeiten. Daher kann die Auswahl geeigneter Schalungssysteme und deren Einsatzplanung maßgeblich zum Erfolg einer Baumaßnahme beitragen.

Die Schalungsindustrie bietet heute für fast jede Anforderung Systemschalungen an, die gemäß ihrer Typenstatik und der jeweiligen Aufbau- und Verwendungsanleitung eingesetzt werden können. Dadurch verliert der klassische Schalungsbau, bei dem Schalungskonstruktionen individuell angefertigt werden, zunehmend an Bedeutung.

Nachfolgend werden Schalungssysteme für gängige Einsatzbereiche vorgestellt und beschrieben. Darüber hinaus gibt es Schalungssysteme für spezielle Anforderungen wie Rundschalungen, Kletterschalungen sowie Tunnel- und Brückenschalungen.

8.17.1 Wandschalungen

Wandschalungen unterscheiden sich durch den Aufbau der Unterkonstruktion in Träger- und Rahmenschalungen. Weiterhin lassen sie sich den Großflächenschalungen oder handversetzbaren Schalungen zuordnen. Letztere werden häufig auch zum Schalen von Fundamenten und Unterzügen verwendet.

Trägerschalungen

Das Prinzip der Trägerschalung entspricht dem der konventionellen Wandschalung (Bild 8.37). Die Unterkonstruktion besteht aus vertikal angeordneten Trägern, auf denen wiederum horizontal verlaufende Riegel angebracht werden. Je nach Hersteller und System gibt es Unterschiede bei den Trägerarten. Meistens sind die Vertikalträger aus Holz und die Horizontalriegel aus Stahl. Die Schalungshaut kann individuell aufgebracht werden. So sind spezielle Strukturen in der Betonoberfläche herstellbar, wie z. B. eine raue oder glatte Brettstruktur. Im Beton bleiben die Elementfugen in Form eines stumpfen Schalungshautstoßes sichtbar.

Trägerschalungen sind standardmäßig in verschiedenen Elementabmessungen erhältlich. Sie können aber auch ganz individuell für einen speziellen Einsatz gefertigt werden. Von Vorteil ist dabei, dass die Ankerung unabhängig von einem vorgegebenen Ankerraster möglich ist. Trägerschalungen eignen sich für besondere Sichtbetonanforderungen. Sie werden auch häufig im Ingenieurbau eingesetzt.

Bild 8.37
Holzträger-Wandschalung,
Bildquelle: PERI Deutschland

Rahmenschalungen

Bei Rahmenschalungen ist die Schalungshaut fest eingelassen in Stahl- oder Aluminium-Rahmen (Bild 8.38). Je nach Hersteller sind die Rahmen aus rechteckigen Rohrprofilen oder aus Flachmaterial. Als Schalungshaut werden in der Regel glatte, beschichtete Mehrschichtplatten aus Sperrholz oder Kunststoff-Schalungshautplatten verwendet. Aluminium-Rahmen werden für Leichtschalungen verwendet, die von Hand und kranunabhängig versetzt werden können.

Die Rahmen der einzelnen Elemente zeichnen sich in der Betonoberfläche ab. Die Anker werden durch die in den Elementen vorgegebenen Ankerlöcher geführt. Die einzelnen Elemente unterschiedlicher Breiten und Höhen sind flexibel kombinierbar, sodass auf wechselnde Höhen und Grundrisse der Wände leicht reagiert werden kann. Rahmenschalungen sind stehend und liegend einsetzbar. Somit kommt es häufig vor, dass liegend eingesetzte Passelemente als Fundamentschalung verwendet werden.

Aufgrund ihrer Flexibilität sind Rahmenschalungen am Markt deutlich stärker verbreitet als Holzträgerschalungen. Die Elementsortierung ist je nach Hersteller unterschiedlich. Ebenso gibt es Unterschiede bei der zulässigen Frischbetondruckaufnahme der einzelnen Systeme.

Bild 8.38 Wand-Rahmenschalung, Bildquelle: PASCHAL

8.17.2 Stützenschalungen

Für die Schalung von Stahlbetonstützen steht eine Vielzahl von Schalungssystemen zur Verfügung. Es gibt Systeme, die nur zum Schalen von Stützen verwendet werden können. Darüber hinaus besteht aber auch die Möglichkeit, Stützen mit Systemteilen von Wandschalungen zu schalen.

Klappbare Stützenschalungen

Klappbare Stützenschalungen werden zum Ein- und Ausschalen lediglich an einer Seite geschlossen bzw. geöffnet (Bild 8.39). Sie bestehen aus vier baugleichen Elementen, die windflügelartig durch Stecker oder Schlösser miteinander verbunden sind. Mit den meisten Systemen dieser Art können Querschnitte von 20 cm bis 60 cm im Raster von 5 cm geschalt werden. Zum Aufstocken der Schalung stehen unterschiedliche Elementhöhen zur Verfügung. Die Schalungshaut ist bereits an den Elementen montiert und üblicherweise von hinten verschraubt. Dadurch können klappbare Stützenschalungen auch für Sichtbetonansprüche verwendet werden. Das Umsetzen der kompletten Stützenschalung erfolgt mit nur einem Kranhub. Richtstützen, Betonierbühne und Leiteraufstieg verbleiben dabei an der Schalung.

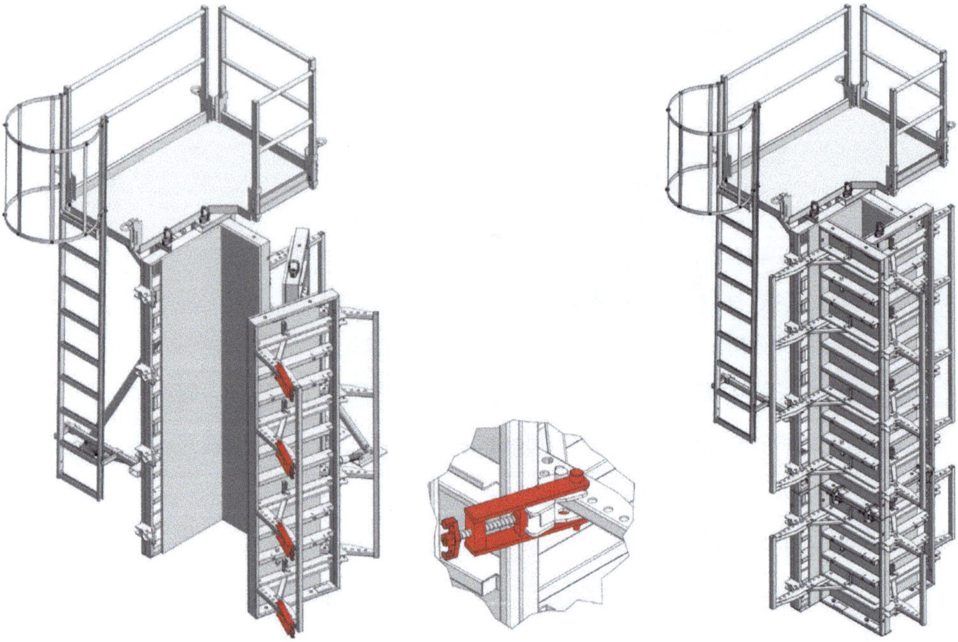

Bild 8.39 Klappbare Stützenschalung im geöffnetem und geschlossenem Zustand, Bildquelle: MEVA Schalungs-Systeme

Schalrohre als Einwegschalung für Stützen

Schalrohre für Stützen bestehen aus mehrlagig verleimten, spiralförmigen Papplagen (Bild 8.40). Die Außenseite ist durch eine wasserabweisende Schutzfolie geschützt. Um absolut glatte Betonoberflächen erzielen zu können, ist die querschnittbildende Inneneinlage mit einer glatten Kunststofffolie belegt bzw. kunststoffbeschichtet. Einwegschalungen sind standardmäßig erhältlich für runde, quadratische und rechteckige Querschnitte. Es sind aber auch andere Sonderformen möglich. Sie können werkseitig exakt auf die gewünschte Höhe angefertigt werden. Wie bei Verpackungen wird in die Papplage eine Reißleine eingearbeitet, mit deren Hilfe leicht ausgeschalt werden kann.

Ab einer gewissen Stützenanzahl können Schalrohre im Vergleich zu mehrfach einsetzbaren Stützenschalungen teurer sein, zumal letztere in der Regel angemietet werden können. Hinzu kommen noch die Entsorgungskosten. Von Vorteil ist hingegen, dass bei Einmalschalungen kein Betontrennmittel erforderlich ist und Reinigung sowie Rücktransport entfallen.

Bild 8.40 Schalrohre als Einwegschalung für Stützen, Bildquelle: BAG

8.17.3 Deckenschalungen

Deckenschalungen lassen sich in Träger-Deckenschalungen und Modul-Deckenschalungen einordnen. Die jeweilige Unterkonstruktion, zur Aufnahme der Schalungshaut, ähnelt denen der Träger-Wandschalungen bzw. der Rahmen-Wandschalungen. Es gibt von Hand versetzbare sowie kranabhängige Systeme.

Flex-Deckenschalungen

Flex-Deckenschalungen gehören zu den Trägerschalungen. Die Unterkonstruktion besteht aus Jochträgern, auf denen wiederum Querträger liegen. Auf den Querträgern werden die Schalungshautplatten aufgelegt. Die Unterstützung erfolgt in der Regel durch Baustützen aus Stahl oder Aluminium. Größtenteils werden als Joch- und Querträger Vollwand-Holzschalungsträger verwendet. Einige Hersteller bieten aber auch zusätzlich Träger an, die höhere Lasten aufnehmen können. Dadurch kann Material eingespart werden. Bei diesen Trägern handelt es sich beispielsweise um Holz-Gitterträger, Träger aus Aluminium oder Holzverbundträger.

Abhängig von der Belastung können die Träger- und Stützenabstände flexibel angeordnet werden. In ihrer Längsrichtung können die Träger überlappend gestoßen werden. Dadurch ist das System bei fast jedem Grundriss und jeder Deckenstärke anwendbar.

Bild 8.41 zeigt den Aufbau einer Flex-Deckenschalung mit allen erforderlichen Zubehörteilen.

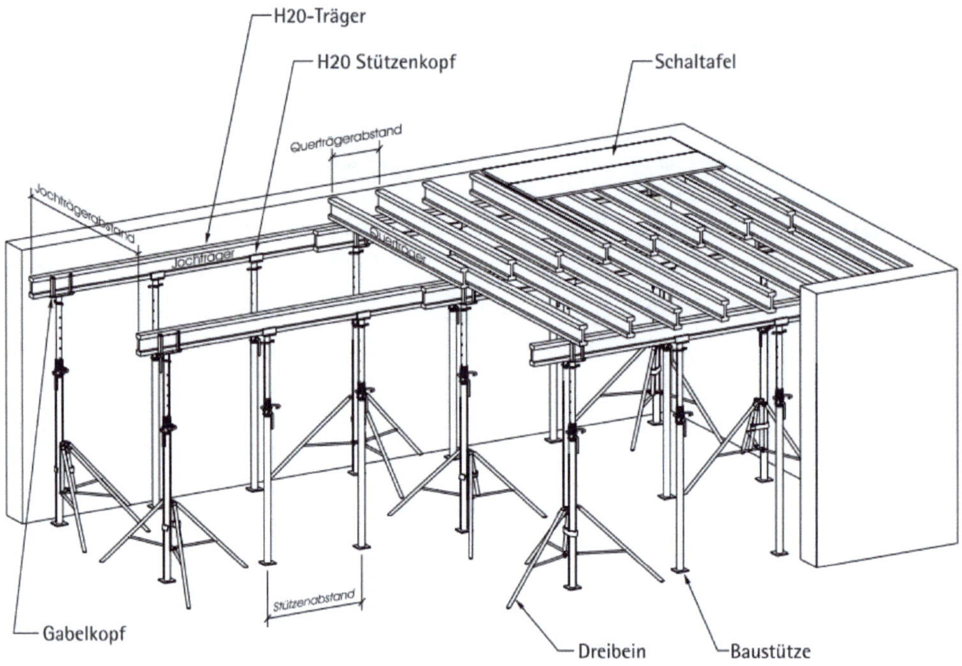

Bild 8.41 Aufbau einer Flex-Deckenschalung, Bildquelle: PASCHAL

Deckentische

Die zuvor beschriebenen Flex-Deckenschalungen aus Schalungsträgern und Baustützen müssen für jeden Einsatz einzeln ein- und ausgeschalt werden. Danach werden die Einzelteile in Paletten gepackt und umgesetzt. Dafür ist ein verhältnismäßig hoher Lohnstundenaufwand erforderlich. Bietet eine Baustelle die Möglichkeit, die Deckenschalung unverändert in mindestens fünf bis sechs Einsätzen mehrfach zu verwenden, können vorgefertigte Deckentische, die aneinandergereiht aufgestellt werden, von Vorteil sein.

Deckentische sind Trägerschalungen, bei denen Baustützen, Jochträger, Querträger und Schalungshaut zu einer kranversetzbaren Einheit zusammengesetzt werden. Üblicherweise werden die Deckentische vom Schalungslieferanten werkseitig vormontiert auf die Baustelle geliefert und dort lediglich noch mit den Baustützen verbunden. Durch einen Schwenkkopf können die Stützen für das Umsetzen der Tische eingeklappt werden. Mithilfe einer Umsetzgabel (Bild 8.42) können die *Portaltische* dadurch auch über Brüstungen hinweg und unter Randunterzügen hindurch ins nächste Geschoss gehoben werden.

Bild 8.42 Deckentisch beim Versetzvorgang mit Umsetzgabel, Bildquelle: PERI Deutschland

Eine wichtige Voraussetzung für den wirtschaftlichen Einsatz von Deckentischen ist die Geometrie des Bauwerks. In Untergeschossen und in massiven Bauteilen, wo die Räume allseitig von Wänden umschlossen sind, eignen sich Deckenschaltische in der Regel nicht, weil sie nicht oder nur mit erhöhtem Aufwand umgesetzt werden können. Stahlbeton-Skelettbauwerke eignen sich hingegen hervorragend dafür. Auch wenn Randunterzüge und Brüstungen hergestellt werden müssen, sind Deckenschaltische meistens einsetzbar.

Modul-Deckenschalungen

Modul-Deckenschalungen bestehen aus einzelnen Alu-Paneelen mit integrierter Schalungshaut (Bild 8.43). Die Unterstützung erfolgt durch Einzelstützen an den durch das System vorgegebenen Punkten. Um höhere Lasten aufzunehmen, können auch Zwischenstützen gestellt werden.

Modul-Deckenschalungen sind kranunabhängige Systeme. Die Abmessungen der einzelnen Paneele sind je nach Hersteller und System unterschiedlich. Kleinflächige Paneele können problemlos von nur einer Arbeitskraft getragen und eingebaut werden. Bei Großflächenelementen ist jedoch eine zweite Person notwendig.

Bei geeigneten Grundrissen, mit wenigen Störstellen und großen Flächen, können mit Modul-Deckenschalungen sehr gute Schalzeiten erreicht werden. Insbesondere bei komplizierten Grundrissen sind sie allerdings nicht so flexibel einsetzbar wie Flex-Deckenschalungen. Ein weiterer Vorteil von Modul-Deckenschalungen ist die Möglichkeit des Frühausschalens. Dadurch lässt sich das Material bei mehrfachen Einsätzen schnell umsetzen und die Vorhaltemenge kann reduziert werden.

Bild 8.43
Moduldeckenschalung aus Alu-Paneelen mit integrierter Schalungshaut, Bildquelle: PERI Deutschland

8.17.4 Traggerüsttürme

Traggerüsttürme werden im Hochbau hauptsächlich zur Unterstützung von höheren Decken, Unterzügen und Balkonen verwendet. Sie weisen im Vergleich zu den herkömmlichen Baustützen eine größere Stabilität aus und sind höher belastbar. Ein weiteres Einsatzgebiet ist der Ingenieurbau. Dort können Traggerüsttürme beispielsweise als Unterstützungskonstruktion bei der Herstellung von Rahmenbauwerken oder Brückenüberbauten eingesetzt werden.

Die meisten Schalungshersteller haben Turmsysteme in ihrem Lieferprogramm, die in Kombination mit Flex-Deckenschalungen, Deckentischen oder Modul-Deckenschalungen verwendet werden. Sie können aber auch zur Unterstützung anderer Bauteile wie beispielsweise Stahlbauprofilen eingesetzt werden.

Unterschiede gibt es hinsichtlich der Montage der Türme. Es gibt kranabhängige Systeme und solche, die von Hand auf- und abgebaut werden können.

Traggerüsttürme in Rahmenbauart

Bei Traggerüsttürmen in Rahmenbauart werden einzelne Rahmen, Diagonalen und Riegel zu einem vierstieligen Turm zusammengesetzt. Die Bauteile bestehen in der Regel aus verzinktem Stahl. Je nach System und Hersteller sind quadratische und rechteckige Turmgrundrisse in verschiedenen Abmessungen möglich.

Idealerweise erfolgt der Aufbau stehend und somit kranunabhängig. Durch einen kontinuierlichen Montageablauf, bei dem die Rahmen aufeinander gesteckt und mit den Diagonalen und Riegeln in Längsrichtung verbunden werden, „wächst“ der Turm nach oben (Bild 8.44). Zwischenbeläge, die beliebig eingehängt werden können, sowie eine integrierte Aufstiegsmöglichkeit erlauben ein sicheres Arbeiten von der Turminnenseite. Die bereits montierten Rahmen und Riegel dienen dabei als umlaufende Absturzsicherung. Die erforderliche Turmhöhe wird annähernd genau durch unterschiedliche Rahmenhöhen erreicht. Das exakte Maß wird über Fuß- und Kopfspindeln eingestellt. Zur Aufnahme von Jochträgern werden spezielle Gabelköpfe verwendet.

Komplette Turmeinheiten sind auf Rollen verfahrbar oder können mit dem Kran versetzt werden.

Bild 8.44 Stehender Aufbau eines Traggerüstturms in Rahmenbauweise, Bildquelle: PERI Deutschland

Traggerüsttürme aus Einzelstützen

Mithilfe von Aussteifungsrahmen können aus Aluminium-Einzelstützen Traggerüsttürme erstellt werden. Dadurch wird die Tragfähigkeit der Stützen deutlich erhöht. Es gibt Turmsysteme, die Lasten von mehr als 100 kN pro Stütze aufnehmen können. Aufgrund verschiedener Rahmengrößen sind unterschiedliche Turmgrundrisse möglich.

Zur Verlängerung der Stützen werden Aufstockteile oder Zwischenstützen verwendet. Am Stoßpunkt wird mit speziellen Aufstockklammern oder Schrauben eine biegesteife Verbindung hergestellt. Über die Fuß- und Kopfspindeln kann die exakte Höhe eingestellt werden. Zur Aufnahme von Jochträgern können Gabelköpfe verwendet werden. Der Rahmenanschluss erfolgt je nach System über eine spezielle Klemm-, Steck- oder Schraubverbindung am Außenprofil der Stütze. In der Höhe können die Rahmen variabel angebracht werden. Je nach Anforderung kann ein Turm aus mehreren Rahmenebenen bestehen. Üblicherweise werden die Türme liegend montiert und mit dem Kran aufgestellt (Bild 8.45). Zum Verfahren eignen sich spezielle Hub- und Fahrgeräte.

Eine besondere Herausforderung bei diesen Traggerüsttürmen ist die Aufstiegsmöglichkeit. Um ein sicheres Arbeiten zu ermöglichen, beispielsweise zur Montage von Jochträgern oder zum Ausschalen, sind hierzu zusätzliche Hilfsmittel wie Leiteraufstiege, Treppentürme oder Hubarbeitsbühnen erforderlich.

Bild 8.45 Liegende Montage eines Traggerüstturmes aus Einzelstützen (links) und Krantransport (rechts), Bildquelle: PERI Deutschland

8.18 Übungsaufgaben

Übungsaufgaben 8.1 bis 8.6

Kenngrößen und Begriffe von Kranen

8.1 Definieren Sie die vier Kenngrößen von Kranen.

8.2 Ein Kran hat ein Lastmoment von 40 tm. Welche Last kann dieser Kran bei einer Ausladung von 28 m transportieren?

8.3 Worin unterscheiden sich Untendreher und Obendreher unter den Kranen?

8.4 Wodurch zeichnen sich Schnelleinsatzkrane aus?

8.5 Welche unterschiedlichen Kranausleger kennen Sie?

8.6 Welche Wirkungen haben die 4-Punkt-Abstützungen bei Mobilkranen?

Übungsaufgaben 8.7 bis 8.10

Einsatzweisen von Baggern

8.7 Worin unterscheiden sich Mobilbagger und Raupenbagger?

8.8 Worin besteht der Unterschied zwischen Baggern mit Verstellausleger und Baggern mit Monoblockausleger?

8.9 Was versteht man unter einem Kurzheckbagger?

8.10 Worin liegt der Unterschied zwischen Tieflöffelbagger und Hochlöffelbagger?

Übungsaufgabe 8.11

Lenkungen von Radladern

Worin besteht der Unterschied zwischen einer Knicklenkung und einer Allradlenkung bei Radladern?

Übungsaufgabe 8.12

Unterscheidung von Planierraupen und Laderaupen

Worin unterscheiden sich die Einsatzbereiche von Planierraupe und Laderaupe?

Übungsaufgabe 8.13

Funktionsweise der Schar eines Graders

Was versteht man unter einer Schar beim Grader? Wodurch zeichnet sie sich aus?

Übungsaufgabe 8.14

Funktionsweise von Scrapern

Wie funktionieren Scraper und wo werden sie eingesetzt?

Übungsaufgabe 8.15 bis 8.16

Verdichtungswirkung von Walzen

8.15 Welche verschiedenen Bandagen gibt es bei Walzen? Für welche Einsatzbereiche eignen sie sich?

8.16 Worin unterscheidet sich die Verdichtungswirkung von Glattmantelwalze und Gummiradwalze?

Übungsaufgabe 8.17

Verschiedene Verbauverfahren

Worin unterscheidet sich das Einstellverfahren vom Absenkverfahren beim Verbau?

Übungsaufgabe 8.18 bis 8.21

Verschiedene Schalverfahren

8.18 Worin unterscheidet sich eine Trägerwandschalung von einer Rahmenwandschalung?

8.19 Wo liegen die Einsatzbereiche von Einweg-Stützenschalungen und klappbaren Stützenschalungen? Welche Vor- und Nachteile ergeben sich für beide Systeme?

8.20 Worin unterscheiden sich Trägerdeckenschalungen von Moduldeckenschalungen?

8.21 Welche Vor- und Nachteile haben Flexdeckenschalungen und Deckentische?

Übungsaufgabe 8.22

Einsatzbereiche von Traggerüsttürmen

Welche Einsatzbereiche von Traggerüsttürmen kennen Sie?

9 Daten der Baustelle

Studienziele

Das Kapitel soll dem Leser grundlegende Kenntnisse ermöglichen über

- die Daten und deren Erfassung in Dokumenten der Baustelle.

Das Kapitel soll dem Leser Fähigkeiten vermitteln,

- wichtige Dokumente der Baustelle zu erstellen und zu verstehen.

9.1 Bedeutung von Daten

Auf einer Baustelle fällt eine Vielzahl von Daten und Informationen an, die in den verschiedenen Projektphasen erfasst und weiterverarbeitet werden. Nur so lässt sich der Baufortschritt optimal überwachen und steuern.

Daten fallen u. a. in folgenden Bereichen an:

- Vorbereitung der Baustelle,
- Steuerung von Abläufen,
- Dokumentation,
- Überwachung,
- Abrechnung,
- Entlohnung der Mitarbeiter,
- Mängelmanagement,
- Nachtragswesen.

9.2 Datenerfassung

Der Umgang mit Daten und Dokumenten ist ein komplexer Prozess, der eine sorgfältige Arbeitsweise erfordert. Zeitgemäße Softwarelösungen können die Datenerfassung und -weiterverarbeitung erheblich vereinfachen. Im Vergleich zu einer manuellen Vorgehensweise wird dadurch die Effizienz verbessert und die Fehleranfälligkeit reduziert. Mittlerweile bieten Cloud-Lösungen und Dokumenten-Managementsysteme allen Akteuren die Möglichkeit, jederzeit auf die Daten zugreifen zu können, sofern eine entsprechende Berechtigung dazu erteilt wurde. Bei größeren Projekten, an denen verschiedene Firmen beteiligt sind, ist auf die Verwendung einheitlicher bzw. untereinander kompatibler Systeme zu achten.

Die Möglichkeiten der Datenablage sind vielfältig und entsprechen üblicherweise einer firmenintern einheitlich vorgegebenen Ordnungssystematik, die bei Unternehmen mit entsprechender Zertifizierung auch Bestandteil des Qualitätsmanagements ist.

Das *Qualitätsmanagement* (QM) verfolgt die Optimierung von Prozessen und Abläufen im Unternehmen, um die vorgegebene Produktqualität sicher erreichen zu können.

Vorgaben zur Einführung und Aufrechterhaltung eines zertifizierten QM-Systems gibt die *DIN EN ISO 9001* Qualitätsmanagementsysteme – Anforderungen. Ein wesentlicher Bestandteil ist dabei das *QM-Handbuch*, in dem u.a. der Umgang mit Daten und Dokumenten geregelt ist.

Bild 9.1 zeigt eine beispielhafte Ordnerstruktur für den Bereich der Bauausführung eines Projektes.

> Projekte > Wohn-und Geschäftshaus > **C_Ausführung**

Ordnername	Änderung	Änderung von	Freigabe
01_Auftrag	06.02.2024	Bauer, Sabine	x
02_Arbeitsvorbereitung	15.05.2024	Bauer, Sabine	
03_Leistungsmeldung	03.07.2024	Sommer, Matthias	
04_Abrechnung	26.07.2024	Bauer, Sabine	x
05_Kommunikation	26.07.2024	Bauer, Sabine	
06_Berichte Baustelle	02.08.2024	Sommer, Matthias	
07_Nachunternehmer	06.02.2024	Bauer, Sabine	
08_Lieferscheine	02.08.2024	Sommer, Matthias	
09_Pläne	26.07.2024	Bauer, Sabine	
10_Abnahme	06.02.2024	Bauer, Sabine	

Bild 9.1 Beispiel einer Projektordnerstruktur

9.3 Dokumente

Im Rahmen der vorangegangenen Kapitel wurde bereits auf die Bedeutung sowie die Bearbeitung verschiedener Dokumente und Formulare eingegangen. Nachfolgend werden weitere Standarddokumente erläutert, die im Baualltag eine zentrale Rolle spielen und Teil der täglichen Arbeit von Polieren und Bauleitern sind.

Zur besseren Veranschaulichung handelt es sich bei den Darstellungen um Formulare zur manuellen Bearbeitung. Darunter wird hier das handschriftliche Ausfüllen von Vordrucken oder die Bearbeitung von Formblättern mittels Programmen zur Textverarbeitung oder Tabellenkalkulation verstanden. Eine solche Vorgehensweise findet nach wie vor häufig Anwendung und ermöglicht den Unternehmen eine individuelle, auf ihre Anforderungen angepasste Gestaltung der Formulare.

Dennoch wird an dieser Stelle ausdrücklich auf die Wichtigkeit einer durchgängigen Prozessdigitalisierung mittels spezieller, teilweise auch branchenspezifischer Softwarelösungen hingewiesen, die zumindest in größeren Unternehmen bereits seit einigen Jahren zum Standard gehören. Aber auch kleineren Unternehmen ist mittlerweile bewusst, dass ein zu langes Festhalten an den herkömmlichen Methoden der Datenerfassung und -bearbeitung zwangsläufig zu Wettbewerbsnachteilen führen wird.

9.3.1 Bautagebuch

Im Bautagebuch (Bild 9.2) werden alle für das Baugeschehen relevante Vorkommnisse täglich dokumentiert. Dadurch sind Sachverhalte, wie z. B. die störungsbedingte Verzögerung des Bauablaufs, nachträglich leichter zu klären und Streitigkeiten vorzubeugen.

Zu den Angaben im Bautagebuch gehören:

- Arbeitszeiten,
- Wetterangaben,
- Größe und Zusammensetzung der Baustellenbelegschaft,
- eingesetzte Maschinen,
- ausgeführte Tätigkeiten,
- besondere Vorkommnisse (z. B. Unfälle).

Bauvorhaben: Neubau Seniorenheim

Bautagebuch-Nr.: 65

Tag: Donnerstag, 18.07.2024

Arbeitszeit von: 07:00 bis: 16:30 = 9,00 Std.

Wetter: sonnig, schwacher Wind

Temperatur: min. 17,0 C° max. 28,0 C°

Belegschaft	Anzahl
Techn. Angestellte:	1
Poliere:	1
Gewerbliche:	3
	5

Nachunternehmer	Anzahl
Erdbauer	2
Rohbauer	11
Eisenflechter	8
	21

Geräteeinsatz	
Turmdrehkran 81K	2
Bagger KX81	1
Radlader	1

Ausgeführte Arbeiten

Außenanlagen im Bereich Tiefgaragenabfahrt verfüllt.

Stützen in Achse 11, EG geschalt und bewehrt.

Schal- und Gerüstarbeiten Wand Achse 16

Bewehrungsarbeiten und Deckenrandabschalung Decke EG

Besondere Vorkommnisse

Baustellenkontrolle

Standsicherheit Gerüste überprüft

Auftraggerber Bauleiter Polier

Bild 9.2 Beispielhafter Bautagebucheintrag

Das *Bautagebuch* wird vom Auftragnehmer geführt und durch den Bauherrn bzw. dessen Vertreter gegengezeichnet. Üblicherweise übernimmt der Polier die Eintragungen. Aufgrund der Wichtigkeit sowie der hohen Beweisfunktion sollte das Bautagebuch aber auch durch den Bauleiter unterzeichnet werden. Bei manchen Baustellen muss das Bautagebuch dem Bauleiter des Bauherrn zur Prüfung und Unterschrift vorgelegt werden. Dies ist oft hilfreich, um die Anerkenntnis unvorhergesehener Leistungen zu erzielen.

Die Verpflichtung zur Führung eines Bautagebuchs durch den Auftragnehmer ist häufig Bestandteil des Bauvertrags. Darin können projektspezifische Vorgaben an die Dokumentation vereinbart werden.

9.3.2 Aufwandsstundenzettel

Anhand des Aufwandsstundenzettels kann die Arbeitsleistung einer Kolonne für einen bestimmten Zeitraum (z. B. Arbeitstag oder Arbeitswoche) erfasst werden. Um die Wirtschaftlichkeit einer Maßnahme bewerten zu können, werden die verbrauchten Aufwandsstunden den jeweiligen Leistungen zugeordnet und mit den Soll-Werten verglichen. Dadurch können Abweichungen schnell erkannt und analysiert werden. Somit ist der Stundenzettel ein brauchbares Dokument zur Ablaufsteuerung sowie für die Nachkalkulation.

Übungsbeispiel 9.1

Aufwandsstundenzettel

Im Rahmen einer Straßenbaumaßnahme wurde ein neuer Fertigteilschacht gesetzt. Für den Einbau der Schotterschicht, das Setzen des Schachtes sowie die Vor- und Nachbereitung des Arbeitsplatzes wurden insgesamt 88 Aufwandsstunden kalkuliert.

Die Auswertung der durch den Polier erfassten Aufwandsstunden (Bild 9.3) hat ergeben, dass tatsächlich 100 Stunden benötigt wurden, was einen nicht kalkulierten Mehraufwand von 12 Stunden bedeutet.

Das Zustandekommen des Stundendefizits lässt sich anhand eines Einzelvergleichs der Soll- und Ist-Stunden genau belegen.

Aufwandsstundenzettel

Bauvorhaben:	Straßenneubau										
Bauteil:	Schacht S1										
Zeitraum:	02.07.2024 - 04.07.2024										
				Anzahl Arbeitskräfte * Zeitstunden							
Leistung	Menge	Einheit	Soll Std.	Mo	Di	Mi	Do	Fr	Sa	So	Ist Std.
Schotterschicht einbauen	2	m²	4		2*4						8
Schachtboden setzen	1	St	16		4*4						16
Schachtringe setzen	1,8	m	48			4*8	4*4				48
Schachtanschluss herstellen	1	St	16				4*4				16
Arbeitsplatz einrichten			4		2*4		2*2				12
			88								100

Polier

Bild 9.3 Der Aufwandsstundenzettel ermöglicht einen genauen Vergleich von Soll- und Ist-Stunden

9.3.3 Lohnstundennachweis

Die Entlohnung der gewerblichen Mitarbeiter erfolgt über einen jeweils individuellen Stundenlohn. Hinzu können Zulagen für Überstunden oder Arbeiten an Wochenenden kommen. Die Erfassung der geleisteten Stunden erfolgt durch den Polier anhand eines Lohnstundennachweises (Bild 9.4), der in der Regel täglich oder wöchentlich an die Lohnbuchhaltung weitergeleitet wird.

Im Gegensatz zu den Aufwandsstunden sind die Erfassung und Auswertung der Lohnstunden nicht für die Steuerung der Baumaßnahme relevant. Dennoch ist hierbei mit größtmöglicher Genauigkeit vorzugehen, da letztendlich die korrekte und pünktliche Entlohnung der Mitarbeiter mit davon abhängt.

Lohnstundennachweis

Bauvorhaben:	Stützwand			Datum:	16.07.2024	
Nr.	Name, Vorname	Beginn [Uhrzeit]	Ende [Uhrzeit]	Pause [Std.]	Gesamt [Std.]	Überstunden [Std.]
1	Becker Jürgen	07:00	16:00	1,0	8,0	
2	Müller Heinz	07:00	17:00	1,0	9,0	1,0
3	Meier Josef	07:00	16:00	1,0	8,0	
4	Huber Karl	07:00	17:00	1,0	9,0	1,0
5	Meier Frank	07:00	16:00	1,0	8,0	
6						
7						
8						
9						
10						

Polier

Bild 9.4 Lohnstundennachweis der gewerblichen Mitarbeiter einer Baustelle

9.3.4 Tagelohnnachweis

Anfallende Arbeiten, für die vertraglich keine Einheitspreise vorgesehen sind, müssen dennoch ausgeführt werden. Da der Auftragnehmer auch hierfür einen Vergütungsanspruch hat, besteht die Möglichkeit der Abrechnung über Tagelohnarbeiten (auch Regiearbeiten genannt), sofern dies vor Beginn der Arbeiten vereinbart wurde.

Die in der Praxis geläufigen Begriffe *„Stundenlohnarbeiten"*, „Tagelohn" oder *„Regiearbeiten"* werden in § 15 der *VOB/B* als **„Stundenlohnarbeiten"** bezeichnet.

Auf dem Tagelohnnachweis (Bild 9.5) werden die getätigten Arbeiten aufgeführt und näher beschrieben. Die angefallenen Lohnstunden, der Materialverbrauch sowie der Geräteeinsatz werden erfasst und über vorab vereinbarte Verrechnungssätze vergütet.

Tagelohnnachweise sind werktäglich oder wöchentlich beim Auftraggeber einzureichen. Dieser muss die geprüften Nachweise spätestens nach sechs Werktagen an den Auftragnehmer zurückgeben und gegebenenfalls seine Einwände darauf vermerken oder gesondert erheben. Üblicherweise gelten nicht fristgerecht zurückgegebene Tagelohnnachweise als anerkannt (§ 15 *VOB/B*).

Bauvorhaben: **Erneuerung Gebäudeunterfangung**

Tagellohnnachweis-Nr.: **2**

Tag: Mittwoch, 22.05.2024

Auftraggeber: Firma Meier

Straße, Hausnummer: Hauptstr. 26

Ort: Musterstadt

Personal	Anzahl	Std.	Ges. Std.
Polier:			
Vorarbeiter:	1	8,0	8,0
Facharbeiter:	1	8,0	8,0
Helfer:	1	8,0	8,0

Ausgeführte Arbeiten
Abbruch und Entsorgung bestehende Unterfangung im Eingangsbereich links neben der Tür
Einbau und Verdichtung Schotterschicht
Temporäre Abstützung der Bodenplatte gemäß Vorgabe Statiker
Temporäre Abstützung der Bodenplatte gemäß Vorgabe Statiker

Materialverbrauch	Menge	ME
Schotter	0,5	m^3

Geräteeinsatz	Menge	ME	Ges. Std.
Abbruchhammer	1	Stck	8,0
Radlader	1	Stck	8,0
LKW	1	Stck	8,0
Rüttelplatte	1	Stck	8,0
Stahlstützen	10	Stck	8,0

Aufgestellt:

Datum, Unterschrift Auftragnehmer

Genehmigt:

Datum, Unterschrift Auftraggeber

Bild 9.5 Tagelohnnachweis

9.3.5 Planeingangsverzeichnis

Die für ein Bauprojekt erforderlichen Pläne werden durch den Planer, üblicherweise in digitaler Form, an die jeweiligen Projektbeteiligten versendet bzw. zum Download bereitgestellt. Je nach Projektgröße kann eine Vielzahl an Plänen anfallen.

Es kommt nicht selten vor, dass Pläne nochmal geändert werden müssen. Gründe hierfür sind beispielsweise nachträgliche Wünsche des Bauherrn, statische Erfordernisse oder die Korrektur festgestellter Fehler. Geänderte Pläne werden mit einem Index versehen und erneut versandt.

Im *Planeingangsverzeichnis* (Bild 9.6) werden sämtliche Pläne und ihr Index direkt nach Erhalt erfasst. Dadurch ist ein ständiger Überblick über den aktuellen Planungsstand gewährleistet. Für die ausführende Bauunternehmung ist es von besonderer Wichtigkeit, dass die Pläne zusätzlich in ausgedruckter Form an die Baustelle weitergeleitet werden. Dabei handelt es sich in der Regel um einen internen Prozess, der ebenfalls im Planeingangsverzeichnis dokumentiert wird.

Planeingangsverzeichnis

Bauvorhaben: Bauvorhaben: Neubau Wohn- und Geschäftshaus

Aktualität / Stand: 17.07.2024

Plan-Nr.	Index	Datum	Planart	Planbezeichnung	Eingang als Datei		Plot für Baustelle	
					Datum	Dateiname	Datum	Anzahl
3201-001		12.06.2024	Schalung	Gründung	12.06.2024	3201-001.pdf	14.06.2024	2 fach
3201-002		12.06.2024	Schalung	Grundriss Kellergeschoss	12.06.2024	3201-002.pdf	14.06.2024	2 fach
3201-002	a	18.06.2024	Schalung	Grundriss Kellergeschoss	18.06.2024	3201-002_a.pdf	20.06.2024	2 fach
3201-003		19.06.2024	Schalung	Grundriss Erdgeschoss	19.06.2024	3201-003.pdf	21.06.2024	2 fach
3201-003	a	25.06.2024	Schalung	Grundriss Erdgeschoss	25.06.2024	3201-003_a.pdf	27.06.2024	2 fach
3201-004		26.06.2024	Schalung	Grundriss 1. Obergeschoss	26.06.2024	3201-004.pdf	28.06.2024	2 fach
3201-005		04.07.2024	Schalung	Grundriss 2. Obergeschoss	04.07.2024	3201-005.pdf	08.07.2024	2 fach

Bild 9.6 Planeingangsverzeichnis

9.4 Übungsaufgaben

Übungsaufgabe 9.1

Bautagebuch

Welche Daten werden im Bautagebuch dokumentiert? Welchem Zweck dienen die Eintragungen?

Übungsaufgabe 9.2

Aufwandsstundenzettel

Welche Daten werden in Aufwandsstundenzetteln dokumentiert? Zu welchem Zweck müssen Stundenaufwandszettel erfasst werden?

Übungsaufgabe 9.3

Lohnstundennachweis

Welche Daten werden im Lohnstundennachweis dokumentiert? Zu welchem Zweck muss ein Lohnstundennachweis erstellt werden?

Übungsaufgabe 9.4

Tagelohnnachweis

Welche Daten werden im Tagelohnnachweis dokumentiert? Zu welchem Zweck muss ein Tagelohnnachweis erstellt werden?

Übungsaufgabe 9.5

Planeingangsverzeichnis

Welche Daten werden im Planeingangsverzeichnis dokumentiert? Zu welchem Zweck muss ein Planeingangsverzeichnis geführt werden?

10 Der Mensch im Arbeitsprozess

Studienziele

Das Kapitel soll dem Leser grundlegende Kenntnisse ermöglichen über

- die Grundlagen des Arbeitsschutzes auf der Baustelle.

Das Kapitel soll dem Leser Fähigkeiten vermitteln,

- erforderliche Arbeitsschutzmaßnahmen auf der Baustelle umzusetzen.

10.1 Die menschliche Arbeit

Der Begriff Arbeit wird in der Betriebswirtschaftslehre als plan- und zweckmäßige Betätigung einer Person verstanden, mit der Absicht, Güter und Dienstleistungen in einem Wirtschaftsunternehmen zu produzieren. Die Betätigung kann körperlicher und geistiger Art sein.

Körperliche Arbeit wird häufig mit einer manuellen Tätigkeit verbunden, durch die ein konkretes, oft sichtbares Ergebnis erzielt wird. Die Spanne reicht hierbei von leichter Handarbeit bis hin zur Schwerstarbeit. Geistige Arbeit hingegen definiert sich über Tätigkeiten wie Planung, Organisation und Kontrolle. Häufig treten körperliche und geistige Arbeit auch in Kombination auf. Insbesondere deshalb, weil selbst sehr einfach gehaltene körperliche Tätigkeiten nicht ohne zu denken ausgeführt werden können.

Belastung und Beanspruchung im Arbeitsprozess

In Abhängigkeit von der Art der Tätigkeit ist der Mensch physischen (körperlichen) sowie psychischen (geistigen) Belastungen ausgesetzt. Beispiele hierfür können das Heben und Tragen schwerer Teile, körperliche Zwangshaltung oder Stress sein. Sobald die Arbeitsbelastung ein bestimmtes Maß überschreitet, besteht die Gefahr einer Überlastung, die zu gesundheitlichen Beeinträchtigungen, beispielsweise des Muskel- und Skelettsystems oder des Herz-Kreislaufsystems, führen kann.

> Stress kann z.B. aus der Empfindung resultieren, dass eine Aufgabe mit den zur Verfügung stehenden Ressourcen (z.B. Anzahl der Mitarbeiter, Zeit) nicht bewältigt werden kann.

Neben der zuvor beschriebenen Arbeitsbelastung, die auf eine konkret ausgeführte Tätigkeit zurückzuführen ist, bestehen im Arbeitsprozess auch Gefährdungen, die im Zusammenhang mit der Arbeitsumgebung, sowie dem Arbeitsverfahren stehen. Beispiele hierfür sind:

- Absturz-, Rutsch- oder Stolpergefahr,
- erfasst werden von herabfallenden oder umstürzenden Teilen,
- Quetschungen durch kontrolliert oder unkontrolliert bewegte Teile,
- Gefahr durch Stromschlag,
- übermäßige Lärmbelastung,
- Umgang mit Gefahrstoffen, wie z. B. Asbest, Lösemittel, Säuren usw.,
- Brand- und Explosionsgefahr,
- Infektionsgefahr durch Keime oder Viren,
- Gefahren aufgrund klimatischer Bedingungen, wie Hitze, Kälte, Niederschlag, Ozon.

10.2 Allgemeine Grundlagen des Arbeitsschutzes

Die Entwicklung und Aufrechterhaltung von sicheren und menschengerechten Bedingungen am Arbeitsplatz stellt die Grundlage für eine funktionierende Beschäftigungsstruktur dar. Hierbei sind insbesondere ein wirksamer Arbeitsschutz sowie eine effektive Unfallverhütung notwendig. Aus diesem Grund wurden gesetzliche Grundlagen und Rahmenbedingungen geschaffen mit dem Ziel, die Beschäftigten optimal vor Gefahren und Gesundheitsrisiken zu schützen.

Das *Arbeitsschutzgesetz* (ArbSchG) stellt dabei die wichtigste Grundlage für den betrieblichen Arbeitsschutz dar. Darin wird der Arbeitgeber u. a. dazu verpflichtet, Gesundheitsgefährdungen am Arbeitsplatz zu beurteilen und über erforderliche Maßnahmen zum Schutz der Beschäftigten zu entscheiden. Daher muss der Arbeitgeber für eine wirksame Organisation des Arbeitsschutzes sorgen, die idealerweise nachhaltig in die innerbetrieblichen Strukturen und Abläufe integriert wird. Außerdem hat der Arbeitgeber die Beschäftigten ausreichend über Sicherheit und Gesundheitsschutz bei der Arbeit zu unterweisen. Dabei muss die *Unterweisung* an die Gefährdungsentwicklung angepasst sein und falls erforderlich regelmäßig wiederholt werden.

Die Pflicht des Arbeitgebers zur Erstellung einer *Gefährdungsbeurteilung* dient dazu, vorhandene Gefährdungen zu erkennen, erforderliche Schutzmaßnahmen zu treffen und die Ergebnisse zu dokumentieren.

Unterstützung bei der Erstellung von Gefährdungsbeurteilungen in Form praxisnaher Anleitungen gibt es z. B. bei der Bundesanstalt für Arbeitsschutz und Arbeitsmedizin (BAuA).

Das *Arbeitssicherheitsgesetz* (ASiG) ist eine weitere Grundlage des Arbeitsschutzes. Es verpflichtet den Arbeitgeber zur Bestellung von *Betriebsärzten* und *Fachkräften für Arbeitssicherheit*. Sie beraten und unterstützen den Arbeitgeber beim Arbeits- und Gesundheitsschutz sowie der Verhütung von Unfällen. Betriebsärzte und Fachkräfte für Arbeitssicherheit sind zur Zusammenarbeit verpflichtet und bei der Anwendung Ihrer Fachkunde weisungsfrei. Die allgemeinen Vorschriften des Arbeitssicherheitsgesetzes werden in der DGUV Vorschrift 2 *Betriebsärzte und Fachkräfte für Arbeitssicherheit* genauer beschrieben.

Arbeitsschutzgesetz (ArbSchG), Gesetz über die Durchführung von Maßnahmen des Arbeitsschutzes zur Verbesserung der Sicherheit und des Gesundheitsschutzes der Beschäftigten bei der Arbeit

Arbeitssicherheitsgesetz (ASiG), Gesetz über Betriebsärzte, Sicherheitsingenieure und andere Fachkräfte für Arbeitssicherheit

DGUV Vorschrift 2 *Betriebsärzte und Fachkräfte für Arbeitssicherheit*

DGUV Information 211-042 *Sicherheitsbeauftragte*

10.2.1 Organisation des betrieblichen Arbeitsschutzes

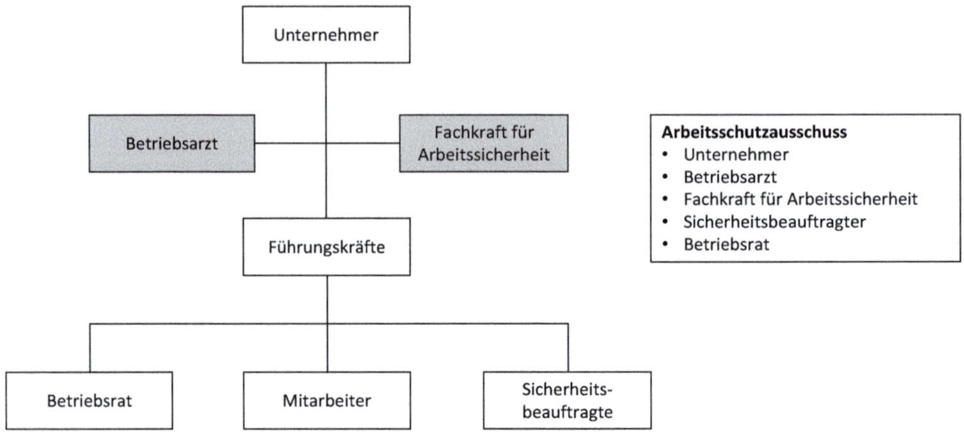

Bild 10.1 Organisationsstruktur des Arbeitsschutzes im Betrieb

Bild 10.1 zeigt die Organisationsstruktur des betrieblichen Arbeitsschutzes anhand eines Organigramms, in dem alle für den Arbeitsschutz relevanten Akteure aufgeführt sind. Aufgrund ihrer übergeordneten Funktion sind die Fachkraft für Arbeitssicherheit sowie der Betriebsarzt direkt dem Unternehmer zugeordnet. Man spricht hierbei von einer *Stabsverantwortung*. Alle übrigen Mitarbeiter sind üblicherweise Weisungsempfänger der jeweiligen Führungskräfte bzw. Vorgesetzten. Sie stehen somit in einer *Linienverantwortung*.

In Betrieben mit mehr als 20 Beschäftigten ist ein *Arbeitsschutzausschuss* zu bilden, der mindestens einmal pro Vierteljahr zusammenkommen sollte. Er besteht aus dem Unternehmer, dem Betriebsarzt, der Fachkraft für Arbeitssicherheit, dem *Sicherheitsbeauftragten* sowie, falls vorhanden, dem Betriebsrat.

Nachfolgend werden Aufgaben und Verantwortungsbereiche des betrieblichen Arbeitsschutzes näher benannt und erläutert.

Unternehmer

Der Unternehmer hat als *Arbeitgeber* für alle Maßnahmen des Arbeitsschutzes zu sorgen. Er trägt die Gesamtverantwortung für sämtliche betrieblichen Tätigkeiten und hat daher auch die Fürsorgepflicht für alle Beschäftigten des Unternehmens. Zu seinen Aufgaben gehören:

- Durchführung und Dokumentation der Gefährdungsbeurteilung,
- Durchführung notwendiger Unterweisungen,
- Bereitstellung erforderlicher Sicherheitseinrichtungen,

- Auswahl geeigneter Mitarbeiter für die jeweiligen Verantwortungsbereiche,
- Bestellung von Fachkräften für Arbeitssicherheit, Sicherheitsbeauftragten und Ersthelfern,
- Einberufung eines Arbeitsschutzausschusses,
- Koordination und Überwachung sämtlicher sicherheitstechnischen und medizinischen Maßnahmen.

Der Arbeitgeber kann seine Unternehmerpflichten auch an Führungskräfte übertragen, die dann für die jeweiligen Aufgaben verantwortlich sind. Eine solche Übertragung sollte immer schriftlich erfolgen.

Führungskräfte

Bauleiter, Poliere und Vorarbeiter sind *aufsichtführende Personen* auf der Baustelle und somit Führungskräfte. Als solche müssen sie die Aufgaben des Arbeitsschutzes in dem Zuständigkeitsbereich erfüllen, der ihnen vom Unternehmer übertragen wurde. Dazu zählen:

- Einteilung der Mitarbeiter,
- Aufsicht und Kontrolle hinsichtlich der Einhaltung von Sicherheitsmaßnahmen,
- Abwehr von Gefahren im Einzelfall.

Eine zentrale Aufgabe der Führungskräfte ist es, die Mitarbeiter über den Sinn und Zweck von Arbeitssicherheitsmaßnahmen zu informieren und zu deren Einhaltung zu motivieren.

Mitarbeiter

Die Mitarbeiter sind zur Einhaltung sämtlicher Vorschriften und Anweisungen verpflichtet. Hierzu zählt beispielsweise die Benutzung persönlicher Schutzausrüstung. Sie müssen Sicherheitsmängel nach ihren Möglichkeiten beseitigen oder ihren Vorgesetzten melden. Durch aktives Handeln unterstützen sie die Organisation der Arbeitssicherheit und des Gesundheitsschutzes im Betrieb.

Sicherheitsbeauftragte sind Mitarbeiter mit zusätzlichen Qualifikationen im Arbeitsschutz. Sie beraten diesbezüglich ihre direkten Vorgesetzten und sind für die Arbeitsbereichskontrolle ihrer Kollegen zuständig. Die Anzahl der erforderlichen Sicherheitsbeauftragten richtet sich nach der Anzahl an versicherten Arbeitnehmern eines Unternehmens.

Die *Mitglieder des Betriebsrates* achten darauf, dass Arbeitsschutzbestimmungen und Unfallverhütungsvorschriften im Sinne aller Arbeitnehmer durchgeführt werden. Darüber hinaus ist der Betriebsrat zur Teilnahme an Betriebsbesichtigungen und Unfalluntersuchungen berechtigt.

Fachkraft für Arbeitssicherheit

Die Fachkraft für Arbeitssicherheit besitzt besondere Qualifikationen, die sie durch eine mehrwöchige Ausbildung, beispielsweise bei der Berufsgenossenschaft, erlangt hat. Sie ist für die Unterstützung und Beratung von Unternehmer und Führungskräften in allen Belangen der Arbeitssicherheit und des Gesundheitsschutzes zuständig. Zu den Aufgaben gehören:

- Mitarbeit bei der Durchführung der Gefährdungsbeurteilung,
- Überprüfung und Beurteilung von Anlagen und Arbeitsmitteln,
- Hinweise auf Sicherheitsmängel und deren Beseitigung,
- Ursachenuntersuchung von Unfällen,
- Information aller Mitarbeiter über mögliche Unfall- und Gesundheitsrisiken.

Fachkräfte für Arbeitssicherheit werden entweder innerhalb eines Unternehmens bestellt oder extern beauftragt. Abhängig von der Mitarbeiterzahl eines Unternehmens können auch alternative Regelungen einer Sicherheitstechnischen Betreuung getroffen werden.

Betriebsarzt

Der Betriebsarzt berät und unterstützt den Unternehmer in allen arbeitsmedizinischen Bereichen. Beispiele seiner Tätigkeiten sind:

- Organisation der Ersten Hilfe,
- Mitarbeit bei der Durchführung der Gefährdungsbeurteilung,
- Untersuchung, Beurteilung und Beratung der Mitarbeiter,
- Vorschläge zur Verhütung arbeitsbedingter Erkrankungen,
- Achtung auf die Einhaltung des Arbeits- und Gesundheitsschutzes auf Baustellen.

In allen Unternehmen ab einem Mitarbeiter ist eine betriebsärztliche Betreuung erforderlich. Dies kann durch einen im Unternehmen angestellten oder einen extern beauftragten Betriebsarzt erfolgen. Darüber hinaus besteht die Möglichkeit zur Nutzung des Arbeitsmedizinischen Dienstes (AMD) der Berufsgenossenschaft der Bauwirtschaft (BG BAU).

Sicherheitsbeauftragte

Sicherheitsbeauftragte werden vom Unternehmer bestellt. Sie unterstützen den Unternehmer bei der Durchführung der Maßnahmen zur Verhütung von Arbeitsunfällen, Berufskrankheiten und arbeitsbedingten Gesundheitsgefahren. In Unternehmen mit mehr als 20 Beschäftigten müssen Sicherheitsbeauftragte bestellt werden.

In ihrem Arbeitsbereich haben Sicherheitsbeauftragte die Aufgabe, Unfall- und Gesundheitsgefahren zu erkennen und darauf zu reagieren sowie zu beobachten, ob die vorgeschriebenen Schutzvorrichtungen und -ausrüstungen vorhanden sind und benutzt werden. Dafür sind entsprechende Fachkenntnisse erforderlich.

Auf ihrer jeweiligen Arbeitsebene sollen Sicherheitsbeauftragte unterstützend tätig sein und gegenüber den Beschäftigten als Multiplikatoren auftreten. Sie sollen durch vorbildliche Präsenz und kollegiales Einwirken ein sicherheitsgerechtes Verhalten der Beschäftigten erwirken.

10.2.2 Erste Hilfe

Sollte eine Situation dies verlangen, ist jeder Mensch dazu verpflichtet, anderen Menschen Hilfe zu leisten, allerdings ohne sich dabei selbst zu gefährden. Ob eine Hilfeleistung zumutbar ist, muss immer im jeweiligen Einzelfall betrachtet werden und hängt von verschiedenen Faktoren ab, wie z. B. der Erfahrung, der Vorbildung und der Sachkunde der helfenden Person.

> Wer bei Unglücksfällen, allgemeiner Gefahr oder Not keine Hilfe leistet, obwohl dies erforderlich und auch zumutbar war, kann sich strafbar machen.

Unter Erster Hilfe werden medizinische, organisatorische und betreuende Maßnahmen an verunglückten oder erkrankten Personen verstanden. Sie erfolgt mit einfachen Mitteln sowie unter Einbindung des Notrufs. Die Organisation der Ersten Hilfe gehört zu den grundlegenden Aufgaben auf der Baustelle. Der Unternehmer bzw. seine Führungskräfte (z. B. Bauleiter) sind dazu verpflichtet, die Voraussetzungen für eine funktionierende Rettungskette zu schaffen (Bild 10.2), um die Unfallfolgen so gering wie möglich zu halten. Das Prinzip der Rettungskette besteht in einer lückenlosen Versorgung der Verunglückten oder Erkrankten, die am Ort des Geschehens beginnt und im Krankenhaus endet.

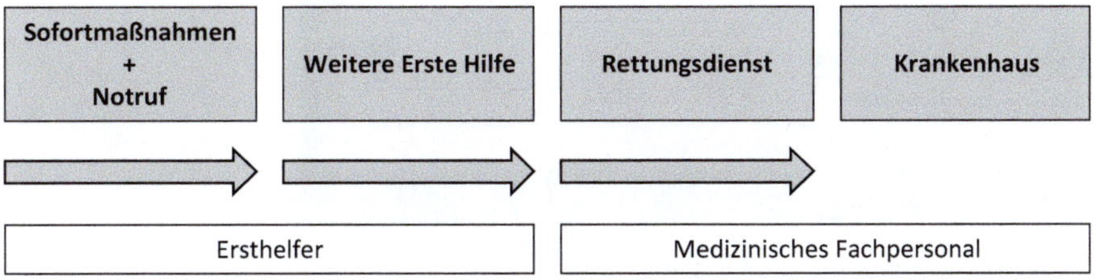

Bild 10.2 Erste-Hilfe-Rettungskette

Die Information aller Mitarbeiter über die Erste Hilfe erfolgt über einen Aushang, in dem Namen, Rufnummern und Adressen von Ersthelfern, Rettungsdienst, Krankenhaus und Feuerwehr bekanntgemacht werden sollen (Bild 10.3). Es muss allen Beschäftigten bekannt sein, wo ein Verbandkasten, eine Krankentrage oder der Sanitätsraum zu finden ist. Flucht- und Rettungswege müssen mit Hinweisschildern gekennzeichnet und freigehalten werden (Bild 10.4). Es ist ein Alarmplan aufzustellen. In besonderen Fällen können auch regelmäßige Rettungsübungen sinnvoll sein.

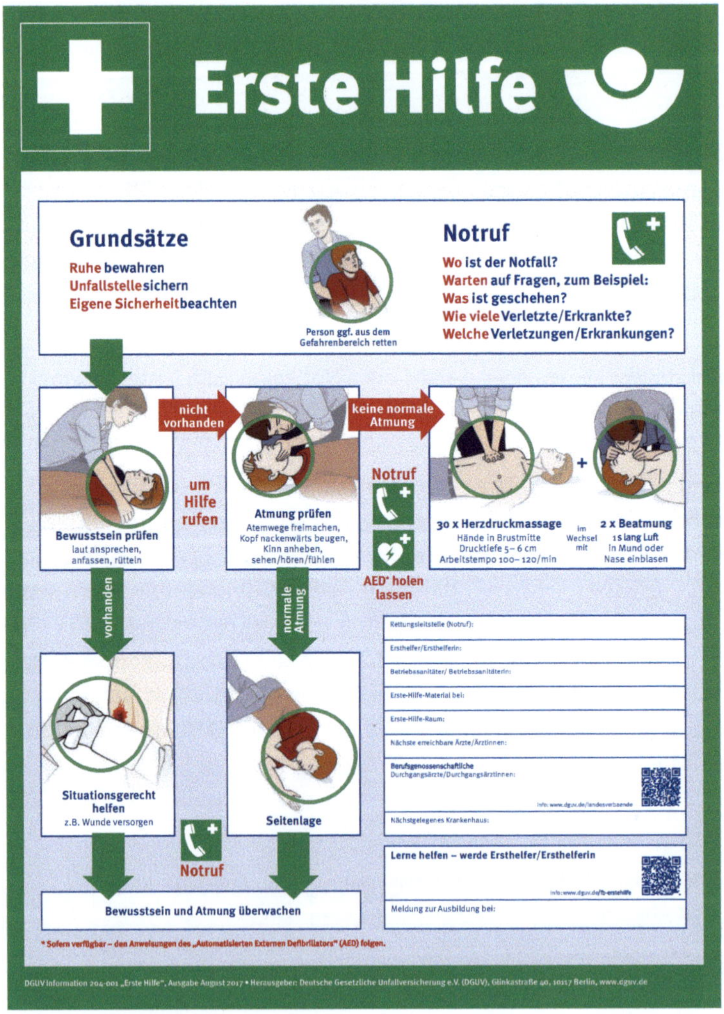

Bild 10.3 Informationsplakat zur Ersten Hilfe, Bildquelle: DGUV Information 204-001 – DGUV

Bild 10.4 Rettungszeichen, Bildquelle: BC GmbH

In Abhängigkeit der Anzahl der Beschäftigten auf der Baustelle sind folgende Erste Hilfe-Einrichtungen erforderlich:

- grundsätzlich immer eine Meldeeinrichtung (Telefon, Funk), ein Aushang „Erste Hilfe“, ein Verbandbuch, mindestens ein Verbandkasten und mindestens ein Ersthelfer,
- ab 21 Beschäftigte eine Krankentrage,
- ab 51 Beschäftigte ein Sanitätsraum,
- Rettungsgeräte und –Transportmittel bei schwer zugänglichen Arbeitsplätzen, z. B. im Tunnelbau, bei Druckluft-Arbeiten oder in tiefen Baugruben.

Alle Verletzungen sind sofort zu melden. Eine Anordnung, sich bei einem Durchgangsarzt oder im Krankenhaus vorzustellen, ist grundsätzlich immer zu befolgen.

Arbeitsstättenverordnung (ArbStättV), Verordnung über Arbeitsstätten
DGUV Information 204-022 *Erste Hilfe im Betrieb*

Betriebliche Ersthelfer

Um helfen zu können, muss man in der Lage sein zu erkennen, welche Maßnahmen erforderlich sind und wie sie durchzuführen sind. Nur dadurch besteht die Möglichkeit, so lange Hilfe leisten zu können, bis professionelle Hilfe eintrifft. Daher müssen Ersthelfer eine entsprechende Ausbildung nach den Vorschriften der gesetzlichen Unfallversicherungsträger absolvieren.

Betriebliche Ersthelfer sind üblicherweise eigene Mitarbeiter eines Unternehmens. Sie stehen jedoch nicht ausschließlich für die Erste Hilfe zur Verfügung. Die Tätigkeiten als Ersthelfer werden als Nebenpflicht zu der arbeitsvertraglich festgelegten Haupttätigkeit ausgeführt.

Sofortmaßnahmen

Da bei der Rettung Sekunden entscheidend sein können, muss die Versorgung unmittelbar nach dem Unfall durch die Personen vor Ort beginnen. Daher stellen insbesondere bei Lebensgefahr die Sofortmaßnahmen einen besonders wichtigen Teil der Ersten Hilfe dar. Hierzu gehören:

- Absicherung der Unfallstelle,
- Bergung aus dem Gefahrenbereich,
- Notruf,
- Herz-Lungen-Reanimation,
- Behandlung starker Blutungen,
- Schaffung einer stabilen Seitenlage.

Notruf

Der Notruf erfolgt über die bundesweit einheitliche Notrufnummer 112 und geht an die zuständige Rettungsleitstelle. Ziel des Notrufs ist die notwendige Rettungsmannschaft schnellstmöglich an den Ort des Geschehens zu leiten. Dazu sind klare, knapp formulierte Angaben zu machen und den Anweisungen der Rettungsleitstelle zu folgen.

Übungsbeispiel 10.1
Erste Hilfe und Sofortmaßnahmen

Zu Beginn der Rohbauarbeiten für das *Beispielprojekt Stadtvilla* befinden sich der Polier und ein Mitarbeiter auf der Bodenplatte des Kellergeschosses und bereiten die Mauerarbeiten vor. Plötzlich bemerken sie, wie ein Kollege, aus ungeklärten Gründen, in die mehr als zwei Meter tiefe Baugrube stürzt und auf der Bodenplatte aufschlägt. Sie eilen umgehend zu dem Verunglückten und machen durch laute Rufe die übrigen Mitarbeiter aufmerksam, die gerade dabei sind, einen Lkw zu entladen.

Der abgestürzte Mitarbeiter ist bei Bewusstsein und klagt über starke Schmerzen an Kopf und Rücken. Außer Schürfwunden sind keine äußeren Verletzungen zu erkennen. Der Polier informiert durch einen Notruf umgehend den Rettungsdienst. Außerdem veranlasst er, dass der zu entladende Lkw sofort die Baustelle verlässt, um den Rettungsweg nicht zu blockieren.

Ein Mitarbeiter mit Ersthelferausbildung stellt fest, dass der Verletzte noch immer bei Bewusstsein ist. Daher entscheidet er, keine Veränderung der Körperlage vorzunehmen, da die Wirbelsäule, insbesondere die Halswirbelsäule verletzt sein könnte. Durch eine Umlagerung könnten Schäden hervorgerufen werden. Während auf den Rettungsdienst gewartet wird, spricht der Ersthelfer seinem Kollegen Mut zu und hält ihn bei Bewusstsein.

Nachdem der Rettungsdienst eingetroffen ist, beginnen die Rettungssanitäter mit ihrer Arbeit. Sie legen den Verletzten auf eine Trage und bringen ihn über eine Bautreppe aus der Baugrube heraus in den Rettungswagen. Danach erfolgt der Transport ins Krankenhaus.

Der durch den Polier informierte Bauleiter leitet nun, gemeinsam mit der Fachkraft für Arbeitssicherheit, alle weiteren Maßnahmen ein. Die Unfallmeldung an die Berufsgenossenschaft erfolgt umgehend.

10.2.3 Brandschutz

Eine Vielzahl von Arbeitsunfällen ist auf Brände und Explosionen zurückzuführen. Ursachen für die teils schwersten Verletzungen sind die Einwirkungen von Flammen oder Rauchgasen auf ungeschützte Körperteile sowie Rauchvergiftungen aufgrund von Rauchgasinhalation. Neben den Gefahren für Leib und Leben der Mitarbeiter können Brände auch enorme wirtschaftliche Schäden für das betroffene Unternehmen verursachen. Um Arbeitsunfälle und Sachschäden zu vermeiden, ist daher der betriebliche Brandschutz von großer Bedeutung.

Hauptursache für Brände in Arbeitsstätten sind:

- unsachgemäßer Umgang mit Arbeitsmitteln, Einrichtungen, Stoffen und Gemischen,
- fehlende Unterweisung der Beschäftigten,
- fehlerhafte oder überlastete elektrische Anlagen und Betriebsmittel,
- mangelnde Wartung und Instandhaltung.

Quelle: DGUV Information 205-001 *Betrieblicher Brandschutz in der Praxis*

Brandgefahr besteht immer dann, wenn Sauerstoff (Luft), eine Zündquelle (z. B. Funkenbildung) und ein brennbarer Stoff zusammentreffen. Anhand der Art des brennbaren Stoffes unterscheidet die *DIN EN 2* insgesamt fünf Brandklassen:

- Brandklasse A: Brände von festen Stoffen unter Glutbildung (z. B. Holz, Papier, Textilien),
- Brandklasse B: Brände von flüssigen oder flüssig werdenden Stoffen (z. B. Benzin, Öle, Lacke),
- Brandklasse C: Brände von gasförmigen Stoffen (z. B. Methan, Propan, Wasserstoff),
- Brandklasse D: Brände von Metallen (z. B. Aluminium, Magnesium, Lithium),
- Brandklasse F: Brände von Speiseölen und -fetten (pflanzliche oder tierische Öle und Fette) in Frittier- und Fettbackgeräten und anderen Kücheneinrichtungen und -geräten.

Die mittlerweile abgeschaffte Brandklasse E sah Brände der Klassen A bis D in Gegenwart elektrischer Spannung vor. Stattdessen werden nach *DIN EN 3-7* Feuerlöscher, die zur Brandbekämpfung im Bereich elektrischer Anlagen geeignet sind, entsprechend gekennzeichnet. Zusätzlich sind die Maßnahmen gemäß *DIN VDE 0132* Brandbekämpfung und technische Hilfeleistung im Bereich elektrischer Anlagen einzuhalten.

Verhütung von Bränden

Um Brände zu verhindern, sind einige wichtige Maßnahmen erforderlich. Es muss ein *Brandschutzplan* mit Standorten der *Feuerlöscheinrichtungen* aufgestellt werden. Gefahrenbereiche sind abzusperren, auf Zündquellen sollte man stets achten und falls nötig Brandwachen aufstellen.

Brennbare Stoffe müssen immer getrennt von Gasflaschen oder Druckbehältern gelagert werden. Brennbare und brandfördernde Gase sind getrennt zu lagern. Als Löschmittel eignen sich Sand, Wasser, Löschdecken und tragbare Feuerlöscher. Es empfiehlt sich, möglichst nur Feuerlöscher eines Typs und Herstellers zu verwenden. Feuerlöscher sollen an gut sichtbaren und leicht zugänglichen Stellen angebracht werden. Sie sollen regelmäßig geprüft und gewartet werden.

Ebenso sollten Hinweisschilder zu Feuerlöscheinrichtungen angebracht werden (Bild 10.5). Mitarbeiter sollten in der Handhabung der Feuerlöscher unterwiesen werden, bei großen Baustellen ist es auch zu empfehlen, regelmäßige Brandschutzübungen durchzuführen. Durch Sachkundigen-Prüfungen mindestens alle zwei Jahre ist die ständige Funktionsfähigkeit von Feuerlöschern sicherzustellen.

Bild 10.5 Brandschutzzeichen, Bildquelle: BC GmbH

Bekämpfung von Bränden

Die Beschäftigten müssen sichere Kenntnisse darüber haben, wie sie sich im Brandfall zu verhalten haben. Mitarbeiter müssen gewarnt werden, Panik sollte vermieden werden. Feuer ist unverzüglich zu melden und dabei sind möglichst genaue Angaben zu machen. Gleichzeitig sind sofortige Rettungsmaßnahmen einzuleiten und Erste Hilfe zu leisten. Offenes Feuer ist zu bekämpfen oder einzudämmen. Zugluft sollte vermieden werden, Türen und Fenster sind zu schließen.

Beim *Löschen mit Handfeuerlöschern* ist Vorsicht mit elektrischen Anlagen geboten. Es ist dort ein Abstand von 1 m zu halten (bis 1000 V), bei höheren Spannungen sind Sondermaßnahmen erforderlich. Ein Feuerlöscher ist immer senkrecht zu halten. Dabei sollte immer die sehr kurze Funktionsdauer eines Feuerlöschers bedacht werden: bei 12 kg Pulver nur ca. 14 s. Man sollte beim Löschen auch immer daran denken, den Rückweg zu sichern.

Feuer muss immer in *Windrichtung* bekämpft werden, und zwar vorn beginnend mit kurzen Pulverstößen ablöschen. Stehen Personen in Flammen, Feuerlöscher von unten nach oben einsetzen, möglichst Feuerlöschdecken benutzen und Flammen durch Sauerstoffentzug ersticken.

Bei *brennenden Flüssigkeiten* sollte eine Pulverwolke sanft und fächerförmig über den Brandherd gelegt werden. Tropf- und Fließbrände sind von oben nach unten zu löschen. Es sollten immer genügend Feuerlöscher auf einmal eingesetzt werden.

Es bleibt immer zu beachten, dass eine *Wiederentzündung* möglich ist. Nach dem Ablöschen eines Brandherds ist dieser bis zu 24 Stunden danach durch eine Brandwache zu beobachten. Eingesetzte Feuerlöscher dürfen nicht mehr aufgehängt werden, sondern benutzte Feuerlöscher müssen immer durch neue ersetzt werden.

Erste Hilfe bei Verbrennungen

Brennende Kleider müssen sofort mit Wasser oder durch Einwickeln in Decken gelöscht werden. Dafür eignen sich Löschdecken, feuchte Tücher oder Ähnliches. Notfalls kann ein Verletzter auch durch Rollen gelöscht werden. Bekleidung, die mit heißen Stoffen wie z. B. Teer, Asphalt, heiße Öle oder Fette behaftet ist, muss sofort entfernt und mit reichlich Wasser abgelöscht werden. Die Kleidung über einer Brandwunde ist zu entfernen, sofern sie nicht festklebt.

Bei *Verbrennungen* an den Gliedmaßen ist das Körperteil sofort in kaltes Wasser einzutauchen oder unter fließend Wasser zu halten bis eine Schmerzlinderung eintritt. Dies kann ca. 10 bis 15 Minuten dauern. Anschließend ist die Brandwunde locker mit Brandwunden-Verbandtuch oder Ähnlichem zu bedecken. Öl, Salben, Puder oder Ähnliches darf nicht aufgetragen werden. Mit Verbrennungen ist immer der nächste Unfallarzt aufzusuchen.

Bei großflächigen und tiefgreifenden Verbrennungen muss sofort der Rettungsdienst verständigt werden. Großflächige Verbrennungen sollten sofort in Brandwunden-Verbandtücher oder saubere Leinentücher eingehüllt werden. Ein Verletzter sollte zusätzlich mit einer Rettungsdecke bedeckt werden. Die Rettungsdecke darf nicht berühren.

Ein Verletzter sollte beruhigt und mit leicht angehobenen Beinen gelagert werden. Einem bewusstlosen Verletzten und bei Gesichtsverbrennungen darf in keinem Fall Flüssigkeit eingeflößt werden, auch nicht bei bestehender Übelkeit, Erbrechen oder Schock. Beruhigungs- und Schmerzmittel dürfen nur durch den Arzt verabreicht werden.

10.3 Persönliche Schutzausrüstung (PSA)

Sollten Gefährdungen weder auf technische noch organisatorische Weise auszuschließen sein, kann das Tragen bzw. die Nutzung einer Persönlichen Schutzausrüstung (PSA) als geeignete Maßnahme des Arbeitsschutzes betrachtet werden. Demnach müssen den betroffenen Mitarbeitern immer dann Persönliche Schutzausrüstungen zur Verfügung gestellt werden, wenn die *Gefährdungsbeurteilung* eine entsprechende Verwendung vorsieht.

Die Mitarbeiter sind zur bestimmungsgemäßen Benutzung der zur Verfügung gestellten Persönlichen Schutzausrüstung verpflichtet. Darüber hinaus müssen sie die PSA regelmäßig auf ihren ordnungsgemäßen Zustand überprüfen und offensichtliche Mängel unverzüglich an den Unternehmer bzw. dessen Vertreter melden.

DGUV Regel 100-001 *Grundsätze der Prävention*

DGUV Information 212-215 *Handlungsanleitung Persönliche Schutzausrüstungen*

Mit dem Kopfschutz, dem Gehörschutz und der Persönlichen Schutzausrüstung gegen Absturz, werden nachfolgend drei Arten Persönlicher Schutzausrüstung vorgestellt, die auf Baustellen häufig verwendet werden.

10.3.1 Kopfschutz

Auf Baustellen kommen Industrieschutzhelme nach *DIN EN 397* zum Einsatz. Sie bestehen aus widerstandsfähigem Material und sollen den Kopf vor Anstoßen sowie pendelnden, herabfallenden, umfallenden oder wegfliegenden Gegenständen schützen (Bild 10.6 links).

Schutzhelme müssen nach *DIN EN 397* Industrieschutzhelme ausgestattet und gekennzeichnet sein.

Das Gewicht eines Schutzhelms beträgt lediglich ca. 300 Gramm. Die Innenausstattung besteht aus Tragbändern und einem Lederschweißband (Bild 10.6 Mitte). Sie ist verstellbar und kann dadurch der Kopfgröße optimal angepasst werden. Für Arbeiten, bei denen der Kopf nach unten gehalten werden muss, wird der Schutzhelm mit einem Kinnriemen gesichert (Bild 10.6 rechts). Durch ein tiefgezogenes Nackenband wird verhindert, dass der Helm nach vorne rutscht.

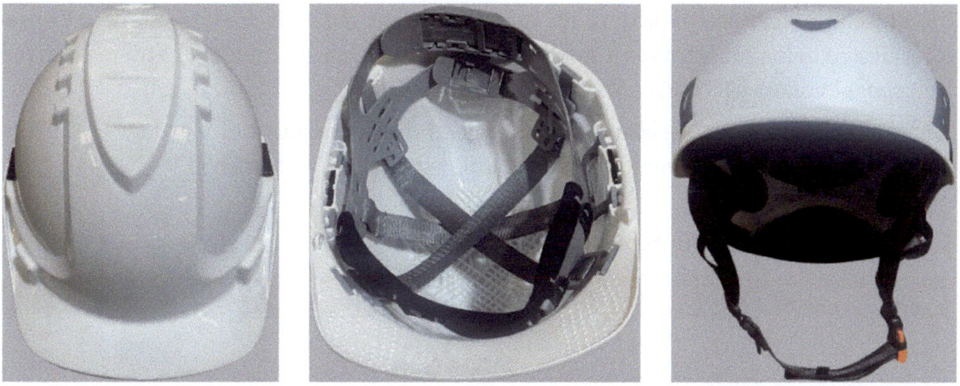

Bild 10.6 Einfacher Schutzhelm (links und Mitte), Schutzhelm mit Kinnriemen (rechts), Bildquelle: HSB

Um das Schwitzen zu verringern, gibt es Schutzhelme mit einer regelbaren Belüftung. Für den Kälteschutz sind Wollhauben erhältlich, die unter dem Helm getragen werden. Für die Ohren können Ohrenschützer oder ein Kopf-Strickband verwendet werden. Es gilt zu beachten, dass sämtliches Helm-Zubehör entsprechend geeignet sein muss. Angaben hierzu liefert der Hersteller.

Schutzhelme unterliegen einem Alterungsprozess und verspröden. Sie müssen daher regelmäßig überprüft und gegebenenfalls ausgetauscht werden. Bei hörbarem Knacken ist ein sofortiger Austausch erforderlich. Die Helmschale sollte in regelmäßigen Abständen gereinigt werden. Dabei sind die Angaben des Herstellers hinsichtlich Reinigungsmittel und Methode zu beachten. Auch die Innenausstattung sollte regelmäßig auf ihren einwandfreien Zustand geprüft werden.

Für Personen, die durch das Tragen eines Schutzhelms beeinträchtigt sind, beispielsweise durch Druckstellen, sind besondere Helme mit einer extra weichen Innenpolsterung erhältlich. Bei andauernden Kopfschmerzen, Unwohlsein oder sonstigen Beeinträchtigungen durch das Helmtragen sollte der Betriebsarzt aufgesucht werden.

DGUV Regel 112-193 *Benutzung von Kopfschutz*

10.3.2 Gehörschutz

Lärmschwerhörigkeit ist am Bau die bedeutendste Berufskrankheit. Schwerhörigkeit und Lärm-Taubheit sind unheilbar. Deshalb ist der Schutz vor Lärm besonders wichtig.

Lärmminderung hat bei allen baulichen Maßnahmen Vorrang. Grundsätzlich sind lärmarme Maschinen und Geräte zu verwenden. Wenn dies nicht möglich ist, sollte die Maschine gekapselt werden. Ist auch dies nicht möglich, bedarf es einer Kapselung des Arbeitsplatzes. Wenn auch dies nicht möglich ist, muss ab einem Beurteilungspegel von 85 dB (A) Gehörschutz benutzt werden.

Lärmbereiche müssen fachkundig ermittelt und gekennzeichnet werden. In Tabelle 10.1 sind die Lärmpegel verschiedener Baulärm-Quellen aufgeführt.

Tabelle 10.1 Beispiele für Baulärm

Lärmquelle	Lärmpegel
Lkw	80 bis 85 dB (A)
Kompressor	85 bis 95 dB (A)
Elektrische Schlagbohrmaschine	90 bis 100 dB (A)
Steinfräse	95 bis 100 dB (A)
Kreissäge	95 bis 105 dB (A)
Rütteltisch	100 bis 105 dB (A)
Presslufthammer	100 bis 115 dB (A)
Bolzensetzwerkzeug	140 bis 160 dB (A)
Quelle: Berufsgenossenschaft der Bauwirtschaft (BG BAU)	

Es werden drei verschiedene Arten von Gehörschutz unterschieden, die nachfolgend kurz beschrieben werden.

Kapselgehörschutz

Ein Kapselgehörschutz (Bild 10.7 links) besteht aus zwei Ohrkapseln, die durch einen Bügel miteinander verbunden werden. Die Kapseln umschließen das Ohr vollständig und mindern dadurch den auf das Ohr wirkenden Lärm. An Schutzhelmen können speziell dafür vorgesehene Kapselgehörschützer montiert werden.

Kapselgehörschützer mit pegelabhängiger Schalldämmung sind in der Lage, laute Geräusche zu dämmen und leise Geräusche zu verstärken. Zusätzlich besteht die Möglichkeit zur Verständigung, beispielsweise über Sprechfunk.

Gehörschutzstöpsel

Gehörschutzstöpsel werden in das Ohr eingeführt und reduzieren dadurch den Schallpegel. Häufig kommen weiche Stöpsel aus Schaumstoff oder Silikon zum Einsatz, die sich dem Gehörgang anpassen. Unterschieden werden Gehörschutzstöpsel zum einmaligen Gebrauch und solche die wiederverwendbar sind. Gehörschutzstöpsel sind entweder einzeln oder mit einem Bügel (Bild 10.7 rechts) verbunden.

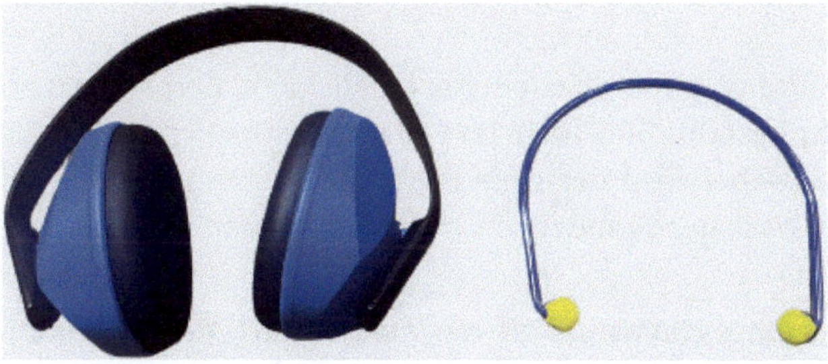

Bild 10.7 Kapselgehörschutz (links) und Gehörschutzstöpsel mit Bügel (rechts), Bildquelle: HSB

Otoplastiken

Otoplastiken werden für den jeweiligen Gehörgang individuell angefertigt. Da die Position im Gehörgang vorgegeben ist, werden sie bei korrekter Anwendung zwangsläufig richtig getragen. Otoplastiken werden verwendet, wenn andere Gehörschützer nicht getragen werden können oder aufgrund arbeitsmedizinischer Befunde.

Personen die im Lärmbereich arbeiten, müssen ihr Gehör regelmäßig untersuchen lassen. Bei Anzeichen von Lärmschwerhörigkeit wie z. B. Verständigungsschwierigkeiten am Telefon, Überhören von hohen Tönen, z. B. einer Klingel, erschwerte Unterhaltung in geräuschvoller Umgebung oder Auftreten von Ohrgeräuschen sollte man umgehend einen Arzt aufsuchen. Der arbeitsmedizinische Dienst der BG BAU hat Untersuchungsmobile im Einsatz, in denen diese Untersuchungen durchgeführt werden können.

DGUV Information 212-024 *Gehörschutz*

10.3.3 Persönliche Schutzausrüstung gegen Absturz (PSAgA)

Absturz ist die häufigste Unfallursache auf Baustellen. Daher sind bei Arbeiten, die an erhöhten Stellen stattfinden, Sicherungsmaßnahmen notwendig, die das Absturzrisiko so gut wie nur möglich minimieren. Zu solchen Arbeitsplätzen gehören beispielsweise Gerüste, Schalungen oder Krane.

Seitenschutz oder Auffangeinrichtungen wie Fanggerüste oder Fangnetze dienen als Absturzsicherungen. Können diese nicht angebracht werden, müssen die Beschäftigten durch Persönliche Absturzschutzsysteme gemäß *DIN EN 363* gesichert werden. Hierzu zählen die Persönlichen Schutzausrüstungen gegen Absturz (PSAgA). Sie verhindern einen Absturz durch Auffangsysteme, Rückhaltesysteme oder durch Arbeitsplatzpositionierungssysteme. Letztere werden auf Baustellen allerdings eher selten eingesetzt.

Auffangsysteme

Durch die Verwendung eines Auffangsystems besteht die Möglichkeit, Bereiche zu erreichen, in denen Absturzgefahr besteht (Bild 10.8). Im Falle eines Absturzes wird die betroffene Person aufgefangen. Dabei wird der freie Fall nicht verhindert, sondern die Fallstrecke derart begrenzt, dass der Benutzer in einer hängenden Position verbleibt und gerettet werden kann.

Zu den Bestandteilen eines Auffangsystems gehört ein Auffanggurt, der durch ein Verbindungsmittel (Seil, Gurtband) an einer Anschlageinrichtung befestigt wird. Um eine Auffangposition zu gewährleisten, bei der die Fangstoßkraft maximal 6 kN beträgt, müssen die Verbindungsmittel mit Falldämpfern kombiniert werden.

Höhensicherungsgeräte sind mit einem ein- und ausziehbaren Verbindungsmittel ausgestattet. Das Gehäuse des Verbindungsmittels wird über eine Aufhängeöse an der Anschlageinrichtung befestigt. Da Höhensicherungsgeräte bereits eine falldämpfende Funktion besitzen, darf kein zusätzlicher Falldämpfer verwendet werden.

Eine geeignete Anschlageinrichtung muss die Belastungen einer Fangstoßkraft von 6 kN sicher aufnehmen können. Dies kann eine lasttragende Verbindung der PSA gegen Absturz mit dem Bauwerk oder anderen Gegenständen sein. Anschlageinrichtungen können auch Bestandteil der PSA gegen Absturz sein und werden als solche lediglich temporär am Bauwerk befestigt. Zur PSA gehörige Anschlageinrichtungen sind entsprechend zu prüfen und zu kennzeichnen. Es ist darauf zu achten, dass der Anschlagpunkt möglichst senkrecht über dem Benutzer positioniert wird.

Bild 10.8 Verwendung eines Auffangsystems bei Arbeiten auf einer Deckenschalung, Bildquelle: PERI Deutschland

Rückhaltesysteme

Durch Rückhaltesysteme wird der Bewegungsbereich derart eingeschränkt, dass der Absturzbereich nicht erreicht werden kann. Zu den Bestandteilen eines Rückhaltesystems gehört ein Auffanggurt, der durch ein Verbindungsmittel (Seil, Gurt) an einem Anschlagsystem befestigt wird. Das Verbindungsmittel hat eine Länge, die kürzer ist als der Abstand von der Anschlageinrichtung bis zum Absturzbereich. Somit wird ein Absturz ausgeschlossen.

Persönliche Sicherheitseinrichtungen gegen Absturz müssen mit dem Herstellerzeichen, der Typenbezeichnung, dem Herstellungsjahr und einer Serien- oder Herstellungsnummer gekennzeichnet sein. Weiterhin gilt:

- Gebrauchsanweisung des Herstellers beachten,
- Sichtprüfung an Seilen, Gurten und Zubehör vor jeder Benutzung,
- beschädigte Teile sind der weiteren Benutzung zu entziehen.

Bei der Lagerung gilt zu beachten:

- Freihängende Aufbewahrung in trockenen, nicht zu warmen Räumen,
- keine Lagerung in der Nähe von Heizungen,
- keine Verbindung mit aggressiven Stoffen wie z. B. Säuren, Laugen, Lötwasser oder Ölen,
- Schutz vor direkter Lichteinwirkung, UV-Strahlung und Funkenflug.

DGUV Regel 112-198 *Benutzung von persönlichen Schutzausrüstungen gegen Absturz*

10.4 Sicherheitsanforderungen an Bauausführung und Arbeitsverfahren

Neben den zuvor behandelten Maßnahmen zum Arbeitsschutz sind auch im Rahmen der eigentlichen Bauausführung sowie bei der Auswahl und Anwendung der jeweiligen Arbeitsverfahren spezifische Regeln und Vorschriften zu beachten. Diese betreffen insbesondere konstruktive und technische Aspekte, die maßgeblich zur Sicherheit, Effizienz und Qualität der Bauausführung beitragen.

Aufgrund der enormen Bandbreite an Bauverfahren, eingesetzten Technologien und baulichen Gegebenheiten kann an dieser Stelle jedoch nur ein exemplarischer Überblick gegeben werden, der ausgewählte Grundprinzipien und typische Maßnahmen beleuchtet. Für eine umfassende und projektspezifische Umsetzung sind daher stets die einschlägigen technischen Regelwerke, Normen sowie behördlichen und berufsgenossenschaftlichen Vorgaben heranzuziehen.

10.4.1 Baugruben und Gräben

Die Arbeitssicherheit bei Baugruben und Gräben ist von entscheidender Bedeutung, um Unfälle und Verletzungen auf Baustellen zu vermeiden. Die Sicherung dieser Bereiche erfordert sorgfältige Planung und Ausführung, um die Stabilität der Erdwände zu gewährleisten und das Risiko von Einstürzen zu minimieren. Baugruben und Gräben können geböscht oder verbaut ausgeführt werden.

Böschungen

Durch die schräge Anordnung der Seitenwände wird der Erddruck gleichmäßig verteilt, wodurch die Gefahr von Einstürzen und Erdrutschen minimiert wird. Die Gestaltung der Böschungsneigung hängt von verschiedenen Faktoren wie Bodenart, Wetterbedingungen, Grundwasserverhältnissen, Witterungsverhältnissen und vorhandenen Auflasten am Böschungsrand ab.

Böschungsneigungen

Ohne rechnerischen Nachweis dürfen gemäß *DIN 4124* Baugruben und Gräben – Böschungen, Verbau, Arbeitsraumbreiten die folgenden Böschungswinkel nicht überschritten werden:

- 45° bei nichtbindigem oder weichem bindigen Boden, z. B. Mutterboden, Sande, Kiese,
- 60° bei steifem oder halbsteifem Boden, z. B. Lehm, Mergel, Ton, Böden mit festem Zusammenhang,
- 80° bei Fels, nicht gebrochen und nicht verwittert, keine zur Baugrube einfallenden Schichten, ohne Klüfte.

Die Böschungsneigungen müssen verringert werden, wenn besondere Einflüsse die Standsicherheit beeinträchtigen wie z. B. Störungen im Bodengefüge, Auffüllungen, Wasserzuflüsse, Auflasten oder Erschütterungen.

Bei Schichten aus unterschiedlichen Bodenarten kann es notwendig sein, den Böschungswinkel nach dem Boden mit der geringsten Standfestigkeit anzulegen.

Ein *Standsicherheitsnachweis* ist erforderlich, wenn

- die Böschungshöhe größer ist als 5,00 m,
- eine steilere Böschung als vorher angenommen angelegt werden soll,

- besondere Einflüsse vorliegen,
- bauliche Anlagen gefährdet sind.

An jedem Böschungs- oder Grabenrand ist ein *Schutzstreifen* mit einer Breite von 60 cm lastfrei und von Aushub, Geräten und Material freizuhalten. Außerdem sind die Sicherheitsabstände von Fahrzeugen, Baumaschinen oder Baugeräten zu berücksichtigen (Bild 10.9). Hier gilt:

- Bei Fahrzeugen, die die zulässigen Achslasten nach *Straßenverkehrs-Zulassungs-Ordnung* (StVZO) einhalten, und Baugeräte bis 12 t Gesamtgewicht ist ein Sicherheitsabstand von mindestens 1,00 m einzuhalten.
- Bei Fahrzeugen, die die zulässigen Achslasten nach *StVZO* überschreiten, und Baugeräte mit mehr als 12 t bis 40 t Gesamtgewicht ist ein Sicherheitsabstand von mindestens 2,00 m einzuhalten.

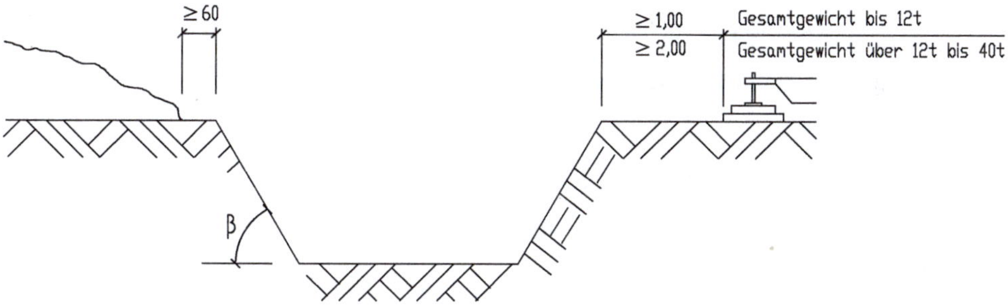

Bild 10.9 Böschungswinkel, Schutzstreifen und Sicherheitsabstände

Bei Baugruben und Gräben bis 1,25 m Tiefe können die Wände senkrecht angelegt werden, wenn der Boden standfest ist und keine besonderen Einflüsse vorliegen (Bild 10.10 links). Bei Baugruben und Gräben bis 1,75 m in mindestens steifen, bindigen Böden kann der über 1,25 m liegende Bereich abgeböscht (Bild 10.10 Mitte) oder verbaut werden (Bild 10.10 rechts).

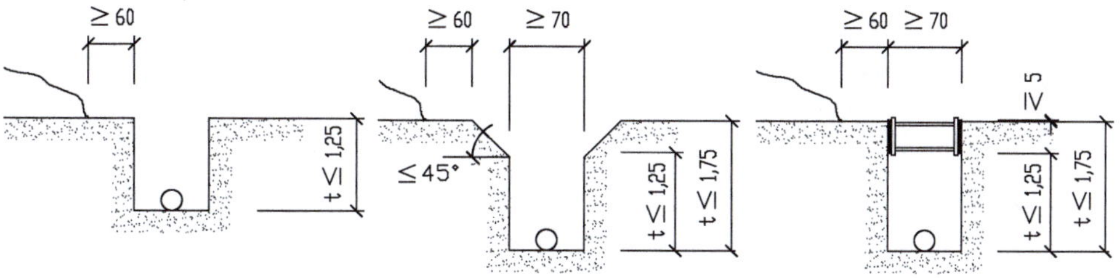

Bild 10.10 Gräben bis zu einer Tiefe von 1,75 m

Verbaute Gräben

Ab einer Grabentiefe von mehr als 1,75 m müssen senkrechte Grabenwände immer vollflächig verbaut werden. Die Herstellung des Verbaus kann konventionell mittels Holzbohlen, Kanthölzern und Kanalstreben erfolgen. Diese Methode kann allerdings besonders bei größeren Maßnahmen sehr zeitintensiv und somit unwirtschaftlich sein. Daher werden mittlerweile für den vollflächigen Grabenverbau fast ausschließlich Verbausysteme verwendet, wie sie in Abschnitt 8.16 beschrieben werden. Für beide Verbauarten liefert die *DIN 4124* detaillierte Vorgaben.

Verbaute Baugruben

Senkrechte Baugrubenwände müssen ab einer Tiefe von mehr als 1,75 m immer vollflächig verbaut werden. Für einen Baugrubenverbau ist grundsätzlich immer ein *Standsicherheitsnachweis* erforderlich. Um eine Baugrube fachgerecht sichern zu können, sind Kenntnisse erforderlich über

- Abmessungen und größte Tiefe der Baugrube,
- Bodenart und Grundwasserverhältnisse,
- vorhandene Leitungen,
- Belastungen durch Erdboden, Baumaterial usw.,
- Belastungen durch angrenzende Bauwerke, hierbei kann eine Sicherung oder Unterfangung nach *DIN 4123* notwendig werden,
- Belastungen durch Maschinen am Baugrubenrand wie z. B. Bagger, Lader, Hebezeuge und Fahrzeuge,
- Belastungen durch Erschütterungen von Verdichtungsgeräten oder durch den Verkehr.

Es gibt verschiedene Techniken des Baugrubenverbaus, die je nach den örtlichen Gegebenheiten und Anforderungen eingesetzt werden können. Hierzu zählen Spundwände, Schlitzwände, Bohrpfähle oder der Berliner Verbau.

DIN 4124 Baugruben und Gräben – Böschungen, Verbau, Arbeitsraumbreiten
DGUV Vorschrift 38 *Bauarbeiten*

10.4.2 Arbeitsraumbreiten in Baugruben und Leitungsgräben

Für die sichere und fachgerechte Durchführung von Bauarbeiten ist immer ein ausreichender Arbeitsraum erforderlich. Es muss demnach genügend Platz für Durchgang, Materialtransport, Lagerung von Werkzeug und Material sowie für die Rettung Verletzter gewährleistet sein.

Baugruben

Folgende Mindestbreiten gelten für den *Arbeitsraum* in Baugruben gemäß *DIN 4124*:

- Geböschte Baugruben: 0,50 m
- Verbaute Baugruben: 0,60 m

Bei verbauten Baugruben mit horizontalen Gurtungen, die weniger als 2,00 m über der Baugrubensohle bzw. der jeweils verfüllten Oberfläche liegen, gilt die Mindestarbeitsraumbreite ab Vorderkante der Gurtung.

Bei Baugruben für Schachtbauwerke muss an der engsten Stelle ein lichter Abstand von mindestens 0,50 m verbleiben. Dies gilt sowohl für eine eckige Baugrube mit rundem Schacht als auch für eine runde Baugrube mit eckigem Schacht (Bild 10.11).

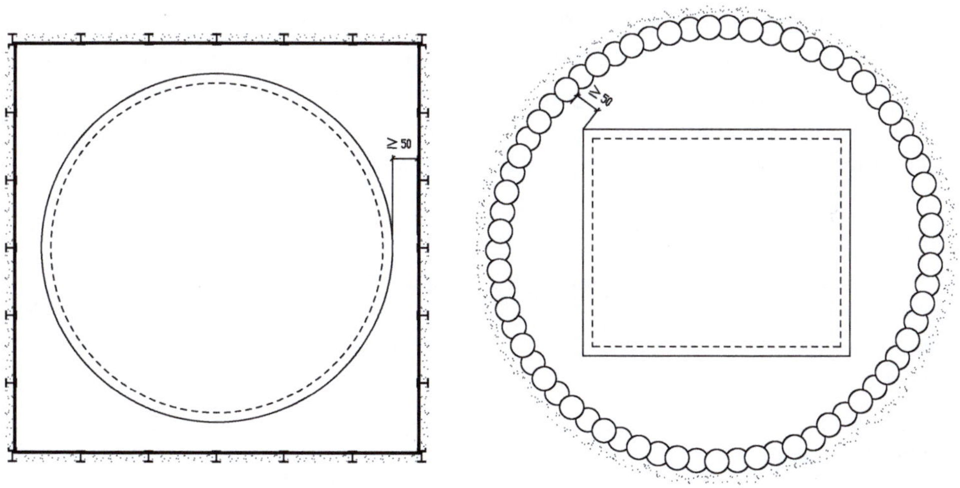

Bild 10.11 Baugrubenverbau als Trägerbohlwand für rundes Schachtbauwerk (links) und Baugrubenverbau als Bohrpfahlwand für eckiges Schachtbauwerk (rechts)

Mindestbreiten von Gräben

Als Mindestbreite b von Leitungsgräben gilt die lichte Weite zwischen den beiden Innenwänden des Verbaus. Darüber hinaus gilt in Abhängigkeit der Gurtungslage und des Rohrschaft-Durchmessers OD: Wenn die Gurtungen weniger als 2,00 m (bei OD ≥ 60 cm) oder weniger als 0,50 m (bei 30 cm < OD < 60 cm) über der Grabensohle liegen, gilt die lichte Weite b zwischen den Innenkanten beider Gurtungen als Mindestbreite (Bild 10.12).

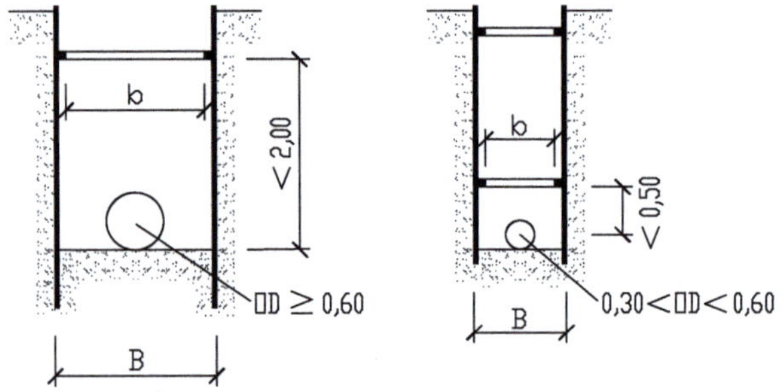

Bild 10.12 Leitungsgraben mit senkrechtem Verbau und Gurtungen

Die Abmessungen der Mindestbreiten für Leitungsgräben sind zunächst abhängig von der Leitungsart. Bei Gräben für Abwasserleitungen und -kanäle gelten die Mindestgrabenbreiten nach *DIN EN 1610*, bei Gräben für alle übrigen Leitungen gemäß *DIN 4124*. Innerhalb der jeweiligen Norm wird dann die Mindestgrabenbreite in Abhängigkeit vom Leitungsdurchmesser (Tabelle 10.3 oder Tabelle 10.4) sowie der Grabentiefe (Tabelle 10.2) ermittelt. Es gilt das jeweils größere Maß.

Tabelle 10.2 Lichte Mindestbreite b in Abhängigkeit der Grabentiefe t

Nach *DIN 4124*		Nach *DIN EN 1610*	
Geböschter Graben bis t ≤ 1,75 m	b = 0,60 m	t < 1,00 m	b nicht vorgegeben
Teilverbauter und verbauter Graben t ≤ 1,75 m	b = 0,70 m	t > 1,00 bis 1,75 m	b = 0,80 m
t > 1,75 bis 4,00 m	b = 0,80 m	t > 1,75 bis 4,00 m	b = 0,90 m
t > 4,00 m	b = 1,00 m	t > 4,00 m	b = 1,00 m
Die Werte gelten nicht für Abwasserleitungen und -kanäle nach *DIN EN 1610.* Quelle: *DIN 4124*, Tabelle 7		Die maximale Tiefe unverbauter Gräben ist t ≤ 1,25 m. Quelle: *DIN EN 1610*, Tabelle 2	
Die Werte für „b" gelten nur, wenn sich nicht in Abhängigkeit der Leitungs- bzw. Rohrschaft-Durchmesser größere Werte ergeben.			

Tabelle 10.3 Lichte Mindestbreiten b in Abhängigkeit vom äußeren Leitungs- bzw. Rohrschaft-Durchmesser OD für Leitungsgräben nach *DIN 4124*

Rohrschaft-Durchmesser OD	Lichte Mindestbreite b verbauter Graben	Lichte Mindestbreite b geböschter Graben
OD ≤ 0,40 m	b = OD + 0,40 m, bei Umsteifung OD + 0,70 m	b = OD + 0,40 m
OD > 0,40 m bis 0,80 m	b = OD + 0,70 m	$\beta \leq 60^\circ$: b = OD + 0,40 m $\beta > 60^\circ$: b = OD + 0,70 m
OD > 0,80 m bis 1,40 m	b = OD + 0,85 m	
OD > 1,40 m	b = OD + 1,00 m	

Die Werte für „b" gelten nur, wenn sich nicht in Abhängigkeit der Grabentiefe größere Werte ergeben.
β = Böschungswinkel des unverbauten Grabens, gemessen gegen die Horizontale.
Die Tabelle gilt nicht für Abwasserleitungen und -kanäle nach *DIN EN 1610.*
Quelle: *DIN 4124*, Tabelle 6

Tabelle 10.4 Lichte Mindestbreiten b in Abhängigkeit vom Leitungsdurchmesser für Leitungsgräben nach *DIN EN 1610*

Nennweite DN	Lichte Mindestbreite	
	verbauter Graben unverbauter Graben $\beta > 60^\circ$	unverbauter Graben $\beta \leq 60^\circ$
DN ≤ 225 mm	b = OD_h + 0,40 m	b = OD_h + 0,40 m
DN > 225 mm bis 350 mm	b = OD_h + 0,50 m	
DN > 350 mm bis 700 mm	b = OD_h + 0,70 m	
DN > 700 mm bis 1200 mm	b = OD_h + 0,85 m	
DN > 1200 mm	b = OD_h + 1,00 m	

OD_h = horizontaler Außendurchmesser in m. Die Werte für „b" gelten nur, wenn sich nicht in Abhängigkeit der Grabentiefe größere Werte ergeben.
β = Böschungswinkel des unverbauten Grabens, gemessen gegen die Horizontale.
Quelle: *DIN EN 1610*, Tabelle 1

Die Werte gelten für Gräben mit senkrechtem oder waagerechtem Verbau gleichermaßen.

Übungsbeispiel 10.2

Ermittlung der Mindestgrabenbreite für einen Rohrgraben

Für die Abwasserleitung DN 200 des *Beispielprojekts Stadtvilla* soll die Mindestgrabenbreite ermittelt werden. Die Tiefe des Grabens beträgt 1,50 m.

1. Festlegung der maßgeblichen Norm:

   Für Abwasserleitungen gelten die Vorgaben der *DIN EN 1610.*

2. Ermittlung der Mindestgrabenbreite in Abhängigkeit vom Leitungsdurchmesser:

   Bei einem Rohr mit dem Nenndurchmesser DN 200 beträgt der Außendurchmesser ca. 225 mm. Gemäß Tabelle 10.4 wird die Mindestbreite des Grabens durch den Außendurchmesser plus einem zusätzlichen Wert bestimmt. Für Rohre mit einem Außendurchmesser bis 225 mm beträgt dieser zusätzliche Wert 0,40 m.

   Daraus ergibt sich eine Mindestgrabenbreite von 0,625 m.

3. Ermittlung der Mindestgrabenbreite in Abhängigkeit von der Grabentiefe:

   Für Grabentiefen von 1,00 m bis 1,75 m gilt gemäß Tabelle 10.2 eine Mindestgrabenbreite von 0,80 m.

4. Ermittlung der maßgeblichen Mindestgrabenbreite:

   Es gilt der größere der beiden Werte, die Grabenbreite muss also b = 0,80 m sein.

DIN EN 1610 Einbau und Prüfung von Abwasserleitungen und -kanälen

10.4.3 Unterfangungen

Unterfangungen sind bauliche Maßnahmen, die dazu dienen, die Fundamente eines bestehenden Bauwerks zu sichern und zu stabilisieren, wenn Erdarbeiten in unmittelbarer Nähe durchgeführt werden. Dies ist beispielsweise der Fall, wenn neben einem bestehenden Gebäude eine neue Baugrube ausgehoben werden soll. Durch die Unterfangung sollen setzungsbedingte Schäden oder gar das Abrutschen des Gebäudes verhindert werden.

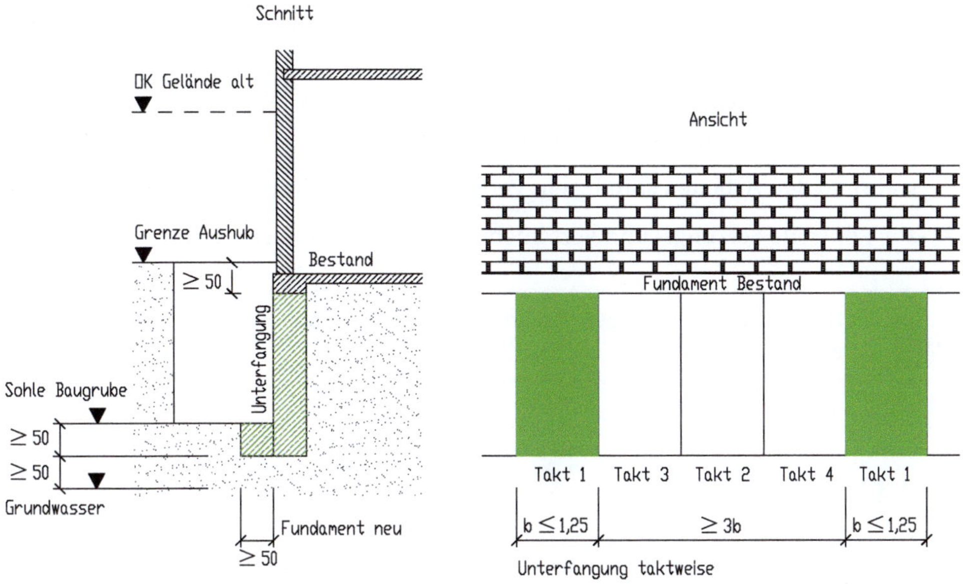

Bild 10.13 Unterfangung eines Gebäudes gemäß *DIN 4123*

Bild 10.13 zeigt die Unterfangung eines Gebäudes nach *DIN 4123*. Diese Methode gilt für vertikale Fundamentlasten bis zu 250 kN/m, was etwa der Last aus fünf Vollgeschossen entspricht. Um die Stabilität des bestehenden Gebäudes während der Arbeiten nicht zu gefährden, erfolgt die Unterfangung in der Regel abschnittsweise. Darüber hinaus muss die Sicherheit der ausführenden Arbeitskräfte gewährleistet sein. Nachfolgend werden die wichtigsten Schritte erläutert:

- Ausschachtung zunächst nur bis zur Bodenaushubgrenze, die mindestens 50 cm oberhalb der Unterkante des bestehenden Fundaments liegen muss.
- Abschnittsweise Ausschachtung der maximal 1,25 m breiten Stichgräben bis in die erforderliche Tiefe. Um ein Einstürzen der Gräben zu vermeiden, müssen diese zwingend ausreichend verbaut werden. Zwischen zeitgleich ausgeführten Abschnitten muss immer die dreifache Abschnittsbreite als Abstand eingehalten werden.
- Herstellung der Unterfangungswand, die bis mindestens 50 cm unter die Oberkante des neuen Fundaments zu führen ist.
- Herstellung des neuen Fundaments.

Weiterhin gilt zu beachten, dass

- alle erforderlichen Standsicherheitsnachweise erbracht wurden,
- beeinträchtigende Erschütterungen während der Arbeiten vermieden werden,

- gegebenenfalls zusätzliche Sicherungsmaßnahmen an bestehenden Gebäuden durchgeführt werden müssen,
- der Grundwasserspiegel während der Bauausführung mindestens 0,50 m unterhalb der neuen Gründungsebene liegen muss,
- während den Arbeiten ständig ein Vertreter der Bauleitung anwesend ist,
- zur Kontrolle Setzungs- und Verschiebungsmessungen durchgeführt werden.

DIN 4123 Ausschachtungen, Gründungen und Unterfangungen im Bereich bestehender Gebäude

10.4.4 Schalarbeiten

Heutzutage werden für Schalarbeiten fast ausschließlich die in Abschnitt 8.17 behandelten Betonschalungssysteme verwendet. Bei der Verwendung dieser Systeme müssen die Aufbau- und Verwendungsanleitungen der Hersteller zwingend beachtet werden. Sie enthalten Sicherheitshinweise sowie Angaben zu Regelausführungen und bestimmungsgemäßer Nutzung des jeweiligen Schalungssystems. Daher stellt die Aufbau- und Verwendungsanleitung eine wichtige Grundlage für die *Gefährdungsbeurteilung* und die *Montageanweisung* dar.

Der Unternehmer oder ein von ihm bestimmter Vertreter ist dafür verantwortlich, dass die *Aufbau- und Verwendungsanleitung* des eingesetzten Schalungssystems auf der Baustelle vorhanden, den Mitarbeitern bekannt und jederzeit zugänglich ist.

Abweichungen von den Regelausführungen der Aufbau- und Verwendungsanleitungen stellen ein generelles Sicherheitsrisiko dar und müssen daher gesondert nachgewiesen werden.

Allgemeine Sicherheitshinweise

Nachfolgende allgemeine Sicherheitshinweise sind beim Umgang mit Schalungen zu beachten:

- Vor dem Transport sind lose Teile von den Schalungen zu entfernen.
- Vor jedem Einsatz ist das Material auf Zustand und Funktionsfähigkeit zu überprüfen. Defekte Teile dürfen nicht verwendet werden und sind umgehend auszusortieren.

- Reparaturen an der Schalung bzw. den Systemteilen dürfen ausschließlich vom Hersteller oder dazu befähigtem Fachpersonal vorgenommen werden.
- Die Vermischung von Schalungsteilen verschiedener Hersteller kann Sicherheitsrisiken verursachen und muss immer individuell geprüft werden. Eventuell sind gesonderte Nachweise erforderlich.
- Die Montage der Schalung hat gemäß Montageanweisungen und Schalungseinsatzplänen der Arbeitsvorbereitung zu erfolgen.
- Vor Beginn der Bewehrungsarbeiten sowie vor dem Betonieren ist der ordnungsgemäße Aufbau der Schalung durch den Bauleiter bzw. den Polier zu überprüfen.

Wandschalungen

Wandschalungen sind lotrechte Schalungen, bei denen der Frischbetondruck gemäß *DIN 18218* in der Regel über Schalungsanker aufgenommen wird. Entsprechend sicherheitsrelevant ist die ordnungsgemäße Anwendung, da ein Versagen eines Schalungsankers zu schweren Unfällen führen kann. Insbesondere dann, wenn sich Personen an oder auf der Schalung befinden. In der Aufbau- und Verwendungsanleitung eines Wandschalungssystems sind detaillierte Hinweise zur Ankerung enthalten, die unbedingt zu befolgen sind.

Darüber hinaus sind beim Umgang mit Wandschalungen weitere Sicherheitsvorschriften zu beachten wie:

- Systembedingte Sicherheitseinrichtungen wie Aufgänge, Betonierbühnen und Absturzsicherungen sind gemäß Aufbau- und Verwendungsanleitung vorzusehen.
- Es ist untersagt an der Schalung hochzuklettern. Auch das Arbeiten von tragbaren Leitern ist nur zulässig, wenn keine sicheren Arbeitsmittel verwendet werden können.
- Schalungselemente dürfen nur auf ausreichend tragfähigem Untergrund aufgestellt werden und müssen mindestens an beiden Enden oberhalb des Schwerpunktes zug- und druckfest abgestützt und verankert werden.
- Vor dem Ausbau der zug- und druckfesten Verankerung müssen die Schalungselemente gegen Umfallen gesichert sein.
- Schalungselemente, die nicht im Einsatz sind, müssen standsicher gelagert werden, beispielsweise übereinandergestapelt oder senkrecht in entsprechenden Gestellen.
- Zum Versetzen einzelner Schalungselemente sowie zum Umsetzen oder Verladen von Elementstapeln sind ausschließlich die jeweils dafür vorgesehenen Anschlagmittel zu verwenden.

Deckenschalungen

Deckenschalungen sind waagerechte Schalungen, bei denen der Frischbetondruck über die Unterrüstung punktförmig nach unten abgetragen wird. Als Unterrüstung dienen Einzelstützen oder Traggerüsttürme. Unfälle, die auf ein Versagen der Unterkonstruktion zurückzuführen sind, müssen unbedingt vermieden werden, da hierbei fast immer mit schweren Personenschäden zu rechnen ist. Daher muss die Ausführung stets gemäß der Aufbau- und Verwendungsanleitung des eingesetzten Deckenschalungssystems erfolgen.

Bei der Verwendung von Einzelstützen ist auf eine Aussteifung in Längs- und Querrichtung zu achten, um ein seitliches Verschieben der gesamten Schalungskonstruktion zu verhindern. Hierfür können Verbände mit Brettern und Verschwertungsklammern hergestellt werden. Aufstellhilfen (Dreibeine) stellen keinen Ersatz für eine Aussteifung dar. Die Unterrüstung geneigter Decken ist in diesem Zusammenhang besonders sensibel zu behandeln, da hier planmäßige Horizontallasten auftreten.

Darüber hinaus sind beim Umgang mit Deckenschalungen weitere Sicherheitsvorschriften zu beachten wie:

- Um Abstürze während der Montage und Demontage der Deckenschalung zu vermeiden, müssen entsprechende Vorkehrungen getroffen werden. Hierbei sind kollektive Maßnahmen (z. B. Geländer, Fangnetze) individuellen Maßnahmen (z. B. PSAgA) vorzuziehen.
- Nach Möglichkeit sollten Deckenschalungen verwendet werden, bei denen das Ein- und Ausschalen von unten erfolgt.
- Teleskopierbare Baustützen aus Stahl müssen den Vorgaben der *DIN EN 1065* entsprechen oder mit einer allgemeinen bauaufsichtlichen Zulassung versehen sein.
- Schalungsträger müssen mit dafür vorgesehenen Systemteilen gegen Kippen gesichert werden.
- Freie Deckenränder sind schnellstmöglich gegen Absturz zu sichern.
- Das Aufstellen der Unterrüstung darf nur auf ausreichend tragfähigem Untergrund erfolgen.

DIN 1045-3 Tragwerke aus Beton, Stahlbeton und Spannbeton – Teil 3: Bauausführung

DIN 18218 Frischbetondruck auf lotrechte Schalungen

DGUV Regel 101-014 *Verwendung von Schalungen, Tragkonstruktionen und Traggerüsten*

10.4.5 Bewehrungsarbeiten

Bewehrungsarbeiten werden, zumindest bei größeren Baustellen, von einer spezialisierten Kolonne oder durch Fremdunternehmen durchgeführt. Die Eisenflechter kommen erst dann zum Einsatz, wenn die Schalarbeiten an einem Bauteil zumindest zwischenzeitlich abgeschlossen sind. Bei Wänden ist das z. B. der Zeitpunkt, an dem die Vorstellschalung gestellt wurde und gegebenenfalls Einbauteile und Aussparungen angebracht wurden.

Da sich Eisenflechter häufig nur temporär auf einer Baustelle befinden, ist es enorm wichtig, dass die Bewehrungsarbeiten effektiv und sicher durchgeführt werden können. Demnach müssen entsprechende Richtlinien und Hinweise beachtet werden, die dabei helfen, Unfälle zu vermeiden und den Arbeitsablauf zu optimieren. Nachfolgend werden einige dieser Hinweise aufgeführt.

Anlieferung und Lagerung

- Nur die benötigte Menge an Bewehrungseisen sollte auf der Baustelle angeliefert und gelagert werden.
- Die Eisenlager sollten übersichtlich angelegt werden, um ein Umstapeln zu vermeiden.
- Eisenbündel sollten auf Kanthölzern gelagert werden, um das Umschnüren mit dem Anschlagseil zu erleichtern.
- Abfall und überzähliges Eisen müssen aussortiert und entfernt werden.
- Verkehrswege sind vom Material freizuhalten.

Krantransport

- Eisen sind nur im Schnürgang zu transportieren und müssen vollständig umschnürt werden.
- Bei nicht umschnürbaren Teilen wie Bügeln sind geeignete Transportbehälter zu verwenden.
- Lose Teile sind vor dem Transport zu entfernen.
- Es sind geeignete Anschlagpunkte zu wählen, die die erforderlichen Lasten aufnehmen können.
- Lange Eisenstäbe sind an Traversen oder mindestens zwei Punkten anzuschlagen, um ein Herausrutschen zu verhindern.
- Der Gefahrenbereich ist vor dem Anheben der Last zu verlassen.
- Verhakte Eisen müssen durch Absenken der Last gelöst werden. Dabei ist Gewaltanwendung zu vermeiden.

Einheben in die Schalung

- Beim Einheben der Bewehrung in die Schalung ist darauf zu achten, dass sich die Bewehrung nicht verklemmt und kein Schlaffseil entsteht.
- Körbe dürfen erst vom Kranseil gelöst werden, wenn sie kippsicher abgestützt, abgespannt oder an der Schalung verankert sind.
- Senkrechte Anschlusseisen sollten nur so lang sein, dass sie freistehend eingebaut werden können. Sollte das nicht möglich sein, sind Muffenstöße vorzusehen.

Freistehende Anschlusseisen sind eine Gefahrenquelle, die zu schwersten Verletzungen führen kann (z. B. durch Hineinfallen). Daher sind Anschlusseisen, die sich im Verkehrs- oder Arbeitsbereich befinden, durch Bohlen oder Kappen abzudecken.

Insbesondere bei Bewehrungsarbeiten für horizontale Bauteile, wie Bodenplatten und Decken, muss häufig in gebückter Position gearbeitet werden. Zur Vermeidung von Rückenschäden und zur Erzielung einer ergonomischen Haltung empfiehlt sich daher der Einsatz von Bindeapparaten.

Beim Trennschleifen mit Winkelschleifern ist stets eine Schutzbrille zu tragen. Außerdem muss sichergestellt sein, dass durch den Funkenflug keine Personen gefährdet werden und keine Brände entstehen können.

10.4.6 Betonierarbeiten

Betonierarbeiten sind ein wesentlicher Bestandteil vieler Bauprojekte und erfordern besondere Aufmerksamkeit hinsichtlich der Sicherheit und Gesundheit der Arbeiter. Frischbeton kann aufgrund seiner chemischen Eigenschaften Hautreizungen und Allergien verursachen. Die Arbeit in großen Höhen birgt zusätzliche Risiken. Um diese Gefahren zu minimieren und einen reibungslosen Arbeitsablauf zu gewährleisten, müssen spezifische Sicherheitsvorkehrungen und Arbeitspraktiken beachtet werden. Hierzu zählen:

Arbeitsplatzsicherheit

- Arbeitsplätze, von denen aus Betonierarbeiten durchgeführt werden, müssen standfest und trittsicher sein. Außerdem ist auf ausreichende Bewegungsfreiheit zu achten.
- Erhöhte Arbeitsplätze müssen gegen Absturz gesichert sein.
- Bei Wandschalungen muss von entsprechenden Betonierbühnen aus gearbeitet werden. Ein Betreten der Schalung ist verboten.

Umgang mit Frischbeton

- Hautkontakt mit Frischbeton sollte nach Möglichkeit vermieden werden.
- Nach Abschluss der Arbeiten sollte die Haut gründlich gereinigt werden. Zusätzlich ist die Behandlung mit Hautpflegemitteln zu empfehlen.
- Für den Fall des Augenkontaktes sollten Augenspülflaschen vorgehalten werden.

Die persönliche Schutzausrüstung für Betonierarbeiten umfasst einen Schutzhelm, enganliegende Kleidung, Sicherheitsstiefel S5, Schutzhandschuhe gegen Verätzungen sowie einen Gehörschutz.

Betonieren mit Betonkübel

- Die Größe des Betonkübels darf die Tragfähigkeit des Krans nicht überschreiten.
- Die Reichweite (Ausladung) des Krans muss ausreichend sein. Die Reichweitenvergrößerung durch Schrägzug ist unzulässig.
- Bediener von Betonkübeln mit Standplatz müssen gegen Absturz gesichert sein.

Betonieren mit Betonpumpe

- Betonpumpe und Fahrmischer sind mit einem ausreichenden Sicherheitsabstand zur Baugrube zu positionieren. Der Untergrund muss ausreichend tragfähig sein.
- Eine Verlängerung des Endschlauchs über die vom Hersteller angegebene Länge ist unzulässig.
- Der Endschlauch muss sicher gehalten werden, um unkontrollierte Bewegungen zu vermeiden.
- Während der Leitungsreinigung dürfen sich keine Personen vor dem Leitungsende aufhalten, da es hierbei zu Druckerhöhungen kommen kann.

Verdichten des Betons mit Rüttelflaschen

- Die Standfläche sollte möglichst nah an der Betonoberfläche gewählt werden, um die Rüttelflasche nicht über störende Teile heben zu müssen. Dennoch muss die Standfläche sicher sein.
- Kabel und Schläuche der Rüttelflasche müssen sicher verlegt werden, um ein Stolpern zu vermeiden.
- Der Einsatz von Rüttelflaschen erzeugt eine erhöhte Lärmbelastung. Daher ist auf das Tragen eines Gehörschutzes zu achten.
- Aufgrund der andauernden Vibration durch die Rüttelflasche sind die Einsatzzeiten der ausführenden Personen entsprechend zu begrenzen.

Der Einsatz von Außenrüttlern bringt spezifische Sicherheitsrisiken mit sich und bedarf daher einer besonderen Vorbereitung und Absprache zwischen allen Beteiligten wie Bauleitung, Betonlieferant, Schalungslieferant und Statiker.

DGUV Regel 113-604 *Branche Betonindustrie, Teil 3: Betrieb von Betonpumpen und Fahrmischern*

10.4.7 Montage von Fertigteilen

Ein zentraler Aspekt bei der Montage von Fertigteilen ist die Sicherheit auf der Baustelle. Aufgrund des hohen Gewichts und der Größe der Fertigteilelemente sind ein präzise geplanter Montageablauf, geschultes Personal sowie der Einsatz geeigneter Hebe- und Sicherungstechnik unerlässlich. Um einen reibungslosen und unfallfreien Bauablauf zu gewährleisten, müssen Sicherheitsvorschriften und Arbeitsanweisungen strikt eingehalten werden.

Für eine Fertigteilmontage muss eine *Montageanweisung* schriftlich am Ort der Montage vorliegen. Nur in besonders einfachen Fällen ist es zulässig, auf die Schriftform zu verzichten.

Zu den sicherheitstechnischen Angaben der Montageanweisung gehören:

- Einzelgewichte der Fertigteile,
- Lagerung, erforderliche Lagerflächen und Transportwege,
- Lage der Anschlagpunkte,
- erforderliche Anschlagmittel,
- einzuhaltende Transportposition,
- erforderliche Montage-Hilfskonstruktionen,
- Montagereihenfolge.

Das Zwischenlagern und Umstapeln von Fertigteilen sollte möglichst vermieden werden. Daher sind geeignete Lagerstellen oder Gestelle vorzusehen.

Vor der Montage müssen die Fertigteile auf Mängel überprüft werden, die deren Tragfähigkeit beeinträchtigen können. Dies können beispielsweise sichtbare Beschädigungen, Verformungen und Risse sein. Als beschädigt deklarierte Teile müssen umgehend aussortiert werden.

Die Montagearbeiten müssen von sicheren Arbeitsplätzen aus durchgeführt werden können. Um die Beschäftigten gegen Absturz zu sichern, ist grundsätzlich vor der Montage ein Seitenschutz anzubringen. Sofern dies nicht möglich ist, müssen die Beschäftigten mittels einer persönlichen Schutzeinrichtung gegen Absturz gesichert werden. Dafür sind geeignete Anschlagpunkte festzulegen.

Die verwendeten Lastaufnahmemittel müssen mit den am Fertigteil eingebauten Ankern abgestimmt werden. Nach erfolgtem Transport in die Endposition dürfen die Anschlagmittel erst vom Fertigteil gelöst werden, wenn keine Gefahr durch Kippen oder Abrutschen besteht.

10.4.8 Gerüstbauarbeiten

Aufgrund des erhöhten Absturzrisikos, zählen Gerüstbauarbeiten zu den besonders gefährlichen Tätigkeiten auf Baustellen. Um Unfälle zu vermeiden und die Sicherheit aller Beteiligten zu gewährleisten, sind daher strenge Vorschriften einzuhalten.

Bereits in der Planungsphase müssen Art, Höhe und Nutzung des Gerüsts genau festgelegt werden. Dabei spielt die Auswahl der richtigen *Lastklasse* (Tabelle 10.5) und *Breitenklasse* (Tabelle 10.6) eine zentrale Rolle, da diese maßgeblich die Tragfähigkeit und zulässige Belastung des Gerüsts bestimmen. Nach *DIN EN 12811-1* reicht die Belastung von Lastklasse 1 (geringe Belastung, z. B. für reine Schutzgerüste) bis Lastklasse 6 (hohe Belastung, z. B. für schwere Mauerarbeiten). Je nach geplanter Nutzung muss die entsprechende Lastklasse gewählt werden, um die Sicherheit der Nutzer und die Stabilität der Konstruktion zu gewährleisten.

Tabelle 10.5 Lastklassen und zulässige Belastungen nach *DIN EN 12811-1*

Lastklasse[a)]	Gleichmäßig verteilte Last q_1 (kN/m^2)	Auf einer Fläche von 500 mm · 500 mm konzentrierte Last F_1 (kN)	Auf einer Fläche von 200 mm · 200 mm konzentrierte Last F_2 (kN)
1	0,75[b)]	1,50	1,00
2	1,50	1,50	1,00
3	2,00	1,5	1,00
4	3,00	3,00	1,00
5	4,50	3,00	1,00
6	6,00	3,00	1,00

a) Lastklasse nach DIN EN 12811-1 „Temporäre Konstruktionen für Bauwerke – Teil 1: Arbeitsgerüste – Leistungsanforderungen, Entwurf, Konstruktion und Bemessung"
b) Bei Arbeitsgerüsten der Lastklasse 1 müssen alle Belagteile die Verkehrslasten der Lastklasse 2 aufnehmen können.
Quelle: DIN EN 12811-1, 2004-03

Die Breitenklassen korrespondieren nicht direkt mit den Lastklassen der *DIN EN 12811-1*.

Tabelle 10.6 Breitenklassen für Gerüstlagen nach *DIN EN 12811-1*

Breitenklasse[a)]	Breite ω der Gerüstlage in (m)
W06	$0{,}6 \leq \omega \leq 0{,}9$
W09	$0{,}9 \leq \omega \leq 1{,}2$
W12	$1{,}2 \leq \omega \leq 1{,}5$
W15	$1{,}5 \leq \omega \leq 1{,}8$
W18	$1{,}8 \leq \omega \leq 2{,}1$
W21	$2{,}1 \leq \omega \leq 2{,}4$
W24	$2{,}4 \leq \omega$

a) Breitenklasse nach DIN EN 12811-1 „Temporäre Konstruktionen für Bauwerke – Teil 1: Arbeitsgerüste – Leistungsanforderungen, Entwurf, Konstruktion und Bemessung"
Quelle: DIN EN 12811-1, 2004-03

Die Breite ω ist die Breite der Gerüstlage einschließlich der Dicke des Bordbretts bis max. 30 mm.

Übliche Systemgerüste bis zur Lastklasse 3 sind gewöhnlich Gerüste der Breitenklasse W06, die mindestens 0,6 m bis 0,9 m breit sind.

Ein **Gerüst der Lastklasse 3 und Breitenklasse W06** ist gewöhnlich ausreichend für z. B.

- Dachdeckerarbeiten,
- Fassadenbekleidungsarbeiten wie der Einbau eines Wärmedämmverbundsystems,
- Maler- und Beschichtungsarbeiten,
- Putz- und Stuckarbeiten.

Bei den Arbeiten darf die gleichmäßig verteilte Belastung aus Personen und Materialien nicht höher sein als 2,0 kN/m^2. Bei Materiallagerung auf der Belagfläche muss eine Durchgangsbreite von mindestens 0,20 m erhalten bleiben.

Systemgerüste der Lastklassen 4 bis 6 sind gewöhnlich Gerüste der Breitenklasse W09, die mindestens 0,9 m bis 1,2 m breit sind.

Ein **Gerüst der Lastklasse 4 und Breitenklasse W09** ist gewöhnlich ausreichend für z. B.

- Bewehrungsarbeiten,
- Fliesen- und Naturwerksteinarbeiten,
- Mauerarbeiten,
- Montagearbeiten,

Bei den Arbeiten darf die gleichmäßig verteilte Belastung aus Personen und Materialien nicht höher sein als 3,0 kN/m^2. Auf der Belagfläche muss auch bei Materiallagerung eine Durchgangsbreite von mindestens 0,20 m erhalten bleiben.

DIN 4420-1 Arbeits- und Schutzgerüste – Teil 1: Schutzgerüste – Leistungsanforderungen, Entwurf, Konstruktion und Bemessung

DIN 4420-3 Arbeits- und Schutzgerüste – Teil 3: Ausgewählte Gerüstbauarten und ihre Regelausführungen

DIN EN 12811-1 Temporäre Konstruktionen für Bauwerke – Teil 1: Arbeitsgerüste – Leistungsanforderungen, Entwurf, Konstruktion und Bemessung

Es gibt verschiedene Gerüstarten, die sich je nach Einsatzbereich, Bauweise und statischer Anforderung unterscheiden. Zu den wichtigsten Gerüstarten zählen:

- **Standgerüste** stehen auf dem Boden und werden durch vertikale Stützen getragen.
- **Rollgerüste** sind mobile Gerüste auf Rollen, die sich leicht verschieben lassen.
- **Konsolgerüste** werden mithilfe von Konsolen an tragenden Bauteilen befestigt.
- **Auslegergerüste** werden auf bestehenden Bauteilen (meist Decken) befestigt und kragen aus dem Bauwerk heraus.
- **Hängegerüste** werden an tragenden Bauteilen nach unten abgehängt.

Standgerüste aus Systembauteilen

Die nachfolgenden Ausführungen beinhalten allgemeine Sicherheitshinweise für Standgerüste, wie beispielsweise Fassadengerüste, Bewehrungsgerüste und Treppentürme. Standgerüste gehören zu der am häufigsten verwendeten Gerüstart. Sie werden in der Regel als Systemgerüste aus vorgefertigten, normgerechten Bauteilen errichtet.

Aufbau und Standsicherheit

Der Aufbau von Standgerüsten darf ausschließlich durch fachkundiges Personal erfolgen, das über die erforderliche Qualifikation und praktische Erfahrung verfügt. Dabei sind die *Aufbau- und Verwendungsanleitungen* der Hersteller sowie die einschlägigen technischen Regelwerke verbindlich zu beachten.

Standgerüste dürfen nur auf tragfähigem und ebenem Untergrund errichtet werden. Bei einer Neigung des Untergrunds von mehr als 5° ist ein statischer Nachweis zur sicheren Lastableitung erforderlich. Für die Auflagerung sind zwingend Fußplatten und höhenverstellbare Gerüstspindeln zu verwenden. Gerüste, die ohne zusätzliche Maßnahmen nicht freistehend standsicher sind, müssen durch geeignete Verankerungen gesichert werden. Die dabei auftretenden Kräfte sind über Gerüsthalter und zugelassene Befestigungsmittel in tragfähige Bauteile – wie z. B. Stahlbetondecken – einzuleiten.

Zugänge und Schutzmaßnahmen

Ein sicherer Zugang zum Gerüst ist durch geeignete Aufstiege wie Treppen oder Leitern zu gewährleisten. Die Arbeitsflächen müssen frei von Stolperstellen sein und durchgehend mit geeigneten Belägen ausgestattet werden. Zum Schutz vor Absturz sind Geländer, Zwischenholme und Bordbretter verpflichtend anzubringen. Darüber hinaus ist sicherzustellen, dass keine herabfallenden Gegenstände Personen gefährden. Hierzu sind geeignete Schutzmaßnahmen wie Schutznetze oder Abdeckungen vorzusehen.

Prüfung und Freigabe

Vor der ersten Nutzung ist das Gerüst durch eine befähigte Person zu prüfen und schriftlich freizugeben. Auch nach Änderungen, Witterungseinflüssen oder längeren Standzeiten ist eine erneute Prüfung erforderlich.

Kennzeichnungspflicht

Jedes Gerüst ist nach Fertigstellung vom Gerüstersteller für die Dauer der Benutzung mit einem deutlich sichtbaren Schild zu kennzeichnen, das folgende Angaben enthält:

- Ersteller,
- DIN 4420-3,
- Lastklasse,
- Fläche in m^2, die belastet werden darf bzw. Anzahl der Arbeitsbühnen,
- Einschränkung infolge Wind.

Unterweisung und persönliche Schutzausrüstung

Alle Beschäftigten, die auf oder an Gerüsten arbeiten, müssen vorab unterwiesen werden. Sie sind über Gefahren, Schutzmaßnahmen und das richtige Verhalten im Umgang mit dem Gerüst zu informieren. Das Tragen von persönlicher Schutzausrüstung (PSA), insbesondere Schutzhelm und rutschfestes Schuhwerk, ist verpflichtend.

Konventionelle Gerüstbeläge aus Holz

Konventionelle Gerüstbeläge aus Holz bestehen in der Regel aus Gerüstbohlen oder -brettern, die auf den Riegeln des Gerüsts aufgelegt werden. Die zulässige Stützweite (Abstand zwischen den Riegeln) richtet sich nach der Lastklasse, der Brett- oder Bohlenbreite sowie der Brett- oder Bohlendicke (Tabelle 10.7).

Tabelle 10.7 Zulässige Stützweiten für Gerüstbretter und -bohlen nach *DIN 4420-3*

Lastklasse	Brett- oder Bohlen-breite (cm)	Brett- oder Bohlendicke d (cm)				
		3,0	3,5	4,0	4,5	5,0
1,2,3	20	1,25	1,50	1,75	2,25	2,50
	24 und 28	1,25	1,75	2,25	2,5	2,75
4	20	1,25	1,50	1,75	2,25	2,50
	24 und 28	1,25	1,75	2,00	2,25	2,50
5	20, 24, 28	1,25	1,25	1,50	1,75	2,00
6	20, 24, 28	1,00	1,25	1,25	1,50	1,75

Quelle: DIN 4420-3

Holzbeläge sind vor dem Einsatz auf einwandfreie Beschaffenheit zu prüfen. Sie müssen so verlegt werden, dass sie dicht aneinander liegen und nicht wippen oder ausweichen können.

10.5 Sicherheitsanforderungen beim Umgang mit Maschinen

Durch den Einsatz von Maschinen werden Arbeitsprozesse erleichtert und die Produktivität gesteigert. Gleichzeitig bergen sie jedoch erhebliche Gefahrenpotenziale bei unsachgemäßer Bedienung. Daher sind klare und verbindliche Sicherheitsanforderungen im Umgang mit Maschinen unerlässlich. Sie sind Bestandteil der *Gefährdungsbeurteilung* und müssen in die betriebliche *Unterweisung* integriert werden. Dies gilt sowohl für große Baumaschinen als auch für Kleinmaschinen.

10.5.1 Baumaschinen

Nachfolgend werden grundlegende Sicherheitsanforderungen an Baumaschinen behandelt. Die Ausführungen dienen ausschließlich der allgemeinen Orientierung. Eine vollständige und detaillierte Darstellung aller relevanten Vorschriften, Normen und betrieblichen Regelungen würde den Rahmen dieses Buches sprengen. Für eine umfassende und rechtskonforme Umsetzung der Sicherheitsmaßnahmen sind stets die jeweils gültigen gesetzlichen Bestimmungen, berufsgenossenschaftlichen Vorschriften sowie die herstellerspezifischen Bedienungsanleitungen und Sicherheitsrichtlinien heranzuziehen.

Bedienpersonal

Baumaschinen dürfen ausschließlich von fachlich qualifiziertem, körperlich und geistig geeignetem sowie entsprechend unterwiesenem Personal bedient werden. Das Mindestalter für die Bedienung beträgt 18 Jahre. Vor Aufnahme der Tätigkeit ist eine schriftliche Beauftragung durch den Arbeitgeber zwingend erforderlich

Das Tragen geeigneter persönlicher Schutzausrüstung ist verpflichtend. Dazu zählen insbesondere:

- Schutzhelm zum Schutz vor herabfallenden Gegenständen,
- Warnweste zur besseren Sichtbarkeit auf der Baustelle,
- Sicherheitsschuhe mit durchtrittsicherer Sohle und Zehenschutzkappe,
- Gehörschutz bei Arbeiten mit hoher Lärmbelastung.

Bei besonderen Gefährdungen, wie dem Umgang mit heißen Materialien (z. B. Asphalt) oder Arbeiten in schlecht belüfteten Bereichen (z. B. Tunneln), sind zusätzliche Schutzmaßnahmen wie Hitzeschutzkleidung oder Atemschutz erforderlich.

Technischer Zustand

Alle eingesetzten Maschinen müssen sich in einem technisch einwandfreien Zustand befinden. Dazu gehören:

- regelmäßige Wartung und Inspektion gemäß Herstellerangaben,
- Sichtprüfung vor jedem Einsatz auf Leckagen, lose Bauteile oder beschädigte Schläuche,
- Funktionstest aller sicherheitsrelevanten Einrichtungen wie Bremsen, Beleuchtung, Warneinrichtungen und Not-Aus-Schalter.

Sicherheits- und Überwachungseinrichtungen dürfen weder deaktiviert noch manipuliert werden. Vor der ersten Inbetriebnahme sowie mindestens einmal jährlich ist eine Prüfung durch eine zur Prüfung befähigte Person durchzuführen. Die Ergebnisse sind schriftlich zu dokumentieren.

Betrieb und Einsatzbedingungen

Baumaschinen dürfen ausschließlich entsprechend ihrer vorgesehenen Funktion und unter Beachtung der Betriebsanleitung eingesetzt werden. Dabei sind folgende Grundsätze zu beachten:

- Die zulässige Tragkraft darf nicht überschritten werden.
- Lasten sind ausschließlich senkrecht zu heben; Schrägzug ist unzulässig.
- Festsitzende Lasten dürfen nicht durch Ruckbewegungen gelöst werden.
- Bei Betriebsunterbrechungen sind Maschinen gegen unbeabsichtigte Bewegungen zu sichern (z. B. durch Absenken der Last, Feststellbremsen oder Keile).

Arbeitsplatz und Umgebung

Der Arbeitsbereich muss so gestaltet sein, dass Gefährdungen für Personen und Maschinen ausgeschlossen sind:

- Der Aufstellort der Maschine muss tragfähig und standsicher sein.
- Sicherheitsabstände zu festen Objekten (z. B. Wänden, Gerüsten) von mindestens 0,5 m sind einzuhalten.
- Die Baustelle ist durch Absperrungen, Warnschilder und klar gekennzeichnete Verkehrswege abzusichern.
- Bei Arbeiten im öffentlichen Verkehrsraum sind zusätzliche Maßnahmen gemäß den *Richtlinien für die verkehrsrechtliche Sicherheit von Arbeitsstellen an Straßen* (RSA 21) und der *Straßenverkehrsordnung* (StVO) erforderlich.
- Rückfahrwarner und Einweiser sind bei eingeschränkter Sicht verpflichtend.
- Der Aufenthalt im Gefahrenbereich (z. B. Fahr- oder Schwenkbereich) ist strengstens untersagt.
- Bei Arbeiten in Hanglagen, auf Böschungen oder instabilem Untergrund sind Maßnahmen zur Vermeidung von Umkippen oder Abrutschen zu treffen.
- Die Lage von Ver- und Entsorgungsleitungen im Arbeitsbereich muss vor Beginn der Arbeiten bekannt sein.
- Fahrten im öffentlichen Straßenverkehr dürfen nur mit gültigem Führerschein und unter Beachtung der straßenverkehrsrechtlichen Vorschriften erfolgen.

Kommunikation und Sichtverhältnisse

Eine klare Kommunikation zwischen Maschinenführern und Bodenpersonal ist unerlässlich:

- Sichtkontakt ist jederzeit sicherzustellen.
- Bei eingeschränkter Sicht ist ein Einweiser einzusetzen, der die Bewegungen der Maschine koordiniert.
- Lastführende Personen müssen sich stets im Sichtbereich des Bedienpersonals aufhalten.

Anschlagmittel

Anschlagmittel sind zentrale Hilfsmittel beim Betrieb von Hebegeräten, wie Turmdrehkran, Teleskopkrane oder dafür vorgesehene Hydraulikbagger. Sie dienen der sicheren Verbindung zwischen der Last und dem Hebegerät und ermöglichen das Heben, Halten und Bewegen unterschiedlichster Lasten. Zu den gängigen Anschlagmitteln zählen Draht- und Faserseile, Rundstahlketten sowie Hebebänder. Für den sicheren Einsatz gelten folgende grundlegenden Anforderungen:

- Das Anschlagen der Last darf nur durch unterwiesene und beauftragte Personen erfolgen.
- Anschlagmittel dürfen ausschließlich entsprechend ihrer vorgesehenen Funktion und unter Beachtung der Herstellerangaben verwendet werden.
- Die zulässige Tragfähigkeit darf nicht überschritten werden. Sie muss deutlich erkennbar und dauerhaft am Anschlagmittel gekennzeichnet sein. Bei Seilen, Ketten und Hebebändern muss die Tragfähigkeit auch für den maximal zulässigen Neigungswinkel von 60° angegeben sein.
- Es sind ausschließlich Anschlagmittel mit Sicherheitshaken zu verwenden, um ein unbeabsichtigtes Lösen der Last zu verhindern.
- Seile, Ketten und Hebebänder dürfen nicht verknotet, verdreht oder beschädigt sein. Sie sind vor scharfen Kanten zu schützen, z. B. durch Kantenschoner oder Schutzschläuche.
- Der Mindestdurchmesser von Stahlseilen beträgt 8 mm. Naturfaser- und Chemiefaserseile müssen mindestens 16 mm dick sein.
- Es dürfen nur kurzgliedrige Ketten verwendet werden, deren Glieder sich frei ineinander bewegen können.
- Es sind ausschließlich licht- und formstabilisierte Chemiefaserhebebänder zulässig. Hebebänder aus Polyethylen sind nicht erlaubt.
- Anschlagmittel müssen mindestens einmal jährlich durch eine zur Prüfung befähigte Person kontrolliert werden. Die Ergebnisse sind schriftlich zu dokumentieren.

10.5.2 Kleinmaschinen

Auf Baustellen stehen häufig große Baumaschinen wie Bagger, Radlader oder Krane im Fokus sicherheitstechnischer Betrachtungen. Doch auch kleinere, stationäre Maschinen bergen erhebliche Gefährdungspotenziale und unterliegen daher spezifischen Sicherheitsanforderungen. Exemplarisch werden nachfolgend sicherheitsrelevante Aspekte von Baukreissägen erläutert.

Baukreissägen

Auf Baustellen zählen Baukreissägen zu den am häufigsten eingesetzten Kleinmaschinen. Da diese Maschinen ein sehr hohes Unfall- und Verletzungspotenzial bergen, erfordert der Umgang ein hohes Maß an Aufmerksamkeit und Fachkenntnis.

Technische Sicherheitsanforderungen

Eine Baukreissäge muss mit verschiedenen Schutzvorrichtungen ausgestattet sein:

- Der Spaltkeil verhindert, dass sich das Werkstück während des Sägevorgangs verklemmt oder zurückgeschleudert wird.
- Eine Führungsvorrichtung ermöglicht die sichere Bearbeitung langer oder großer Werkstücke.
- Durch den Sägeblattschutz, wird das rotierende Blatt vollständig abgedeckt, sobald es nicht im Einsatz ist.
- Der Not-Aus-Schalter ermöglicht im Ernstfall eine sofortige Abschaltung der Maschine.
- Vorrichtungen zur sicheren Führung langer oder großer Werkstücke.

Persönliche Schutzausrüstung

Wer mit einer Baukreissäge arbeitet, muss geeignete Schutzkleidung tragen. Dazu gehören unter anderem:

- Schutzbrille oder ein Gesichtsschutz gegen herumfliegende Späne,
- Gehörschutz wegen der hohen Lärmbelastung,
- Sicherheitsschuhe mit Stahlkappen.

Schnittfeste Handschuhe sind beim Einrichten der Maschine sinnvoll, dürfen jedoch während des Sägevorgangs nicht getragen werden, da sie das Risiko erhöhen können, von der Säge erfasst zu werden.

Sicherer Umgang und Arbeitsplatzgestaltung

Baukreissägen dürfen nur durch unterwiesene Personen ab 18 Jahren bedient werden. Jugendlichen ab 16 Jahren ist das Arbeiten zu Ausbildungszwecken nur unter Fachaufsicht gestattet.

Vor jedem Arbeitsbeginn ist die Maschine auf ihre Funktionsfähigkeit zu überprüfen. Dazu gehört die Kontrolle des Sägeblatts auf Beschädigungen und die Überprüfung, ob alle Schutzvorrichtungen korrekt angebracht sind. Während des Sägevorgangs ist es entscheidend, das Werkstück ruhig und kontrolliert zu führen und die Hände stets außerhalb des Gefahrenbereichs zu halten. Nach Beendigung der Arbeit muss die Maschine vollständig zum Stillstand kommen, bevor Reinigungs- oder Wartungsarbeiten durchgeführt werden.

Auch die Gestaltung des Arbeitsplatzes trägt wesentlich zur Sicherheit bei:

- Der Bereich um die Säge sollte sauber, trocken und gut beleuchtet sein.
- Stolperfallen und lose Gegenstände sind zu vermeiden.
- Ausreichende Platzverhältnisse zur Bearbeitung längerer oder größerer Werkstücke müssen vorhanden sein.

10.6 Gefährdungsbeurteilung

Wie bereits ausgeführt, gehört die Gefährdungsbeurteilung zu den Grundpflichten des Arbeitgebers. Gemäß Arbeitsschutzgesetz (ArbSchG) § 3 (1) ist der Arbeitgeber verpflichtet, die erforderlichen Maßnahmen des Arbeitsschutzes zu treffen. Dabei hat er die Umstände zu berücksichtigen, die die Sicherheit und Gesundheit der Beschäftigten bei der Arbeit beeinflussen. Er muss die Maßnahmen auf ihre Wirksamkeit überprüfen und erforderlichenfalls den sich ändernden Gegebenheiten anpassen. Dabei soll er eine Verbesserung von Sicherheit und Gesundheitsschutz der Beschäftigten anstreben.

Gemäß § 5 ArbSchG hat der Arbeitgeber eine Gefährdungsbeurteilung durchzuführen und zu dokumentieren (§ 6 ArbSchG). Die Mitarbeiter müssen über die vom Arbeitgeber festgelegten Maßnahmen Kenntnis haben und auch wissen, wer für deren Umsetzung auf der Baustelle verantwortlich ist. Die Ergebnisse der Gefährdungsbeurteilung sollen auch Gegenstand der Unterweisungen für die Beschäftigten sein.

Anhand einer Risikomatrix (Tabelle 10.8) können Risiken durch die Einschätzung der Eintrittswahrscheinlichkeit und der möglichen Schadensschwere in Risikogruppen klassifiziert werden.

Tabelle 10.8 Matrix zur Ermittlung der Risikogruppe

Schadensausmaß/Wahrscheinlichkeit	Ohne Arbeitsunfall	Mit Arbeitsunfall	Arbeitsausfall > 3 Wochen	Bleibende Gesundheitsschäden	Tod
Häufig	3	*2*	**1**	**1**	**1**
Gelegentlich	3	*2*	**1**	**1**	**1**
Selten	3	*2*	*2*	**1**	**1**
Unwahrscheinlich	3	*2*	*2*	*2*	**1**
Praktisch unmöglich	3	3	3	*2*	*2*

Quelle: Kompendium Arbeitsschutz der BG BAU

Wie in Tabelle 10.9 dargestellt, müssen entsprechend dem Risikopotenzial der ermittelten Risikogruppen die entsprechenden Maßnahmen eingeleitet werden.

Tabelle 10.9 Risikoeinschätzung

Risikogruppe	Risikopotenzial	Maßnahmen
1	groß	Maßnahmen mit besonderer Schutzwirkung dringend erforderlich
2	mittel	Weitergehende Maßnahmen erforderlich
3	klein	Mindestmaßnahmen erforderlich

Quelle: Kompendium Arbeitsschutz der BG BAU

10.6.1 Unterweisungen

In der baubetrieblichen Praxis werden Gefährdungsbeurteilungen mit *Betriebsanweisungen*, Unterweisungen und *Kontrollen* kombiniert. Unterweisungen sind damit ein fester Bestandteil des betrieblichen Arbeitsschutzes. Auch aus einer Vielzahl von Gesetzen, Verordnungen und anderen Vorschriften ergibt sich die Verpflichtung zu Unterweisungen.

DGUV Information 211-005 *Unterweisung – Bestandteil des betrieblichen Arbeitsschutzes*

Prinzipiell ist es Aufgabe des Unternehmers, die Unterweisungen durchzuführen. Er hat jedoch die Möglichkeit, seine Pflichten hinsichtlich des Arbeits- und Gesundheitsschutzes auf Führungskräfte zu übertragen.

Beispielhafte Anlässe für eine Erstunterweisung sind Neueinstellung, Arbeitsplatzwechsel und die Einführung neuer Verfahren, Maschinen, Stoffe oder Geräte. Wiederholungsunterweisungen finden regelmäßig, verhaltensabhängig in angemessenen Zeitabständen, mindestens jedoch einmal jährlich bzw. einmal halbjährlich bzgl. *Jugendarbeitsschutzgesetz* (JArbSchG) oder bei besonderen Anlässen situationsabhängig statt.

Zu den besonderen Anlässen gehören Unfälle, Berufskrankheiten, Beinahe-Unfälle oder auffällige sicherheitswidrige Verhaltensweisen, Arbeitsaufgaben mit besonders hohen Gefährdungen sowie ungewöhnliche oder selten vorkommende Arbeiten.

10.6.2 Vorgehensweise beim Erstellen einer Gefährdungsbeurteilung

Bei der Erstellung von Gefährdungsbeurteilungen im Bauwesen stehen Unternehmen verschiedene Unterstützungsangebote zur Verfügung. Die BG BAU stellt praxisnahe Handlungshilfen und branchenspezifische Vorlagen bereit, die eine strukturierte Bewertung typischer Gefährdungen auf Baustellen erleichtern. Ergänzend dazu bietet die Bundesanstalt für Arbeitsschutz und Arbeitsmedizin (BAuA) eine umfangreiche Sammlung an Handlungshilfen und Leitfäden, die sich an unterschiedlichen Tätigkeiten und Gefährdungsarten orientieren. Darüber hinaus können spezialisierte Fachfirmen mit der Erstellung von Gefährdungsbeurteilungen beauftragt werden.

Grundsätzlich baut die Erstellung einer Gefährdungsbeurteilung auf den nachfolgenden Schritten auf:

1. Im Zusammenhang mit der Bauablaufplanung lassen sich die wesentlichen Arbeitsschritte und die dafür erforderlichen Geräte und Einrichtungen festlegen.
2. Es ist zu analysieren, welche Gefährdungen während der einzelnen Arbeitsschritte und durch den Betrieb der Baumaschinen und Fahrzeuge entstehen können. Dabei sind alle möglichen Umstände während des Bauablaufs zu untersuchen.
3. Für die zu erwartenden Gefährdungen sind entsprechend geeignete Maßnahmen vorzuschlagen, um die erforderliche Sicherheit zu gewährleisten. Die Verantwortlichen für die Durchsetzung und Kontrolle der Maßnahmen sind festzulegen.
4. Dabei sind die Regelungen der geltenden Unfallverhütungsvorschriften zu berücksichtigen.
5. Schließlich sind alle wesentlichen Punkte als Gefährdungsbeurteilung zusammenzufassen. Die darin festgelegten Maßnahmen müssen zusätzlich Gegenstand von Unterweisungen des Personals oder Inhalt von Betriebsanweisungen sein.

Es ist unbedingt darauf zu achten, dass auch ausländische Beschäftigte relevante Informationen zur Vermeidung von Gefährdungen verstehen können.

Checklisten sind ein bewährtes Hilfsmittel bei der Erstellung von Gefährdungsbeurteilungen. Sie ermöglichen zunächst die systematische Erfassung typischer Gefährdungen und Maßnahmen, die dann individuell auf die jeweilige Baumaßnahme angepasst werden können.

Typische Gefährdungen und Maßnahmen können sein:

- Gefährdung durch Absturz

  Öffnungen absperren oder abdecken, Sicherung durch Seitenschutz, Tragfähigkeit von Lauf- und Standflächen beachten, Persönliche Schutzausrüstung gegen Absturz verwenden usw.

- Gefährdung durch Stolpern, Rutschen, Stürzen

  Verkehrs- und Arbeitswege frei und sauber halten.

- Gefährdung durch sich bewegende Teile

  Sicherheitsabstände einhalten, Verkehrswege einrichten, Einsatz von Hebezeugen koordinieren usw.

- Gefährdung durch nicht standfeste Bauteile, umstürzende Geräte und Materialien

  geeignete Lastaufnahmeeinrichtungen verwenden, Montageanweisungen beachten usw.

- Gefährdungen an Baugruben und Böschungen

  Abböschen oder Verbauen von Baugruben, lastfreie Schutzstreifen anordnen und freihalten usw.

- Gefährdungen durch elektrischen Strom

  Errichten und Instandsetzen elektrischer Anlagen und Betriebsmittel nur durch Elektrofachkräfte.

- Gefährdung durch physische Belastung und Arbeitsschwere

  Gewichte von Lasten so weit als möglich reduzieren, Zwangshaltungen vermeiden, kurze Transportwege usw.

- Gefährdung durch Lärm

  Lärmarme Maschinen und Werkzeuge einsetzen, Gehörschutz verwenden.

- Gefährdung durch Gefahrstoffe

  Tätigkeiten an Ausmaß, Art und Dauer der Gefahrstoffbelastung anpassen, Persönliche Schutzausrüstung verwenden usw.

- Gefährdung durch psychische Belastung

  Arbeitsaufgaben müssen in der vorgesehenen Zeit und mit entsprechenden Pausen zu bewältigen sein, Zeit für Absprachen und zur Klärung offener Fragen vorsehen, Arbeitszeiten und -bedingungen müssen ausreichende Freizeit und Erholungsphasen erlauben.

- Gefährdung durch Einsatz von Fahrzeugen im öffentlichen Verkehr

  geeignete Fahrzeugführer mit entsprechender Führerscheinklasse einsetzen, Lenk-, Steuer- und Ruhezeiten beachten.

Übungsbeispiel 10.3
Gefährdungsbeurteilung für das Beispielprojekt Stadtvilla

Für das *Beispielprojekt Stadtvilla* sind in Tabelle 10.10 exemplarisch grundlegende Elemente einer Gefährdungsbeurteilung ausgeführt.

Tabelle 10.10 Gefährdungsbeurteilung für das *Beispielprojekt Stadtvilla*

Arbeitsschritte	Geräte, Einrichtungen	Gefährdungen	Maßnahmen
Baustelleneinrichtung, Einrichtung von Arbeitsstellen	Verkehrswege, Baustellenverkehr, Aufstiege, Leitern	Stolpern, Rutschen, Stürzen	Treppen bzw. Treppenturm als Aufstiege einsetzen, Leitern stets prüfen, möglichst Kleingerüste verwenden
	Elektrische Einrichtungen	Stromschlag	Errichten und Instandsetzen elektrischer Anlagen nur durch Elektrofachkräfte
Baugrube und Gräben	Böschungen	Verschüttet werden, Absturz	Böschungen nach DIN 4124 oder Standsicherheitsnachweis, lastfreie Streifen an Baugrubenkante
	Sich bewegende Maschinen	Einklemmen, Quetschungen, Verletzungen	Sicherheitsabstände einhalten, Verkehrswege absichern, Hebezeuge koordinieren, für Kreissägen besondere Arbeitsanweisungen erteilen

Arbeitsschritte	Geräte, Einrichtungen	Gefährdungen	Maßnahmen
Hoch- und Ingenieur-Bauarbeiten	Bodenöffnungen, Türöffnungen, freie Kanten an Balkon, Terrasse	Absturz	Öffnungen absperren, abdecken Kanten absperren, durch Seitenschutz sichern
	Gerüste und Hilfskonstruktionen	Umsturz, Versagen von Gerüsten, Hilfskonstruktionen, Hebebühnen oder Fahrgerüsten	Aufstellen und Verwenden von Gerüsten, Hilfskonstruktionen, Hebebühnen oder Fahrgerüsten nach den Regeln der Technik, z. B. DIN 4420, bzw. nach Hersteller- angaben, Zulassung oder Aufbau- und Verwendungsanleitung Unterweisungen (1)
	Maschinen und Werkzeuge	Lärm	Lärmarme Maschinen und Werkzeuge einsetzen, Beschäftigte müssen Gehörschutz tragen
Arbeiten verschiedener Unternehmer, die zeitlich und örtlich zusammenfallen	Koordinierung	Mängel in Abstimmung mehrerer Unternehmer	Bestellung von SiGe-Koordinatoren Unterweisungen (2)
Quelle: Kompendium Arbeitsschutz der BG BAU			

Die in Tabelle 10.10 erwähnten *Unterweisungen* betreffen folgende Themen:

Unterweisungen (1) sind erforderlich hinsichtlich

- Nutzung von Gerüsten erst nach Übergabe und Kennzeichnung durch den Gerüstersteller,
- Beachtung der angegebenen Tragfähigkeiten bei Gerüsten und Hilfskonstruktionen entsprechend der Lastklasse,
- sichere Aufstiege benutzen wie z. B. Gerüstinnenleitern oder Treppentürme,
- keine unsachgemäßen Veränderungen an Gerüsten vornehmen.

Unterweisungen (2) sind erforderlich hinsichtlich

- besonderer Gefährdungen und Gefahrenbereiche,
- Beachtung besonderer Regeln und Maßnahmen.

10.7 Übungsaufgaben

Übungsaufgabe 10.1

Stabs- und Linienverantwortung in der Unternehmensorganisation

Unterscheiden Sie die Begriffe Stabsverantwortung und Linienverantwortung. In welcher der beiden stehen Fachkräfte für Arbeitssicherheit und Sicherheitsbeauftragte bei der Ausübung ihrer Tätigkeit?

Übungsaufgabe 10.2

Rettungskette – Aufgabe und Prinzip

Beschreiben Sie die Aufgabe und das Prinzip einer Rettungskette.

Übungsaufgabe 10.3

Brandklassen

Welche Brandklassen kennen Sie?

Übungsaufgabe 10.4

Auffangsysteme – Rückhaltesysteme

Worin besteht der Unterschied zwischen Auffangsystemen und Rückhaltesystemen bei den persönlichen Schutzausrüstungen?

Übungsaufgabe 10.5

Böschungsneigungen

Welche Böschungsneigungen sind in *DIN 4124* für die verschiedenen Bodenarten vorgeschrieben?

Übungsaufgabe 10.6

Schutzstreifen und Sicherheitsabstände bei Baugruben

Mit welcher Breite muss ein lastfreier Schutzstreifen am Böschungs- oder Grabenrand ausgebildet werden? Wie groß sind die Sicherheitsabstände, die von Fahrzeugen, Baumaschinen und Baugeräten vom Baugrubenrand eingehalten werden müssen?

Übungsaufgabe 10.7

Mindestarbeitsraumbreiten von Rohrleitungsgräben

Für eine Abwasserleitung DN 300 ist die Mindestgrabenbreite zu ermitteln. Die Tiefe des Grabens beträgt 2,50 m.

Übungsaufgabe 10.8

Unterfangungen – Arbeitsschritte bei der Herstellung

Beschreiben Sie die Reihenfolge der wichtigsten Schritte bei Unterfangungen.

Übungsaufgabe 10.9

Gerüste – Kennzeichnung

In welcher Weise sind Gerüste vor ihrer Inbetriebnahme zu kennzeichnen?

Übungsaufgabe 10.10

Gerüste – Lastklassen und Breitenklassen

Welche Lastklassen und Breitenkassen von Gerüsten werden gewöhnlich für

a) Mauerarbeiten und

b) Malerarbeiten

benötigt? Wie breit müssen diese Gerüste dann sein? Wie hoch darf die maximale Belastung dieser Gerüste sein?

Übungsaufgabe 10.11

Gerüste – Brett- und Bohlenstärken

Wie groß darf in Lastklasse 4 die maximale Spannweite der Gerüstbohlen sein

a) bei einer Bohlendicke von 5,0 cm und Bohlenbreite 28 cm,

b) bei einer Bohlendicke von 4,0 cm und Bohlenbreite 20 cm?

Girmscheid, G.: Projektabwicklung in der Bauwirtschaft – prozessorientiert. 4. Auflage. Springer Vieweg Verlag. Berlin Heidelberg 2014

Gralla, M.: Baubetriebslehre – Bauprozessmanagement. Werner Verlag. Köln 2011

Greiner, P.; Meyer, P. E.; Stark, K.: Baubetriebslehre – Projektmanagement. 4. Auflage. Vieweg+Teubner Verlag. Wiesbaden 2009

Hauptverband der Dt. Bauindustrie; WKO Wirtschaftskammer Österreich (Hrsg.): BGL Baugeräteliste 2020. Bauverlag, Gütersloh 2020

Hofstadler, C.: Bauablaufplanung und Logistik im Baubetrieb. Springer Verlag. Berlin Heidelberg 2007

Kochendörfer, B.; Liebchen, J. H.; Viering, M. G.: Bau-Projekt-Management. 6. Auflage. Springer Vieweg Verlag. Wiesbaden 2021

König, H.: Maschinen im Baubetrieb. 4. Auflage. Springer Vieweg Verlag. Wiesbaden 2014

Krause, T.; Ulke, B. (Hrsg.): Übungsaufgaben und Berechnungen für den Baubetrieb. 3. Auflage. Springer Vieweg Verlag. Wiesbaden 2019

Krause, T.; Ulke, B. (Hrsg.): Zahlentafeln für den Baubetrieb. 9. Auflage. Springer Vieweg Verlag. Wiesbaden 2016

Leimböck, E.; Iding, A.; Meinen, H.: Bauwirtschaft. 3. Auflage. Springer Vieweg Verlag. Wiesbaden 2017

Malpricht, W.; Rupp, C.: Baukosten und Planung im Ingenieurbüro. Carl Hanser Verlag. München 2026

Malpricht, W.; Rupp, C.: Kalkulation und Qualitätsmanagement im Bauunternehmen. Carl Hanser Verlag. München 2026

Malpricht, W.; Rupp, C.: Schalungsplanung im Baubetrieb. 2. Auflage. Carl Hanser Verlag. München 2022

Mantscheff, J.; Boisserée, D.: Baubetriebslehre I. 7. Auflage. Werner Verlag. München 2004

Proporowitz, A. (Hrsg.): Baubetrieb – Bauverfahren. Fachbuchverlag. Leipzig 2008

Proporowitz, A. (Hrsg.): Baubetrieb – Bauwirtschaft. Fachbuchverlag. Leipzig 2008

Rusch, L.-P.: Basics Bauleitung. Birkhäuser Verlag. Basel 2014

Schach, R.; Otto, J.: Baustelleneinrichtung. 2. Auflage. Vieweg+Teubner Verlag. Wiesbaden 2011

Schirmer, S.: Bau-Projektmanagement für Einsteiger. Springer Vieweg Verlag. Wiesbaden 2020

Spranz, D.: Arbeitsvorbereitung im Ingenieurhochbau. Bauwerk Verlag. Berlin 2003

Stark, K.: Baubetriebslehre – Grundlagen. Vieweg Verlag. Wiesbaden 2006

Tarifvertragsparteien der deutschen Bauwirtschaft (Hrsg.): Arbeitszeit-Richtwerte im Baugewerbe (für verschiedene Gewerke des Hoch- und Tiefbaus). Zeittechnik-Verlag. Neu-Isenburg

Tarifvertragsparteien der deutschen Bauwirtschaft (Hrsg.): Arbeitszeit-Richtwerte Tabelle Hochbau mit Handbuch Arbeitsorganisation Bau – Schalarbeiten, Rahmenschalung Wände, Stützenschalung. 6. Auflage. Zeittechnik-Verlag. Neu-Isenburg 2022

Vismann, U. (Hrsg.): Wendehorst Bautechnische Zahlentafeln. 37. Auflage. Springer Vieweg Verlag. Wiesbaden 2021

Würfele, F.; Bielefeld, B.; Gralla, M.: Bauobjektüberwachung. Vieweg Verlag. Wiesbaden 2007

Zilch, K.; Diederichs, C. J.; Katzenbach, R.; Beckmann, K. J. (Hrsg.): Bauwirtschaft und Baubetrieb. Springer Vieweg Verlag. Berlin Heidelberg 2013

11.2 Normen

DIN 277 Grundflächen und Rauminhalte, 2021-08

DIN 488-1 Betonstahl – Teil 1: Stahlsorten, Eigenschaften, Kennzeichnung, 2009-08

DIN 488-2 Betonstahl – Betonstabstahl, 2009-08

DIN 488-4 Betonstahl – Betonstahlmatten, 2009-08

DIN 1045-2 Tragwerke aus Beton, Stahlbeton und Spannbeton – Teil 2: Beton, 2023-08

DIN 1045-3 Tragwerke aus Beton, Stahlbeton und Spannbeton – Teil 3: Bauausführung, 2023-08

DIN 1229 Kunststoff-Rohrleitungssysteme; Rohre und Formstücke aus glasfaserverstärkten duroplastischen Kunststoffen (GFK) – Prüfverfahren zur Feststellung der Dichtheit der Wand unter Kurzzeit-Innendruck, 1996-08

DIN 1960 VOB Vergabe- und Vertragsordnung für Bauleistungen – Teil A: Allgemeine Bestimmungen für die Vergabe von Bauleistungen, 2019-09

DIN 1961 VOB Vergabe- und Vertragsordnung für Bauleistungen – Teil B: Allgemeine Vertragsbedingungen für die Ausführung von Bauleistungen, 2016-09

DIN 4020 Geotechnische Untersuchungen für bautechnische Zwecke – Ergänzende Regelungen zu DIN EN 1997-2, 2010-12

DIN 4034 Schächte aus Beton-, Stahlfaserbeton- und Stahlbetonfertigteilen – Teil 1: Anforderungen, Prüfung und Kennzeichnung für Abwasserleitungen und -kanäle in Ergänzung zu DIN EN 1917:2003-04, 2023-06 Entwurf

DIN 4102-1 Brandverhalten von Baustoffen und Bauteilen – Teil 1: Baustoffe; Begriffe, Anforderungen und Prüfungen, 1998-05

DIN 4108-10 Wärmeschutz und Energie-Einsparung in Gebäuden – Teil 10: Anwendungsbezogene Anforderungen an Wärmedämmstoffe, 2021-11

DIN 4123 Ausschachtungen, Gründungen und Unterfangungen im Bereich bestehender Gebäude, 2013-04

DIN 4124 Baugruben und Gräben – Böschungen, Verbau, Arbeitsraumbreiten, 2012-01

DIN 4420-1 Arbeits- und Schutzgerüste – Teil 1: Schutzgerüste – Leistungsanforderungen, Entwurf, Konstruktion und Bemessung, 2004-03

DIN 4420-§ Arbeits- und Schutzgerüste – Teil 3: Ausgewählte Gerüstbauarten und ihre Regelausführungen, 2006-01

DIN 18196 Erd- und Grundbau – Bodenklassifikation für bautechnische Zwecke, 2023-02

DIN 18218 Frischbetondruck auf lotrechte Schalungen, 2010-01

DIN 18299 VOB Vergabe- und Vertragsordnung für Bauleistungen – Teil C: Allgemeine Technische Vertragsbedingungen für Bauleistungen (ATV) – Al lgemeine Regelungen für Bauarbeiten jeder Art, 2023-09

DIN 18300 VOB Vergabe- und Vertragsordnung für Bauleistungen – Teil C: Allgemeine Technische Vertragsbedingungen für Bauleistungen (ATV) – Erdarbeiten, 2019-09

DIN 18306 VOB Vergabe- und Vertragsordnung für Bauleistungen – Teil C: Allgemeine Technische Vertragsbedingungen für Bauleistungen (ATV) – Entwässerungskanalarbeiten, 2016-09

DIN 18318 VOB Vergabe- und Vertragsordnung für Bauleistungen – Teil C: Allgemeine Technische Vertragsbedingungen für Bauleistungen (ATV) – Pflasterdecken und Plattenbeläge, Einfassungen, 2019-09

DIN 18580 Baustellenmauermörtel, 2019-06

DIN 18915 Vegetationstechnik im Landschaftsbau – Bodenarbeiten, 2018-06

DIN 20000-401 Anwendung von Bauprodukten in Bauwerken – Teil 401: Regeln für die Verwendung von Mauerziegeln nach DIN EN 771-1:2015-11, 2017-01

DIN 20000-402 Anwendung von Bauprodukten in Bauwerken – Teil402: Regeln für die Verwendung von Kalksandsteinen nach DIN EN 771-2:2015-11, 2017-01

DIN 20000-412 Anwendung von Bauprodukten in Bauwerken – Teil 412: Regeln für die Verwendung von Mauermörtel nach DIN EN 998-2:2017-02, 2019-06

DIN 30710 Sicherheitskennzeichnung von Fahrzeugen und Geräten, 1990-03

DIN EN 2 Brandklassen, 2005-01

DIN EN 3-7 Tragbare Feuerlöscher – Teil 7: Eigenschaften, Leistungsanforderungen und Prüfungen, 2025-05 Entwurf

DIN EN 206 Beton – Festlegung, Eigenschaften, Herstellung und Konformität, 2021-06

DIN EN 295 Steinzeugrohrsysteme für Abwasserleitungen und -kanäle – Teil 1: Anforderungen an Rohre, Formstücke und Verbindungen, 2013-05

DIN EN 363 Persönliche Absturzschutzausrüstung – Persönliche Absturzschutzsysteme 2019-06

DIN EN 397 Industrieschutzhelme, 2025-07

DIN EN 771-2 Festlegungen für Mauersteine – Teil 2: Kalksandsteine 2015-11

DIN EN 998-2 Festlegungen für Mörtel im Mauerwerksbau – Teil 2: Mauermörtel, 2017-02

DIN EN 1065 Baustützen aus Stahl mit Ausziehvorrichtung – Produktfestlegung, Bemessung und Nachweis durch Berechnung und Versuche

DIN EN 1338 Pflastersteine aus Beton – Anforderungen und Prüfverfahren, 2003-08

DIN EN 1610 Einbau und Prüfung von Abwasserleitungen und -kanälen, 2015-12

DIN EN 1996-1-1 Eurocode 6: Bemessung und Konstruktion von Mauerwerksbauten – Teil 1-1: Allgemeine Regeln für bewehrtes und unbewehrtes Mauerwerk, 2013-02

DIN EN 1996-2 Eurocode 6: Bemessung und Konstruktion von Mauerwerksbauten – Teil 2: Planung, Auswahl der Baustoffe und Ausführung von Mauerwerk, 2010-12

DIN EN 12811-1 Temporäre Konstruktionen für Bauwerke – Teil 1: Arbeitsgerüste – Leistungsanforderungen, Entwurf, Konstruktion und Bemessung, 2004-03

DIN EN 13163 Wärmedämmstoffe für Gebäude – Werkmäßig hergestellte Produkte aus expandiertem Polystyrol (EPS) – Spezifikation, 2017-02

DIN EN ISO 9001 Qualitätsmanagementsysteme – Anforderungen, 2015-11

DIN EN ISO 14688-1 Geotechnische Erkundung und Untersuchung — Benennung, Beschreibung und Klassifizierung von Boden — Teil 1: Benennung und Beschreibung, 2020-11

DIN VDE 0132 Brandbekämpfung und technische Hilfeleistung im Bereich elektrischer Anlagen, 2018-07

ISO 668 Serie1 Frachtcontainer – Klassifizierung, Abmessungen und Gesamtgewichte, 2020-01

11.3 Richtlinien und Vorschriften

Arbeitsschutzgesetz (ArbSchG), Gesetz über die Durchführung von Maßnahmen des Arbeitsschutzes zur Verbesserung der Sicherheit und des Gesundheitsschutzes der Beschäftigten bei der Arbeit, 2024-07

Arbeitssicherheitsgesetz (ASiG), Gesetz über Betriebsärzte, Sicherheitsingenieure und andere Fachkräfte für Arbeitssicherheit, 2013-04

Arbeitsstättenverordnung (ArbStättV), Verordnung über Arbeitsstätten, 2004-03

Technische Regeln für Arbeitsstätten (ASR – ehem. Arbeitsstätten-Richtlinien)

ASR A3.5 *Raumtemperatur*, 2022-03

ASR A4.1 *Sanitärräume*, 2022-03

ASR A4.2 *Pausen- und Bereitschaftsräume*, 2022-03

ASR A4.3 *Erste-Hilfe-Räume, Mittel und Einrichtungen zur Ersten Hilfe*, 2024-11

ASR A4.4 *Unterkünfte*, 2024-11

ASR A5.2 *Anforderungen an Arbeitsplätze und Verkehrswege auf Baustellen im Grenzbereich zum Straßenverkehr – Straßenbaustellen*, 2018-12

Baustellenverordnung (BaustellV), Verordnung über Sicherheit und Gesundheitsschutz auf Baustellen, 2022-12

Bauproduktengesetz (BauPG), Gesetz zur Durchführung der Verordnung (EU) Nr. 305/2011 zur Festlegung harmonisierter Bedingungen für die Vermarktung von Bauprodukten und zur Umsetzung und Durchführung anderer Rechtsakte der Europäischen Union in Bezug auf Bauprodukte, 2021-07

Bauproduktenverordnung (EU-BauPVO), Verordnung (EU) zur Festlegung harmonisierter Vorschriften für die Vermarktung von Bauprodukten, 2024-11

Betriebssicherheitsverordnung (BetrSichV), Verordnung über Sicherheit und Gesundheitsschutz bei der Verwendung von Arbeitsmitteln, 2021-07

Bürgerliches Gesetzbuch (BGB), 2025-04

DBV-Merkblatt Sichtbeton, 2015-06

Gefahrstoffverordnung (GefStoffV), Verordnung zum Schutz vor Gefahrstoffen, 2024-12

Gewerbeordnung (GewO), 2024-12

Handelsgesetzbuch (HGB), 2024-10

Honorarordnung für Architekten und Ingenieure (HOAI), Verordnung über die Honorare für Architekten- und Ingenieurleistungen, 2023-03

Info-Mappe der Tiefbau-Berufsgenossenschaft (TBG), 2000-04

Jugendarbeitsschutzgesetz (JArbSchG), Gesetz zum Schutze der arbeitenden Jugend, 2024-10

Kompendium Arbeitsschutz der BG BAU, 2025

Produkthaftungsgesetz (ProdHaftG), Gesetz über die Haftung für fehlerhafte Produkte, 2017-07

Richtlinien für die Standardisierung des Oberbaus von Verkehrsflächen (RStO 12/24), Ausgabe 2012/Fassung 2024, Forschungsgesellschaft für Straßen- und Verkehrswesen (FGSV), 2024-05

Richtlinien für die verkehrsrechtliche Sicherheit von Arbeitsstellen an Straßen (RSA 21), 2021-11

Sozialgesetzbuch (SGB), Teile 1 bis XIV

Straßenverkehrsordnung (StVO), 2024-12

Straßenverkehrs-Zulassungs-Ordnung (StVZO), 2024-06

11.4 DGUV Unfallverhütungsvorschriften

DGUV Vorschrift 1 *Grundsätze der Prävention*, 2021-01

DGUV Vorschrift 2 *Betriebsärzte und Fachkräfte für Arbeitssicherheit*, 2012-01

DGUV Vorschrift 38 *Bauarbeiten*, 2019-11

DGUV Regel 100-001 *Grundsätze der Prävention*, 2014-05

DGUV Regel 100-500 *Betreiben von Arbeitsmittel*, 2024-11

DGUV Regel 101-002 *Treppen bei Bauarbeiten*, 1996-01

DGUV Regel 101-014 *Verwendung von Schalungen, Tragkonstruktionen und Traggerüsten*, 2022-11

DGUV Regel 101-604 *Branche Tiefbau*, 2023-12

DGUV Regel 112-193 *Benutzung von Kopfschutz*, 2006-01

DGUV Regel 112-198 *Benutzung von persönlichen Schutzausrüstungen gegen Absturz*, 2019-09

DGUV Regel 113-604 *Branche Betonindustrie, Teil 3: Betrieb von Betonpumpen und Fahrmischern*, 2021-03

DGUV Information 201-054 *Dach-, Zimmer- und Holzarbeiten*, 2015-10

DGUV Information 203-006 *Auswahl und Betrieb elektrischer Anlagen und Betriebsmittel auf Bau- und Montagestellen*, 2022-05

DGUV Information 204-022 *Erste Hilfe im Betrieb*, 2017-05

DGUV Information 205-001 *Betrieblicher Brandschutz in der Praxis*, 2020-12

DGUV Information 211-005 *Unterweisung – Bestandteil des betrieblichen Arbeitsschutzes*, 2012-07

DGUV Information 211-041 *Sicherheits- und Gesundheitsschutzkennzeichnung*, 2016-04

DGUV Information 211-042 *Sicherheitsbeauftragte*, 2017-03

DGUV Information 212-024 *Gehörschutz*, 2011-03

DGUV Information 212-215 *Handlungsanleitung Persönliche Schutzausrüstungen*, 2006-09

BGV A3 *Elektrische Anlagen und Betriebsmittel*, 2012-01

BGV D6 *Unfallverhütungsvorschrift Krane*, 2012-01

BGV D29 *Unfallverhütungsvorschrift Fahrzeuge*, 2012-01

11.5 Fotos und Werksunterlagen

Wir danken für die freundliche Unterstützung durch Bildmaterial, Werksunterlagen und Auskünfte:

BAG Bauartikel GmbH, Zotzenheimer Straße 64a, 55576 Sprendlingen

BC GmbH Verlags- und Medien-, Forschungs- und Beratungsgesellschaft, Natalie-von-Harder-Straße 9, 55218 Ingelheim

CONTAINEX Container-Handelsgesellschaft m. b. H., AT-2355 Wiener Neudorf, IZ NOE-Sued, Strasse 14

Deutsche Gesetzliche Unfallversicherung e. V. (DGUV), Glinkastraße 40, 10117 Berlin

FRIEDR. ISCHEBECK GmbH, Loher Str. 31 – 79, 58256 Ennepetal

Hauptverband der Deutschen Bauindustrie e. V., Kurfürstenstraße 129, 10785 Berlin

HSB Handels- u. Servicegesellschaft für Baumaschinen mbH, Mathias-Erzberger-Str. 9 – 11, 66806 Ensdorf

Kramer-Werke GmbH, Wacker Neuson Str. 1, 88630 Pfullendorf

Liebherr-Werk Biberach GmbH, Memminger Str. 120, 88400 Biberach an der Riß, Germany

LTW Tiefbauvertriebs GmbH, Holter Weg 11, 41836 Hückelhoven-Brachelen

Mannweiler GmbH, Schorndelle 1, 67700 Niederkirchen

MEVA Schalungs-Systeme GmbH, Industriestraße 5, 72221 Haiterbach, Deutschland

OBG Gruppe GmbH, Illinger Straße 150, 66564 Ottweiler

PASCHAL-Werk G. Maier GmbH, Kreuzbühlstr. 5, 77790 Steinach

PERI Vertrieb Deutschland GmbH & Co.KG, Schalung Gerüst Engineering, Daimlerstraße 24 – 28, 89264 Weißenhorn

Peter Gross Bau Holding GmbH, Dudweilerstraße 80, 66386 St. Ingbert

SENNEBOGEN Maschinenfabrik GmbH, Hebbelstraße 30, 94315 Straubing

WIRTGEN GROUP, Reinhard-Wirtgen-Straße 2, 53578 Windhagen

Zeppelin Baumaschinen GmbH, Graf-Zeppelin-Platz 1, 85748 Garching bei München

Index

F

G

H

K

W

Z